AF546685

Über den Autoren

Dr. med. vet. Karl-Heinz Schmack, geb. 16.02.1950. Studium der Tiermedizin in Gießen mit Promotion im Jahr 1974, nach 3-jähriger Assistentenzeit seit 1978 selbstständig als praktischer Tierarzt in einer Praxis für Rinder und Schweine in Delbrück/Westfalen.

Impressum

Schnell Verlag
Bergstraße 2
33803 Steinhagen
www.schnell-verlag.de

6. Auflage
Mai 2024

Bildnachweis

Thinkstockphotos.com (Titelbild), soweit nicht anders vermerkt, stammen alle Bilder von dem Autor.

ISBN 978-3-87716-664-2

Die beschädigte Kuh im Harnstoffwahnsinn

oder

Das Degenerationssyndrom des Rindes

oder

Die Beratung, die Kuh auf Milchharnstoff von
± 250 mg / l zu ernähren, ist die größte Katastrophe,
die ihr Leben, ihre Gesundheit und
ihre Wirtschaftlichkeit zerstört hat.
Der ausschließliche Faktor, der diese Kriterien
bestimmt, ist die Höhe der Rohproteinversorgung.

von
Dr. med. vet. Karl-Heinz Schmack

Inhaltsangabe

0. Einführung

Das Buch „Degenerationssyndrom des Rindes“, synonym „Die Konzeption der Rohproteinversorgung entscheidet über die Gesundheit des Rindes und die Wirtschaftlichkeit der Milchkuhhaltung“, ist der Kuh Lisa gewidmet. In ihr identifizieren sich alle lebenden, gestorbenen und geschlachteten Kühe. Tiere mit einer fantastischen Biologie und ebenso bemerkenswerten psychischen Bereitschaft, dem Menschen zu dienen. Kuh Lisa ist eine mutige, ermahnende Revolutionärin. Bei aller Anerkennung für die positiven Entwicklungen aus Landwirtschaft und Medizin, die ihr Leben stützen sollten, schreit sie auf, weil das Wichtigste vergessen worden ist – ihre Stoffwechselorgane Leber und Niere. Ihre Schreie der Not, verdeckt in einem stillen Erdulden, sind Bilder ihrer kuhspezifischen Sprache, die einen konsequenten Übersetzer gefunden hat – den Autor dieses Buches, den praktischen Tierarzt Dr. Karl-Heinz Schmack, Rinderarzt seit 1975, aus Delbrück/Westfalen, der versprochen hat, sich als Anwalt für sie zu engagieren und als Dank an Lisa, weil er durch sie seine eigene Lebensinsel gefunden hat.

Hinweis:
Wegen der Wichtigkeit der Aussagen und der Betonung des Verstehens sind textliche Wiederholungen bewusst gesetzt worden.

Erklärungen

Degeneration:
Organveränderung durch Tod der funktionellen Gewebezellen mit Ersatz durch funktionsloses Bindegewebe verursacht durch toxische = stoffwechselgiftige zellschädigende Substanzen (hier: nicht-infektiös)

Syndrom:
aus mehreren Einzelsymptomen mit deren funktionellen Abläufen zusammengesetztes Krankheitsbild

1. Vorwort

Die Klage eines Rindes: „Die kardinale Frage, die meinen katastrophalen organdegenerativen Zustand reflektiert und durch deren Nichtbeachtung in Fütterungsversuchen die Blindheit und fahrlässige Schuld der offiziellen institutionellen und privaten Fütterungsberatung beschreibt, lautet: Wie viel Milligramm Ammoniak und überschüssige Aminosäuren kann die gesunde Leber eines Rindes maximal pro Tag in Harnstoff umwandeln und wie viel Milligramm Harnstoff kann die gesunde Niere eines Rindes maximal pro Tag ausscheiden, ohne jeweils selbst pathologischen Schaden zu nehmen?

2. Zusammenfassung

Der zentrale pathogenetische Baustein des Degenerationssyndroms des Rindes ist die durch nutritive Überlastung des Stickstoffwechsels verursachte toxischdegenerativ fortschreitende Zerstörung von Leber und Niere. Die aus diesen organischen Funktionsbeeinträchtigungen resultierenden Intoxikationsprozesse sind basal allein- oder mitverantwortlich für das Entstehen von differenten Krankheitsbildern, die in ihrer Schadenssumme teilweise die Grenzen einer wirtschaftlichen Rinderhaltung erreicht haben. Dem Syndrom ist nur durch ein Konzept nutritiver Korrekturen entgegenzuwirken, das auch die generative Prozessweitergabe berücksichtigt. Das Degenerationssyndrom ist die Ursache schlechthin für die verkürzte Nutzungsdauer der Kuh.

Sie stellt damit ihre Lebensbedingungen in das Dominanz-Prinzip: Das Glück oder Pech der Kuh hängt dominant ab vom Zustand ihrer Leber und ihrer Nieren. Der Zustand von Leber und Nieren hängt wiederum dominant ab von der Höhe des Stickstoff-Gehaltes der Ration = xP-Gehalt und dessen Stoffwechselproduktion.

Erklärungen

Intoxikation:
Stoffwechselvergiftung
generativ:
Generationsfolge, über die Generationenfolge weitergegeben

pathogenetisch/Pathogenese:
krankhafte funktionelle Abläufe
nutritiv:
ernährungskonzeptionell

3. Material und Methode

In einer Nutztierpraxis wurden über einen Zeitraum von mehr als 10 Jahren klinische Befunderhebungen einer Vielzahl von Einzelkrankheiten des Rindes, insbesondere Stoffwechselstörungen, Verdauungserkrankungen inklusive deren Chirurgie, Erkrankungen der Milchdrüse und Fortpflanzungsprobleme, mit denen der Labordiagnostik/Fotometrie und Pathologie ergänzt und diese mit Kriterien der Tierernährung berücksichtigt, um gewissermaßen eine gemeinsame Krankheitsebene zu finden.
Aus diesen Disziplinen wurde der Begriff „Degenerationssyndrom des Rindes" geboren, das sich wie ein rotes Band unterschiedlicher Farbintensität durch alle Rinderbestände und alle Einzeltiere primär unabhängig von Rasse oder Leistung zieht. Die wirtschaftlichen Schäden durch das Degenerationssyndrom sind durch die Progression in den letzten etwa 20 Jahren so groß, dass landwirtschaftliche Betriebe durch verkürzte Nutzungsdauer, Tierverluste und ein ungeheures Maß an Krankheiten die Grenze ihrer Existenz erreicht haben.

Der die Wirtschaftlichkeit der Kuhhaltung bestimmende Faktor ist neben der Laktationsleistung, die zudem vom nutriven und medikamentellen Aufwand relativiert wird, die Nutzungsdauer und entsprechende Reproduktionsquote. Im Jahr 2000 z. B. betrug die fortlaufend sinkende Nutzungsdauer im bundesweiten rasseübergreifenden Durchschnitt 2,4 Laktationen mit paralleler Reproduktionsquote von 42 % im Jahr 2008 von 2,2 mit 45,5 %!

Bestände in den neuen Bundesländern, die Anfang der 1990er-Jahre in der Regel mit Kühen und Rindern der Rasse DSB aufgebaut wurden, sind nach 10 Jahren krankheitsbedingt nicht in der Lage, ihre Verluste durch Eigenremontierung auszugleichen. Der Zenit der durch steigende Laktationsleistung zwischenzeitlich wachsenden Lebensleistung ist bereits überschritten. Sie sinkt z. Zt. etwa um 18.000 kg.

Die angegebene Nutzungsdauer liegt real noch niedriger, weil die Rinder, die nach der ersten Geburt bis zur ersten Milchleistungskontrolle krankheitsbedingt ausscheiden, nicht konsequent berücksichtigt werden. Insgesamt sind das für die Wirtschaftlichkeit und Lebensqualität der Kühe nicht vertretbare Verhältnisse. Die Milchkontrollverbände beziffern die Abgänge durch Unfruchtbarkeit und Euterkrankheiten auf je 30–35 %, weitere 30 % durch andere Krankheiten, nur 0–2 % sind altersbedingte Abgänge oder züchterisch bestimmte. Das ist wirtschaftlich und gesundheitlich nicht akzeptabel. Alle Diskussionen, Empfehlungen aus den Bereichen Eiweißzulagen, geschütztes Eiweiß, geschütztes Fett, RNB, nXP, UDP, Pansensynchronisation, geburtliche Fütterungsvorbereitung, Dranchen, Laktationsvorbereitung, metabolische Programmierung usw. haben die Kuh nicht gesünder, sondern immer kränker gemacht!

Aus vordergründigen wirtschaftlich-rechnerischen Gründen oder mangelnden Verkaufs-Handelsbedingungen könnte man meinen, mit diesem System – maximale Leistung (Milch) und kurze Lebenszeit – leben zu können; ein Trugschluss, weil die Kälber über den mütterlichen Stoffwechsel und Blutkreislauf krank, mit degenerierten Lebern und Nieren geboren werden und sich der Schadensfluss von Generation zu Generation lawinenartig potenziert. Kälber sind ein Spiegelbild ihrer Mütter. Nahezu 100 % aller in Deutschland geborenen Kälber kommen mit manifesten pathologisch darstellbaren Leber- und Nierenschäden zur Welt!

4. Symptomatologie

Entgegen der üblichen Kriterienfolge von Krankheitsbeschreibungen wird hier der pathologische Komplex wegen der konzentrierten Pathognostik zuerst dargestellt.

I.) Pathologie

Das Degenerationssyndrom umfasst basal regelmäßig ausschließlich die Leber und Nieren. Die Pathologie der Niere stellt sich dar in einer Vergrößerung des Organs, einer landkartenähnlich oder marmoriert strukturierten Aufhellung seiner Oberfläche und dem markanten Verschmelzen der interrenkulären Sulci. An den Nieren junger Kälber lässt sich die peritonaeale Hülle nur unter Substanzverlust ablösen (samtartige Beläge am Peritonaeum bzw. samtartig raue Nierenoberfläche, ebenfalls landkartenähnlich). Ockerfarbene Aufhellung und renkulare Verschmelzung bedingt durch Absterben der Nierenzellen mit Ersatz durch Bindegewebe. Bindegewebe hellbeige, kennt keine Struktur. Die pathologische Diagnose: Glomerula- und Tubulusnephrose ist durch pathohistologische Einzelkriterien definiert:

- diffus interstitielle Fibrose der äußeren Rinderschicht mit Vereinzelung der Glomerula
- diffus interstitielle monokuläre Entzündungszellinfiltrate
- diffus hochgradige Tubulusepithelatrophie im proximalen und distalen Tubulus
- fokal intratubuläre vorwiegend granulozytäre Entzündungsquellen und fokale Eiweißzylinder.

Die Pathologie der Leber ergibt ebenfalls eine Vergrößerung des Organs mit einem flächigen Wechselspiel von gesunden rotbraunen und kranken ockerfarbenen Gewebeabschnitten.

Erklärungen

interrenkuläre Sulci:
tiefe Kerbung zwischen den einzelnen Nierenkegeln (Schweineniere bohnenartig glatt, Rinderniere aus Kegeln – etwa 30 – zusammengesetzt)

Glomerulum/-a:
Blutgefäßknäule in der Rindenschicht, Filtration des Primärurins

zirrhotisch, Zirrhose:
Organschrumpfung, zu erkennen an scharfkantigen Rändern (auf eine Erklärung der histologischen Begriffe wird hier verzichtet)

Tubulus/-i:
Ablaufkanäle für den Primärurin in der Mittel- und Kernschicht mit Rückführung der köpernutzbaren Stoffe (Eiweiß, Fettsäuren, Glucose); Primärurin wird zum Endurin

Pathognostik:
spezifische pathologische Organveränderungen aus ebenso pathognostisch spezifischer, also nur einer Ursache

Peritonaeum:
Bauchfell

Die organische Substanz ist teilweise musig weich, zum Teil fibrös-brüchig-rissig, zum Teil aber auch zirrhotisch. Es ist keine fettige, sondern eine toxische Leberdegeneration, entsprechend der pathohistologischen Einzelkriterien:

- Dissoziation der Leberzellen und Leberzellbalken bis hin zur Vereinzelung der Leberzellen
- mittel- bis hochgradige Aktivierung der Kupfer'schen Sternzellen
- mittelgradige Erweiterung der Diss'schen Räume (Räume zwischen Kupfer'schen Sternzellen und Leberzellen)
- diffus gering- bis mittelgradige lymphoplasmazelluläre Infiltrate
- multiple Mikrogranulome (Anhäufung aktiver Kupfer'scher Sternzellen und lymphoplasmazelluläre Infiltrate).

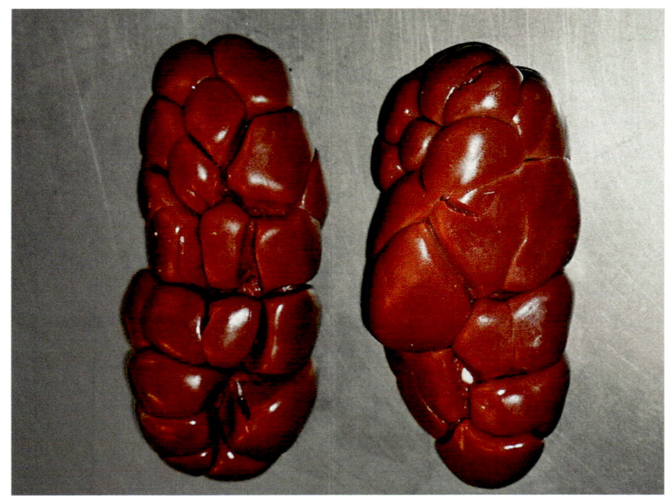

Abb. 1: Degeneriertes Nierenpaar
Dunkelrot/Rubinrot = gesund
Ockerfarben = krank

Abb. 2: Hochgradige Nierendegeneration in vergrößerter Aufnahme

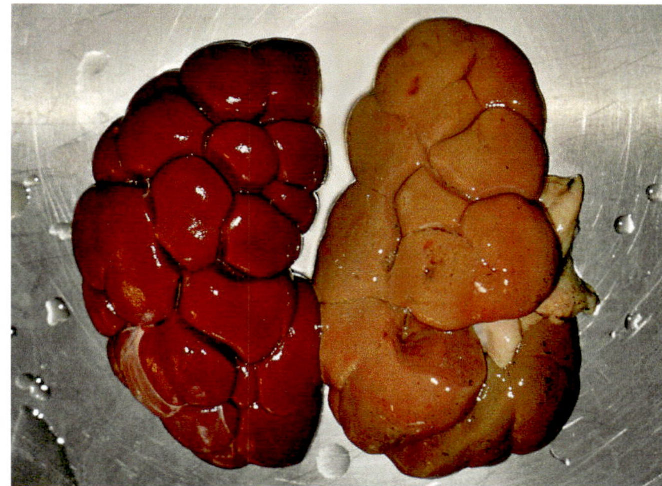

Abb. 3: Toxische Nierendegeneration bei Kühen (biologisches Phänomen des unterschiedlichen Schädigungsgrades der rechten und linken Niere)

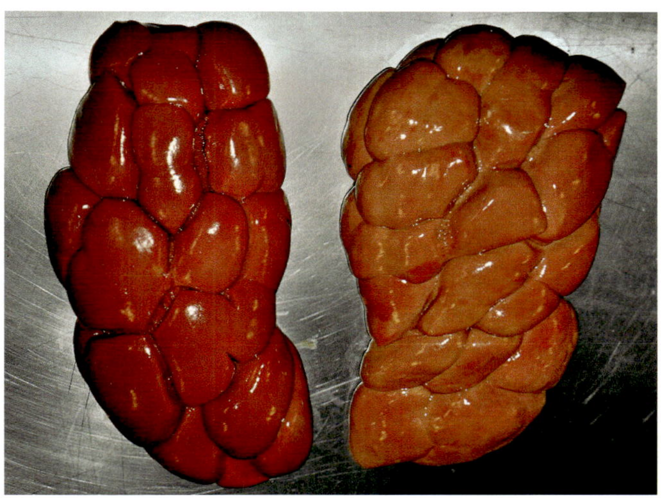

Abb. 4: Toxische Nierendegeneration bei Kühen (biologisches Phänomen des unterschiedlichen Schädigungsgrades der rechten und linken Niere)

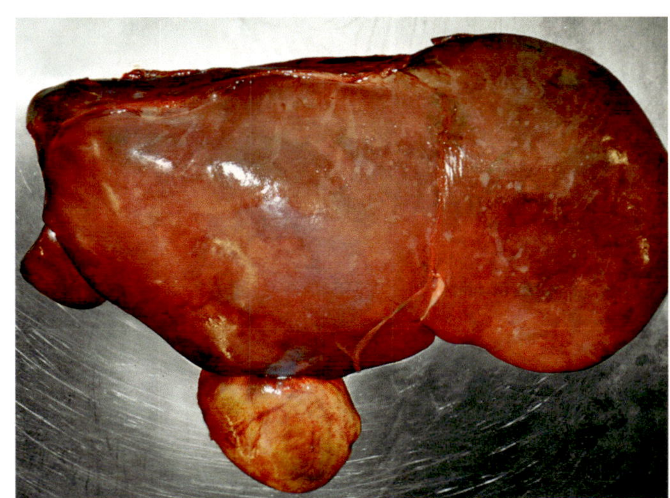

Abb. 5: Toxische Leberdegeneration bei Kühen

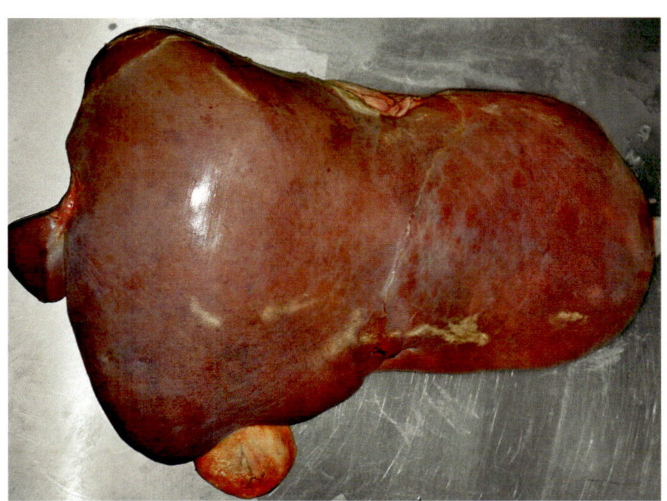

Abb. 6: Toxische Leberdegeneration bei Kühen

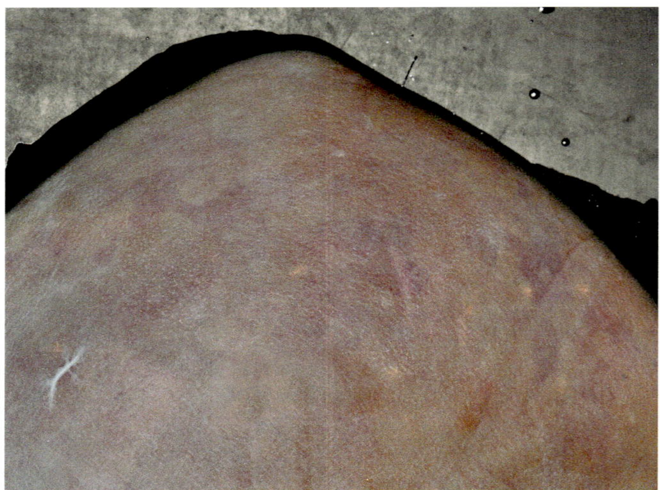

Abb. 7: Degeneriertes Leberteil in Nahaufnahme
Dunkelrot/bläulich = gesund
Ockerfarben-grau = krank

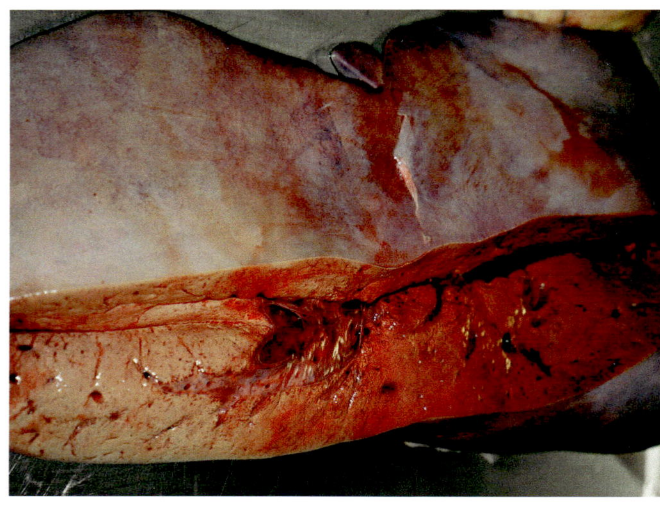

Abb. 8: Degenerierte Leber im Anschnitt / hochgradig

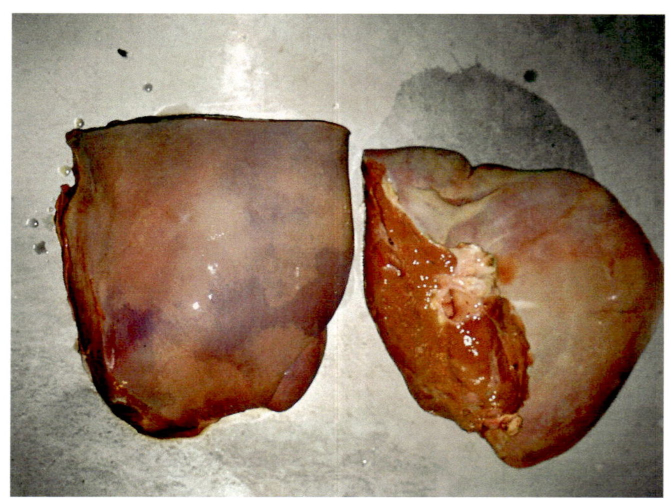

Abb. 9: Höchstgradige Leberdegeneration im Anschnitt

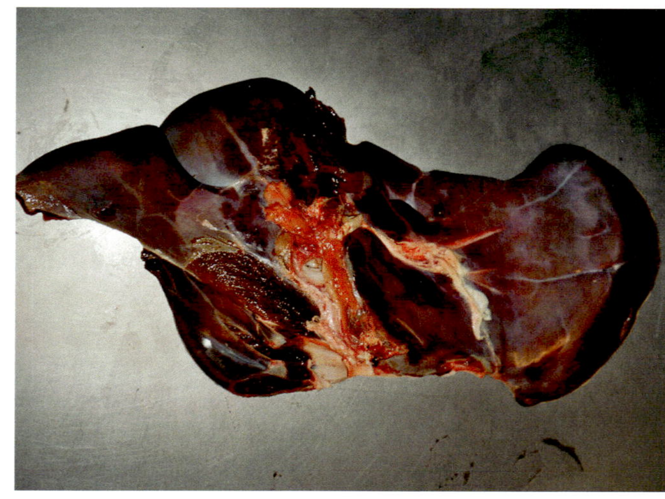

Abb. 10: Annähernd gesunde Leber (Bauchhöhlenseite)

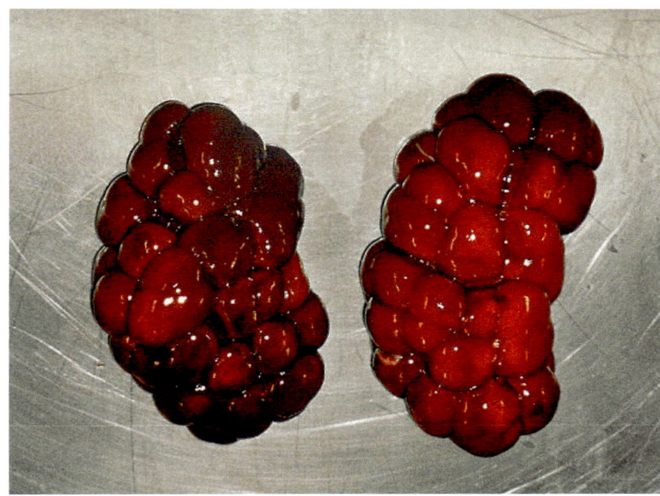

Abb. 11: Hochgradige Nierendegeneration eines Kalbes, 2 Wochen alt (zu beachten: musig-schwammige Gewebeverfassung der Niere)

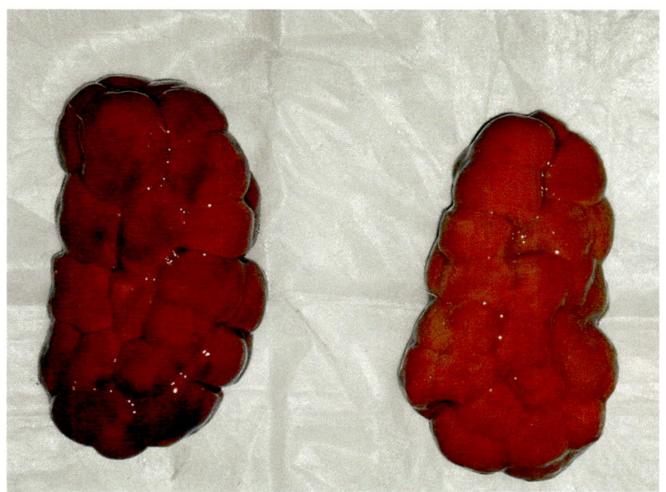

Abb. 12: Hochgradige Nierendegeneration eines totgeborenen, ausgetragenen Kalbes

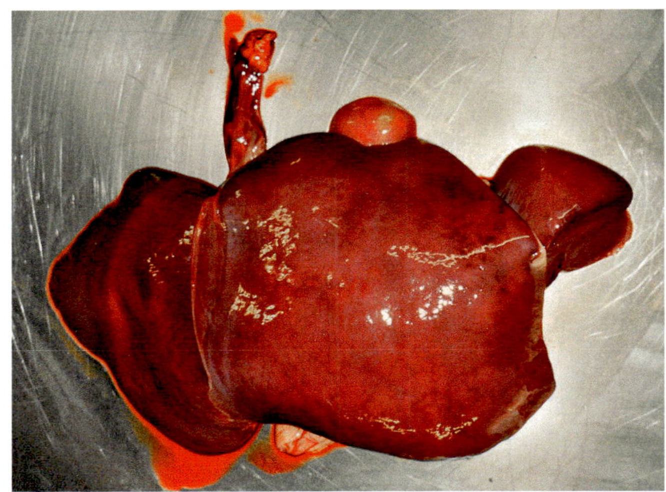

Abb. 13: Hochgradige Leberdegeneration eines Kalbes, 2 Wochen alt

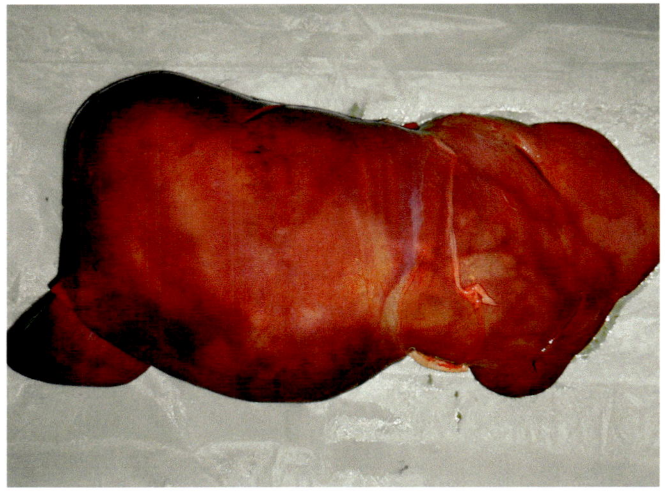

Abb. 14: Hochgradige Leberdegeneration eines totgeborenen, ausgetragenen Kalbes

II.) Klinik

Die klinische Symptomatologie umfasst die **direkten** 1) und **indirekten** 2) Befunde.

Zu 1) Die direkten Befunde sind zugleich die verborgenen. Sie definieren das Befinden der Kuh, bevor sie sich in akuten, sichtbaren und auffallenden Krankheitssymptomen äußert. Sie geben gewissermaßen eine Antwort auf die Frage an die Kuh „Wie geht es dir?", obwohl man sie äußerlich oberflächlich betrachtet als gesund erklären möchte. **Die Antwort ist die Sprache der Kuh.** Die allgemeine jederzeit nachvollziehbare klinische Symptomprüfung umfasst je 2 Äußerungen des Kopf- und des Beckenbereiches.

Das markante Signal für eine degenerierte Herde ist die **Schaumflockenbildung** des Speichels bei wiederkäuenden Kühen, Rindern und Mastbullen (wie zu Schaum geschlagenes Eiklar). Die Reaktion resultiert aus der Überlastung des Pansen-Blut-Speichel-Ammoniak-Kreislaufes. Speichelflockenbildende Tiere müssen selbst nicht immer gesundheitsproblematisch auffallen. Zudem ist die Zahl der Tiere einer Herde, die wegen degenerativer Schäden in Krankheitsprozesse eintreten ohne Speichelflocken zu bilden, noch größer! Aber je stärker ein Bestand degenerativ belastet ist, umso höher, intensiver und tierfrequenter ist die Flockenbildung. In jedem Fall ist aber nur eine speichelflockenbildende Kuh in einer Herde von 1.000 Tieren ein Indikator für N-überlastete Ernährung für alle (Erklärung S. 72)!

Das zweite „Kopfsymptom" resultiert aus der Prüfung der **Lidbindeschleimhäute** – leichter Druck mit dem Daumen auf den über ein Augenlid geschützten Augapfel bei gleichzeitigem Hochziehen des oberen Augenlides oder das Wegziehen des unteren Augenlides. Dabei fällt aus dem inneren Augenwinkel das 3. Augenlid vor, eine Knorpelscheibe, die von wenig durchbluteter und nicht bindegeweblich unterpolsteter Schleimhaut überzogen wird und sich nicht zur Charakterisierung eignet, es ist erst etwa nach dem 6. Lebensmonat vollständig ausgebildet. Diese lässt sich nur an der Schleimhaut der eigentlichen Augenlider einteilen: Die manuelle Prüfung soll in kurzen Fixationsintervallen erfolgen, weil sonst die Blutzirkulation gestört wird und der farbliche Eigencharakter der Lidbindeschleimhäute verfälscht wird. Charakterisierungsstadien sind besonders gut bei jungen Kälbern einzuteilen:

a) Schleimhaut mit sauber gezeichneter marmorierter porzellanweißer und rosaroter Felderung – Verteilung: 2/3 weiß, 1/3 rosarot – und klarer Zeichnung netzartiger Blutgefäße – gesund.
b) Marmorierung verschwommen, Farbton kräftig rot, aber noch sauber, Blutgefäße zu erkennen – 1. Stadium der Stoffwechselintoxikation.
c) Marmorierung und Blutgefäße nicht mehr zu erkennen, Schleimhaut apfelsinenschalenfarbig monoton – 2. Stadium.
d) Farbmonotonie schmutzigrot verwaschen, teilweise gräulich-fahl – 3. Stadium.

Die Charakterisierung der Lidschleimhäute der meisten Kühe lässt sich dem Stadium b) bis d) zuordnen. Bei den neugeborenen und jungen Kälbern lässt sich je nach Degenerationsintoxität des Bestandes das gesunde bzw. kompensiertgesunde Stadium oder die Intoxikationsebene b) und c) diagnostizieren. Werden diese Kälber dann z. B. mit Gras-Mais-Silage/Heu als Grundfutter und einem handelsüblichen Kälberaufzuchtfutter mit 18–22 % Rpr. ernährt, intensiviert sich die Charakterisierung rasch in das Stadium c), erholt sich dann aber wieder teilweise, wenn diese Tiere als Jungrinder nur noch Grundfutter oder eine Kombination mit sinkenden Rohproteingehalten zugeteilt bekommen. Ausserdem hilft die Biologie: Beim wachsenden Kalb vermehren sich nur die gesunden Organzellen, vorausgesetzt es wird nicht durch Falschernährung bereits weiter geschädigt. Die Relation gesund/krank verbessert sich auf den gesunden Anteil.

Das Kalb verfügt am Ende der reinen Milchphase über eine geringer beschädigte Leber- und Nierenverfassung als unmittelbar mit/nach der Geburt. Als Sonderform der Kopfsymptomatologie sind beim neugeborenen Kalb fleck- bis fächerförmige okuläre Blutungen pathognostisch, auftretend in der Mutter-Nachkommen-Verbindung bei hochgradiger degenerativer Belastung. Das sind **Blutflecken** auf dem weißen Teil des Augapfels. Sie verschwinden in der 2. Lebenswoche, wenn das Kalb überlebt. Sie entstehen als Folge von Blutgerinnungsverzögerung durch

a) Fibrinmangel, Fibrin = netzartiger „Blutklebestoff" (degenerative Leber produziert kein oder kaum ausreichendes Fibrin), und
b) Mangel an Blutplättchen aus Schädigung des Knochenmarkes durch Ammoniak,

also Blutungsneigung und eine Gewebsverfassung, die Löschpapiercharakter annimmt durch Zellstrukturschädigung nach Ammoniak- und Harnstoffüberlastung. Dieselben Faktoren sind verantwortlich für die Überrötung der Lidbindeschleimhaut. Das gesunde Körperorgangewebe sollte man sich aus Zellverbänden mit pergamentpapierähnlichem Wandaufbau vorstellen, fest und trotzdem atmend.

Erklärungen

<u>kompensiert, Kompensation:</u>
Ausgleich (durch Mehrarbeit des noch gesunden Leber- und Nierengewebes kann Gesundheit am Symptom Lidbindeschleimhaut vorgetäuscht werden, obwohl bereits Leber- und Nierendegenerationen vorliegen)

<u>okulär:</u>
den Augapfel betreffend, hier: über dem weißen Teil des Augapfels

In der klinischen Symptomprüfung des Beckenbereiches lässt sich die Parese = **Lähmung** der Cauda equina (des Kreuz-Schwanz-Rückenmarkes = Parese der **Schwanzwurzel**) unterschiedlichen Grades abhängig von dem Grad der Organschädigung darstellen. Zur manuellen Prüfung der Schwanzwurzelaktivität wird der Schwanz etwa 30 cm unterhalb seines Beckenansatzes erfasst, also in der Ebene des unteren Scheidenwinkels, hochgehoben und fallen gelassen. Kraftaufwendung und Gegenreaktion sind von Kuh zu Kuh unterschiedlich, im fortgeschrittenen Fall völlig reaktionslos, d. h. paretisch. Je gelähmter die Schwanzwurzel festzustellen ist, desto intensiver verläuft die Organschädigung. Die durch Ammoniak und Harnstoff verursachte paretische Funktionsbeeinträchtigung der Nervenbahnen führt in fortgeschrittenen Fällen zu einer Lähmung der gesamten Hinterhand, d. h. des Endrückenmarkes aufsteigend. Die betroffenen Kühe sind nicht in der Lage aufzustehen, fressen aber noch. Dieses Krankheitsbild entwickelt sich geburtsunabhängig und wird wiederholt fälschlich als Botulismus angesprochen. Dieses paretische Problem kann aber auch Kalziumregulationsmangelzustände (Gebärparesen) komplizieren und spielt weiterhin bei der Entstehung von Labmagenerkrankungen (Verlagerung, Verdrehung, Tympanien) über die toxische Parese von Ästen des N. vagus = N. parasympathikus die entscheidende ursächliche Rolle. Jede Labmagenverlagerung ist eine sekundäre symptomatische Folge der Leber-Nieren-Degeneration, verursacht durch ammoniak- und harnstofftoxische Lähmung von Ästen des N. vagus. Die Erklärung für Labmagenerkrankungen, resultierend z. B. aus einer unzureichenden laktationsvorbereitenden Fütterung, Strukturmangel, Fütterungsumstellung oder Platzverhältnissen in der Bauchhöhle nach erfolgter Geburt, ist unsinnig. Es gibt Labmagenverlagerungen/-verdrehungen vor der Geburt, beim Kalb, beim Jungbullen/Bullen. Nur organgesunde Tiere entwickeln keine Labmagenerkrankungen! Auch das Labmagengeschwür beim Kalb, bei der jungen Kuh nach der 1. Geburt und sporadisch bei älteren Kühen ist eine Folge des Degenerationskomplexes, bedingt durch den trockenen Brand von Schleimhautfeldern – Ernährungstod und Absterben der Schleimhautbezirke nach Versagen der Blutversorgung durch Verstopfen der Blutgefäße durch schlackeartige Stoffwechselprodukte (siehe auch Schwanzwurzelnekrose) und ammoniakalischer Zelltod der Endblutgefäßwand.

In der symptomatologischen Folge begleitend und funktionell zum Lähmungsprinzip gehörend, zählt pathognostisch das akustische Erscheinungsbild des **gespaltenen 1. Herztons**, bedingt durch toxische Lähmungsbeeinflussung des herzeigenen Nervenreizbildungs- und Leitungssystems.

Darstellung: Der erste Herzton oder Muskelton entsteht durch das schlagartige Auspressen des Blutes aus den Herzkammern, der 2. Ton oder Klappenton eines Herzschlages durch das Zurückfallen des Blutes in den herznahen großen Gefäßen auf die Herzklappen. Die Spaltung des 1. Herztons entsteht dadurch, dass die Muskelkontraktion beim Durchrollen in der Herzwand eine kurze Unterbrechung erfährt, hörbar aus der normalen Akustik: buh-tup, buh-tup nach buh.buh-tup, buh.buh-tup. Als zweites Beurteilungsfeld aus dem Bereich des Beckens steht der **Urin** zur Verfügung. Dazu einige physiologische Basiserläuterungen:

A) Entstehung des Urins und Schaumcharakterisierung

Bildhaft erklärt, reinigt die Niere das Blut in 2 Filtrationsebenen (Siebebenen). In der 1. Ebene wird unter einem groben Sieb der Primärurin produziert, der neben den ausscheidungspflichtigen, also harnpflichtigen Schlackestoffen (Leitsubstanz Harnstoff, Harnstoff macht 85 % des gesamten Urin-Schlackestoffpools aus, bzw. sind 95 % Endprodukt des Schlacke-N-Stoffwechsels) auch körpernutzbare Stoffe enthält (Leitsubstanz Eiweiß, daneben Glucose) – Ebene der Glomerula–Rindenschicht. In der 2. Ebene werden über einem feinmaschigen Sieb die körpernutzbaren Stoffe vollständig (!) ins Blut rückresorbiert. Histologisch geschieht dies über die nierenspezifischen Kanälchen (Tubuli) durch die Tubuluszellen. Unter dem 2. Sieb verlässt dann der Sekundär- oder Endurin die Niere – Ebene der Tubuli-Kernschicht. Degenerierte Nieren (Nephrose) sind durch toxischen Tod der Tubuluszellen nicht mehr ausreichend in der Lage, die körpernutzbaren Stoffe rückzuresorbieren (Tubulusnephrose) und der Endurin wird eiweißhaltig in unterschiedlicher Intensität.

Sichtbares Zeichen ist die **Schaumbildung**: Bei einer Kuh mit gesunder Nierenfunktion müssen die Schaumbläschen, die sich beim Fallen des Urins auf einen sauberen neutralen festen Fußboden entwickeln, so schnell verschwinden, wie sie entstanden sind – eiweißfrei. Ein zeitlich verzögertes Zusammenfallen des Schaumkegels oder das Wegschwimmen von Schauminseln ist ein Zeichen für eiweißhaltigen Urin und damit für eine Nierendegeneration.

B) Zur Urinfarbe

Die gesunde Urinfarbe ist altstrohgelb oder altgoldgelb, dabei klar. Farbgebend wirkt das Urubilinogen. Urubilinogen ist ein im Darm entstehendes Umwandlungsprodukt aus dem Glucuronsäure-Bilirubin, ein Produkt der Leber, die das Bilirubin bei gleichzeitiger Entgiftung an Glucuronsäure bindet und mit der Gallenflüssigkeit in den Dünndarm abfließen lässt. Das Bilirubin wiederum entsteht aus dem nach natürlichem Zerfall der roten Blutkörperchen freigesetzten Hämoglobin. Ein Teil dieses Urobilinogens wird aus dem Darm rückresorbiert und über die Niere ausgeschieden. Heller bis wasserklarer Urin ist ein Zeichen für eine Nierendegeneration, die Ausscheidungsleistung versagt, d. h., das Nierengewebe ist nur noch in der Lage, seine Kernaufgabe zu erfüllen – Harnstoffausscheidung –, versagt aber die Erfüllung von Zusatzaufgaben: die Urubilinogenausscheidung. Unter normalen Wasserversorgungsbedingungen spielen osmotische oder voluminöse Veränderungen im Flüssigkeitshaushalt des Blutes oder der Nieren bei der Kuh keine Rolle, weil der Pansen schwamm- oder moosähnlich für eine kontinuierliche Einschleusung des Nahrungswassers ins Blut sorgt, es sei

denn, die Wasserversorgung fällt, z. B. durch technische Probleme, 3 Tage aus (Wasserintoxikation, dann aber mit anderen Symptomen). Beim Kalb bis zu einem Alter von 3–4 Monaten ist der Lebensrhythmus der roten Blutkörperchen vom Aufbau und von der Ausschwemmung aus dem Knochenmark bestimmt. Es findet noch keine wesentliche Zerfallsfrequenz statt; also entsteht auch kein freies Hämoglobin und damit kein Urubilinogen. Der Urin des Kalbes ist immer wasserhell!
Urinbefunde lassen sich in einem weiteren einfachen Testverfahren noch objektiver und gleichzeitig semi-qualitativ erheben – über Teststreifen, Combur u. a.

Für das Degenerationssyndrom maßgebend sind:

a) Eiweißgehalt regelmäßig mittel- bis hochgradig positiv. Also Farbfeld tier-individuell unterschiedlich intensiv grün – bis zu 500 mg Eiweiß in 100 ml Urin entsprechend Eiweißverlust bis 120 g täglich – als Teileiweiß. Zu berücksichtigen ist folgendes: Über die Teststreifen werden nur Albumine nachgewiesen (Eiweiße in mehrfach peptidischen Bindungen), jedoch keine Einfachpeptide und keine freien Aminosäuren. Der Verlust an Aminosäuren insgesamt ist also deutlich höher. Im enzymatischen Labortestverfahren werden routinemäßig auch einfach gebundene Aminosäuren erfasst, aber ebenfalls keine freien Aminosäuren. Glucose teilweise positiv (in hochgradigen Fällen, betont bei starker Tubulusnephrose).

c) ph-Wert deutlich alkalisch 8–9 und um 9, spezifisches Gewicht gegen 1.0. Die Intensität der alkalischen Farbreaktion verläuft parallel zur Intensität des Eiweißgehaltes. Aber: Versagt eine Kuh aus irgendwelchen Gründen die Nahrungsaufnahme für mindestens 2 Mahlzeiten, reagiert der Urin-pH-Wert sauer (Hungeracidose) und widerspricht in Beachtung dieser Reaktion nicht der grundsätzlichen Parallelität von Eiweißgehalt und pH-Wert. Das spezifische Gewicht ist gering, also „dünner", wie durch Verminderung der Filtrations- und Konzentrationsleistung.

b) Ketonkörper schwach bis mittelgradig positiv – leicht bis mäßig blauviolettes Farbfeld. Diese Reaktion zeigt eine sekundäre Acetonurie an, resultierend aus einer Leberdegeneration – also: **ketonurische Stoffwechselreaktion durch Leberdegeneration**. Sie ist laktationsunabhängig. (Die primäre Acetonurie oder primäre Ketose würde eine tiefe blauviolette Farbreaktion hervorrufen und ist zeitlich an die Erstphase der Hochlaktation gebunden mit dem Erscheinungsbild des festen, glänzenden Kotes und des süßlich-apfelmostähnlichen Geruches der Atemluft). Eine neutrale Farbreaktion des Ketonkörper-Teststreifenfeldes des Urins beweist keine gesunde Leber. Dafür ist der Test zu unsensibel und wird dann ergänzt durch eine noch spezifischere Untersuchungsmethode: Erhebung von **Serumbefunden** (z. B. fotometrische Verfahren) und Bestimmung des dominanten Faktors: Harnstoffgehalt des Urins.

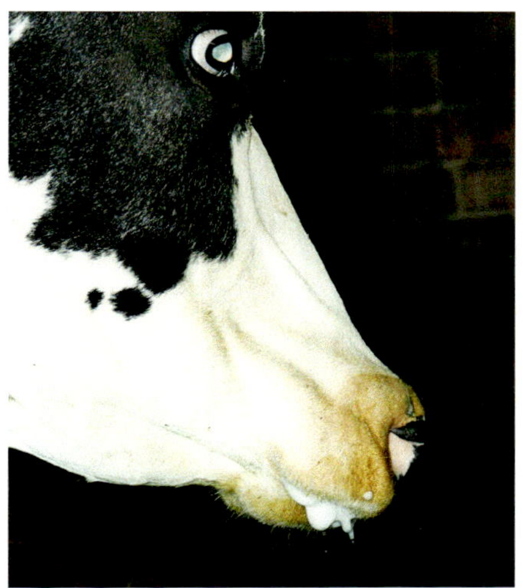

Abb. 15: Speichelflockenbildung

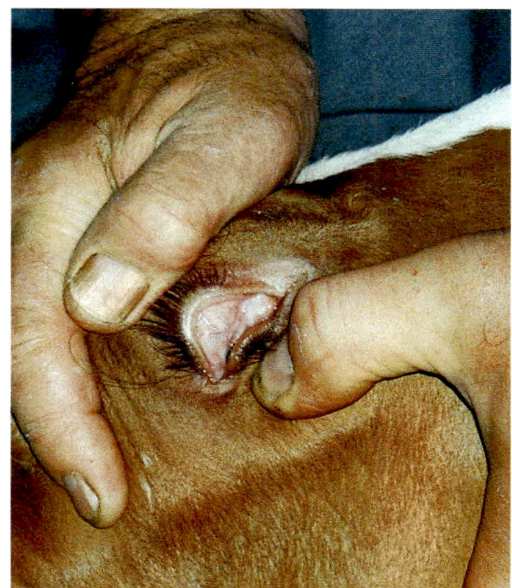

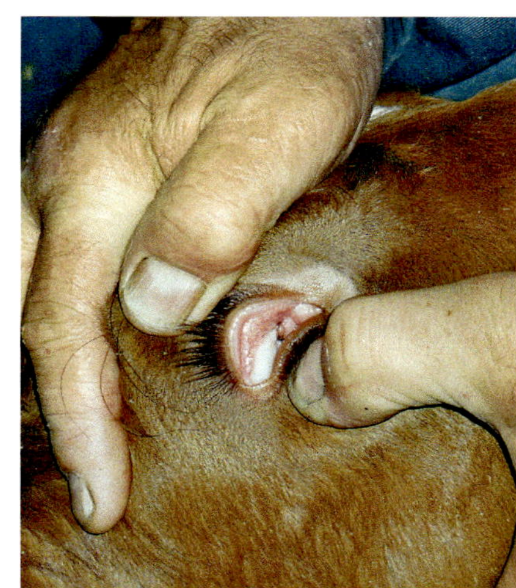

Abb. 16: Lidbindschleimhäute des Kalbes von normaler (Abb. 16) über leichter (Abb. 17) und mäßiger (Abb. 18) bis hochgradiger monotoner Überrötung (Abb. 19)

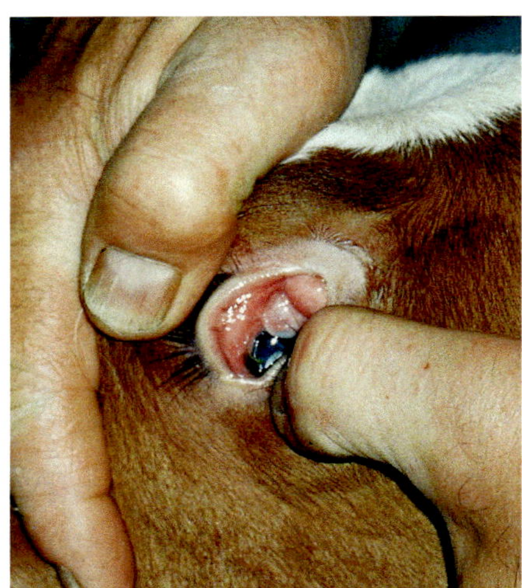

Abb. 18: mäßige Überrötung der Lidbindschleimhäute

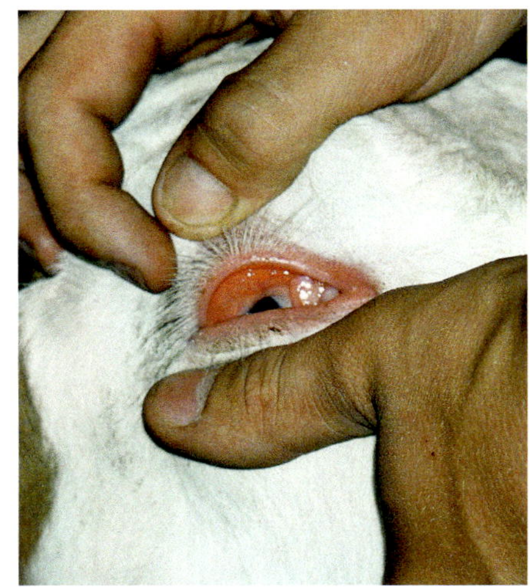

Abb. 19: hochgradig monotone Überrötung der Lidbindschleimhäute

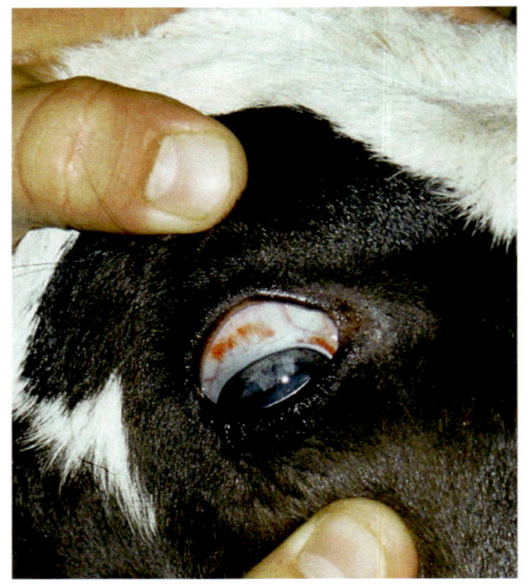

Abb. 20–21: Punktuelle und flächige Blutflecken über dem weißen Teil des Augapfels

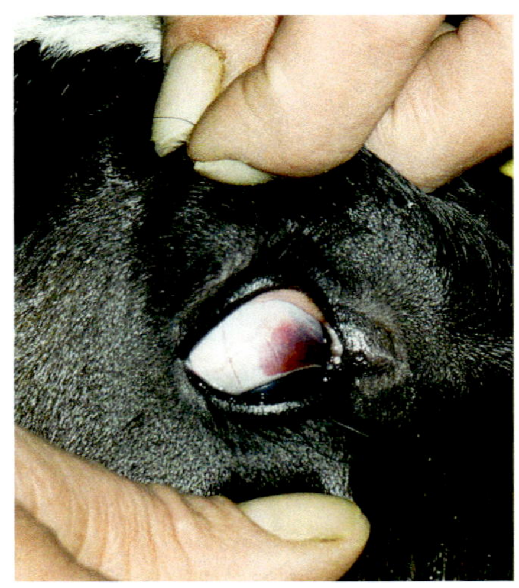

Abb. 21

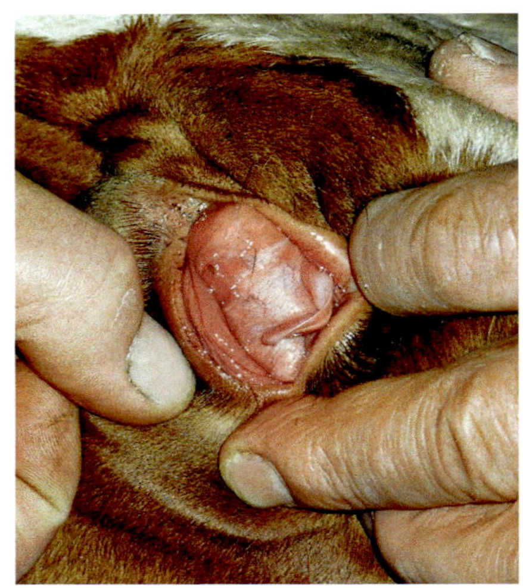

Abb. 22: Drittes Augenlid der Kuh mit gesunder Struktur und apfelsinenschalenfarbener monotoner Überrötung der Lidbindschleimhäute

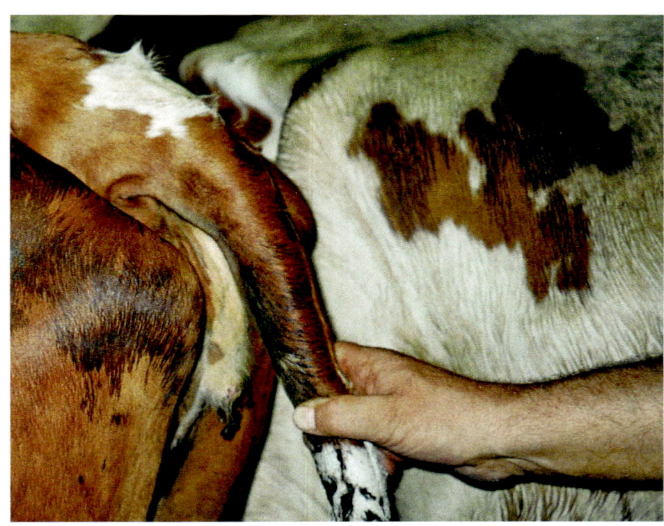

Abb. 23–24: Prüfung der Schwanzwurzelaktivität

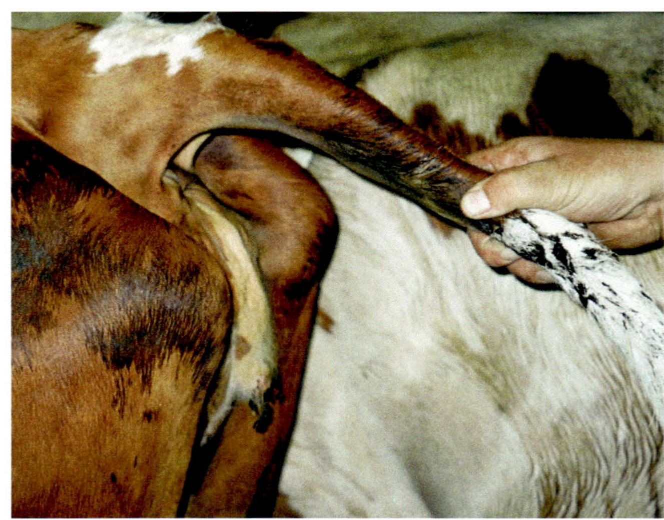

Abb. 24

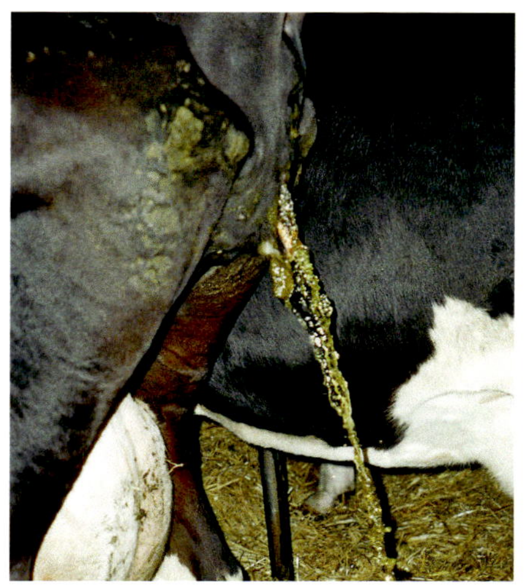

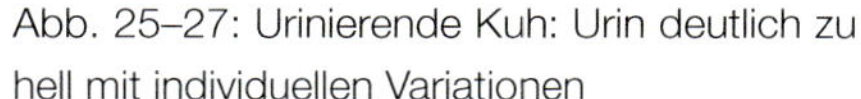

Abb. 25–27: Urinierende Kuh: Urin deutlich zu hell mit individuellen Variationen

Abb. 26

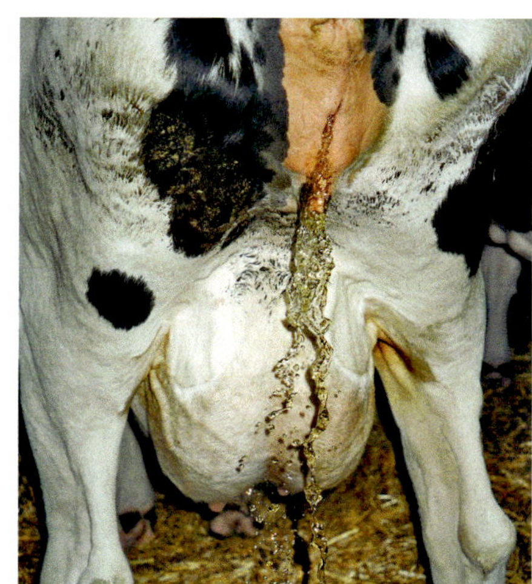

Abb. 27

Abb. 28–29: Schauminselbildung im abfließenden Urinsee

Abb. 29

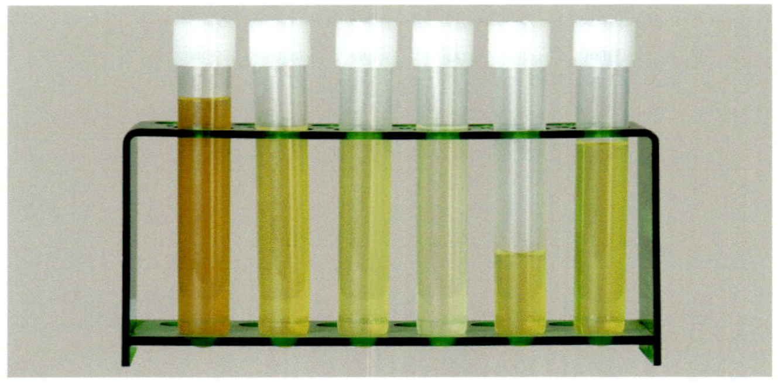

Abb. 31: Urinproben unterschiedlicher Farbintensität von farbgesund (1. Probe von links) bis wasserklar (4. Probe von links)

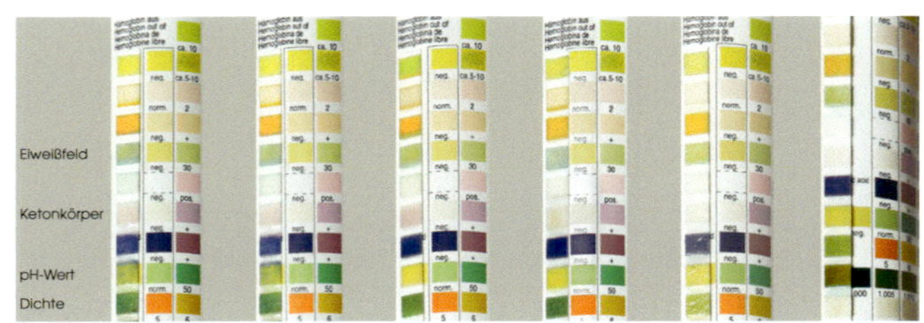

Abb. 32: geprüfte Teststreifen (angelegt als 1. Skalareihe links) mit kuhindividuell unterschiedlicher Farb-/Gehaltsintensität im Vergleich
z. B. Test links-außen: Eiweißfeld deutlich positiv (etwa 300 mg Eiweiß – eigentlich nur Albumin pro 100 ml Urin) | Ketonkörperfeld mäßig positiv | pH-Wert etwa 8,0 | Dichte 1.005

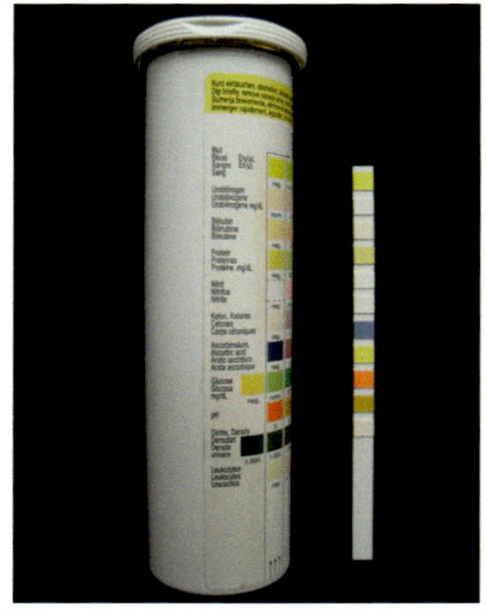

Abb. 30: Teststreifenbehälter mit unbenetztem/neutralen Teststreifen

Eiweiß leicht positiv
Ketonkörper leicht positiv
pH-Wert 5,0
Dichte 1020
Diagnose:
höchstgradige Nierendegeneration
ketonurische Stoffwechselreaktion durch Leberdegeneration

Eiweiß mittelgradig positiv
Ketonkörper rosa-violet positiv
pH-Wert 8,0
Dichte 1005
Diagnose:
hochgradige Nierendegeneration (=Standard-Nierendegeneration)
Leberdegeneration

Eiweiß mittelgradig positiv
Ketonkörper rosa-violet positiv
pH-Wert 8,0
Dichte 1005
Diagnose:
hochgradige Nierendegeneration (=Standard-Nierendegeneration)
Leberdegeneration
Farb- und Beschädigungsintensität höhergradiger

1. Bilirubinbestimmung (Gesamtbilirubin)

bis max. 0,15 mg / 100 ml Blut: gesund

Bilirubin ist ein Abbauprodukt aus Hämoglobin (roter Blutfarbstoff, der beim Alterszerfall der roten Blutkörperchen frei wird, die laufend ersetzt werden durch junge Blutzellen aus dem Knochenmark), besitzt eine ähnliche Toxizitätsintensität wie Ammoniak, wird in der Leber durch Bindung an Glucuronsäure entgiftet (direktes Bilirubin) und mit der Gallenflüssigkeit in den Dünndarm abgeführt. Eine kranke bzw. degenerierte Leber konzentriert sich nur noch auf ihre Hauptaufgabe – entgiftende Umwandlung von Ammoniak zu Harnstoff – und vernachlässigt Zusatzaufgaben mit der Folge: der Serumbilirubingehalt steigt an.

2. Kreatininbestimmung

bis max. 0,5 mg / 100 ml Blut: gesund

Kreatinin, ein Abbauprodukt des Muskelstoffwechsels, wird ohne weitere Verstoffwechselungsschritte direkt über die Niere ausgeschieden. Eine kranke Niere reduziert ihre Arbeit auf ihre Kernaufgabe – Harnstoffausschleusung und vermindert Zusatzaufgaben – Kreatininausschleusung: Der Kreatininblutspiegel steigt an über den physiologischen Toleranzwert von 0,5 mg je 100 ml Blut. Die Bestimmungen von Bilirubin und Kreatinin sind durch ihre Spezifität markant verwertbar zur Beurteilung von Funktion und Pathologie von Leber und Niere, insbesondere im chronischen Geschehen = Degeneration und geben auch nach nur einmaliger Untersuchung ein Permanenzbild der Probanden und des Bestandes für etwa 6 Monate wieder. Zur Befunderhebungsübersicht sollten 10 % der Tiere eines Bestandes untersucht werden. Die Bestimmung von Leberenzymen GLDH, AST(GOT), ALT(GPT), Gamma-GT, LDH, SDH ist unnötig. Ihre Blutwerte sind bei akut einwirkenden Leberschädigungen erhöht, bei chronisch, langsam einwirkenden Noxen normal.

Achtung: In der Literatur werden max. Toleranzwerte für Gesamt-Bilirubin mit 0,5 mg / 100 ml angegeben, für Kreatinin mit 1,5 mg / 100 ml (entsprechende Werte nach Einsatz von Umrechnungsfaktoren aus mmol/lj). Sie gelten für die Gesundheits-/Krankheitsbeurteilung nach massiv akuter Organbelastung/-schädigung auf der Basis eines primär gesunden, pathologisch nicht geschädigten Organs. Bei chronischer, langsam fortschreitender Schädigung = Degenerationssyndrom müssen die Werte auf ein Drittel gesenkt werden, weil die pathologische Manifestation bereits bei 0,15 mg (Bilirubin) bzw. 0,5 mg (Kreatinin) beginnt, auf der Basis einer chronisch fortschreitenden Schädigung.

Außerdem muss das Kompensations- = Ausgleichsvermögen berücksichtigt werden. Leber und Niere sind extrem funktionell ausgleichsfähige Organe. Bis zu 2/3 ihres Gewebes kann degenerativ funktionstot sein, trotzdem stellt die Intensivierung der Arbeit des verbleibenden 1/3 eine scheinbar gesunde Kuh dar – z. B. mit einem Kreatininwert von 1,0 mg / 100 ml und einem Bilirubinwert von 0,20 mg / 100 ml – aber bei hochgradig verändertem Gewebe.

3. Blutharnstoffbestimmung

Diese Bestimmung eignet sich nicht zur Erkundung des Degenerationssyndroms, soll aber hier kurz behandelt werden, weil in anderen Untersuchungsschematan immer wieder erwähnt. Der Blutharnstoffwert wird vom Organismus dominant reguliert und liegt immer im Bereich von 10 bis 40 mg je 100 ml Blut (Maximalgrenzwerte). Die Schwankungsbreite liegt in der überwiegenden Mehrzahl der untersuchten Kühe enger; 15–25 mg / 100 ml. Das heißt, der in diesem Bereich gemessene Blutharnstoffwert gibt keine Auskunft über die Harnstoff-Stoffwechselbelastung oder -entlastung, schon gar nicht über nutritive Über- oder Unterversorgung. Er muss schon allein aus osmotischen und lebenserhaltenden Gründen stabil gehalten werden. Wird eine Kuh nutritiv N unterversorgt (Versuchsration aus Maissilage und Maisschrot), sinkt ihr Blutharnstoffwert nicht unter 10–15 mg / 100 ml ab. Wird eine Kuh nutritiv N überversorgt (Grassilage und Soja/Rapsgemisch), steigt der Blutharnstoffgehalt nicht über 25–40 mg / 100 ml an; es sei denn, die Kuh stirbt an einer akuten N- bzw. Harnstoff-Intoxikation.

4. Urinharnstoffbestimmung

Für die gesundheitliche Definition der Nieren besitzt die quantitative Bestimmung des Harnstoffgehaltes im Urin **die** zentrale Bedeutung. 95 % der gesamten Stickstoff-Schlackestoffwechsel-Abbauprozesse erscheinen als Harnstoff, der wiederum etwa 85 % des gesamten nierengängigen Schlackestoffpools umfasst.

Die Höhe des Harnstoffgehaltes im Urin ist abhängig von der Ausscheidungsfähigkeit der funktionell und anatomisch gesunden Nieren oder deren Beschränkung durch pathologische Veränderungen und von der Menge des in der Leber produzierten Blutharnstoffes (aus der Umwandlung von Ammoniak zu Harnstoff und der Transformation von überschüssigen Aminosäuren zu Harnstoff aus der oxydativen Desaminierung) und damit abhängig von der Größe der nutritiven N-Versorgung = Rohproteingehalt des Gesamtfutters. Aus Futterkonzeptionen von 18–22 % xP im Gesamtfutter flutet so viel Harnstoff an, dass im Urin Harnstoffgehalte von bis zu 3.000 mg / 100 ml erscheinen sollten.

Dazu war die Kuh mit ihren Nieren, als beide noch gesund waren, also im Jahr 1960, tatsächlich in der Lage: Die Durchschnittskuh des Jahres 1960 war mit ihren gesunden Nieren fähig, bis zu 3.000 mg Harnstoff / 100 ml Urin auszuscheiden. Die Durchschnittskuh des Jahres 2000 vermag nach permanent hoher zelltodprovozierender nutritiver N-Versorgung über ihre geschädigten Nieren nur noch 1.000 mg / 100 ml Urin auszuscheiden! Die Kuh des Jahres 1960 unterlag einer extremen rhythmischen Ernährungslage bezogen auf die xP-Versorgungshöhe: extrem hohe xP-Versorgung aus der „Mai-Weide“ mit wellenartig abnehmenden xP-Gehalten über den sommerlich-herbstlichen Vegetationsverlauf in die winterliche Eiweiß-Kargfütterung mit xP-Gehalten um 10 % (Heu, Getreide, Rüben). Die Kühe durchliefen Belastungs- und Entlastungsphasen, das Geschehen blieb funktionell, nicht pathologisch! Die Pathologie begann mit dem Einsatz einer nahezu linear hohen xP-Versorgung über das gesamte Jahr – keine Erholungszeit ausserhalb des Trockenstehens, die auch noch verkürzt wird durch die xP-aufbauende Laktationsvorbereitung, bedingt durch Ausrichtung des Leistungszieles Milch aus steigendem xP-Angebot. Die positive Reaktion aus Appetit und Milchsteigerung nach Proteinzulagen hat geblendet, sich um die neuen Stoffelwechselbedingungen – Kapazitäten, um Leber und Niere zu kümmern.

Das Ziel Milchleistungssteigerung wurde parallel realisiert durch die Züchtung. Aber: durch genetisches Arrangement in dieser Zielsetzung wurde und wird keine Organzelle pathologisch geschädigt! Ergebnis: Es gibt Hochleistungsherden, die einen geringeren pathologischen Schädigungsgrad aufweisen als Mittelleistungsherden, umgekehrt aber ebenso, wenn die Hochleistung xP-fütterungsvergewaltigt erreicht wird. Lediglich ein Anteil von etwa 10 % aller Kühe verfügt über hohe Ausscheidungsfähigkeiten in dem Bereich von 2.000 mg / 100 ml Urin. Aus allen aktuellen Untersuchungsbefunden lag die Einzelkuh mit dem höchsten Wert bei 2.400 mg / 100 ml. Ungleich größer ist die Zahl der Kühe mit geringer Urin-Harnstoffausscheidungsfähigkeit bis in eine Minimalebene von 250 mg / 100 ml Urin. Die Ausscheidungsfähigkeit von 1.000 mg / 100 ml ist schon erschreckend niedrig, umso katastrophaler ist die gesundheitliche Situation in der großen Anzahl von Betrieben mit einer durchschnittlichen Harnstoffausscheidungsfähigkeit von 400–600 mg / 100 ml Urin.

Die Intensität gesundheitlicher Probleme korreliert gegenläufig mit der Harnstoffausscheidung: Je niedriger die Harnstoff-Filtrationsfähigkeit umso höher die Herden-Krankheitsintensität.

Und: Die überregionalen fortlaufenden Befunddaten zur durchschnittlichen Filtrationsleistung der Kuhherden ergibt eine abfallende Linie. Oder: Die Abnahme der durchschnittlichen Filtrationsleistung der Nieren für Harnstoff parallelisiert die Verminderung der Nutzungsdauer der Milchkuh. Der gemessene Harnstoffgehalt des Urins hat maßgebliche Bedeutung für die nutritive N-Korrektur und die Beurteilung der Belastungstoleranz für die Niere:

Als dominante Konsequenz: Niemand konzipiert die Ration in ihrer xP-Ausstattung als die Kuh selbst über ihre Nieren!

Harnstoffbestimmungen/Urin zur diagnostischen Situationserhebung und Verlaufkontrolle in der Kuhherde

Urin auffangen oder über Katheter entnehmen von etwa 10 % der Tiere einer Kuhherde in neutrales Röhrchen. Harnstoffmessungen führt preiswert jedes Labor durch, auch eine humanmedizinische Laborpraxis. Innerhalb von 24 Stunden nach Entnahme untersuchen lassen. Hinweis: Harnstoff **absolut** bestimmen lassen, nicht gebunden an Kreatininausscheidung!

Harnstoffwert mg / 100 ml Urin

a) 250–850 mg

Nieren in einer schweren insuffizienten Verfassung mit extremer Verminderung der Filtrations- und Konzentrationsleistung (hochgradige Nierendegeneration). Zur gesundheitlichen Stabilisierung Fütterungskonzeptionen von 10–12 % Rohprotein/Gesamtfutter dringend nötig.

b) um 1.000 mg

Diese Wertebene zeigt die Mehrzahl aller Kühe, bedeutet aber bereits einen krankhaften Zustand – deutliche Nierendegeneration, denn übliche Fütterungskonzeptionen von 16 % Rohprotein und mehr im Gesamtfutter bedingen einen höheren Harnstoffgehalt, um 2000 mg / 100 ml Urin, vorausgesetzt die Nieren sind gesund. Zur gesundheitlichen Herdenstabilisation (insbesondere mit dem Ziel der Gesundheit für die nächsten Generationen) ist ein begrenzter Rohproteingehalt von max 13,5 % des Gesamtfutters unbedingt nötig. Damit keine weitere Nierenschädigung, denn aus 13,5 % xP flutet nicht mehr Harnstoff an, als die Nieren aktuell mit der Filtrationsleistung von 1.000 mg in 100 ml Urin bewältigen können.

c) um 2.000 mg

In den laufenden Urinmessungen sind nur wenige Kühe zu dieser Wertebene fähig. Fütterungskonzeptionen mit 16–17,5 % Rohprotein/Gesamtfutter müssten aber diese Wertebene bedingen. Das erfolgt aber nicht, weil durch die Nierenschädigung nur Filtrationsleistungen von durchschnittlich um 1.000 mg / 100 ml Urin möglich sind. Also Fütterungskonzeptionen mit 16–17,5 % Rohprotein und Harnstoffgehalte deutlich unter 2.000 mg: massiv fortschreitende Nierendegeneration. Kuhherden, die aus dem Degenerationssyndrom frühestens in der 4./5. Generation geheilt sind – Kriterien für Heilung: Kreatininwert unter 0,5 mg / 100 ml Blut, Bilirubinwert unter 0,15 ml / 100 ml Blut, Milchharnstoffgehalt stabil unter 100 mg / 1.000 ml – sind dann in der Lage, diese 2.000-mg-Ebene auszufiltrieren bei Fütterungskonzeptionen von 16–17,5 % xP für begrenzte Zeit. Um Nierenschädigungen nicht erneut zu provozieren, sollte der Bereich von 14,5–15 % xP dann nicht permanent überschritten werden.

d) gegen 3.000 mg

Diese Ebene wurde bei keiner Kuh im Bearbeitungszeitraum gefunden. Fütterungskonzeptionen von 18,5–22 % xP sollten aber diesen Bereich bedingen, weil so viel überschüssiger Stickstoff in Harnstoff umgewandelt anfällt. In vollständig stabil regenerierten Herden sind die Nieren aber zu solchen Filtrationsleistungen in der Lage, wenn die Kühe mit kurzfristigen (nicht mehr als 4 Wochen) nutritiven Rohproteinbelastungen von bis zu 20 % xP Gesamtfutter versorgt werden. Bei länger andauernden Versorgungsphasen beginnt das Degenerationsdesaster von vorne. Die Kuh des Jahres 1960 und früher wurde tatsächlich nur dieser kurzfristigen Urin-Belastungsphase ausgesetzt – „Maiweide“.

Die Ursache für die verkürzte Nutzungsdauer der Kuh ist die verminderte Filtrationsleistung ihrer Nieren!

Laborbefunde von 10 Probanden eines Bestandes

r.med. Eberhard Haubold
r.Dr.med. Jürgen Hofmann
r.med. Kurt-H. Jung
r.med. Gudrun Peithmann

Dr. med. Armin Kuhlencord
Dr. med. Susanne Taupitz
Dr. med. Jutta Thiele

Akkreditiert nach
DIN EN ISO 15189
(DAC-ML-0096-00-10)

Ä für Laboratoriumsmedizin, Mikrobiologie, Pharmakologie, Toxikologie, Reisemedizin, Krankenhaushygiene, P

unlopstr. 50 - 33689 Bielefeld - Telefon 05205 7299-0 - Fax 05205 7299-115

Befundbericht vom: 29.03.07

Endbefund

Herrn 29
Dr. med. vet. Karl-Heinz Schmack
Praktischer Tierarzt
Schlaunstraße 34
33129 DELBRÜCK

)ieser Befund wurde laborärztlich validiert und elektronisch übermittelt

: SCHELD, RIND 1 Kostentr. Mat.vom 28.03.07
.: ? Auftrag SP 7C28 1311
Mat.: Urin,Heparin-Blut

Klinische Chemie

Bilirubin gesamt	(phot)	0.19	mg/dl	Zielwert: < 0.15 Normwert: < 0.40
Creatinin	(phot)	0.9	mg/dl	Zielwert: < 0.5 Normwert: 0.9 - 2.0
Harnstoff i. Urin	(enzy)	↓ 7.1	g/l	Zielwert gesunde Kuh > 30.0

Harnstoff mg/100 ml = g/l X 100

Ende dieses Befundes

Befundbericht vom: 29.03.07

Endbefund

Herrn 29
Dr. med. vet. Karl-Heinz Schmack
Praktischer Tierarzt
Schlaunstraße 34
33129 DELBRÜCK

)ieser Befund wurde laborärztlich validiert und elektronisch übermittelt

I··e: SCHELD, RIND 2	Kostentr.	Mat.vom 28.03.07
Jeb.: ?		Auftrag SP 7C28 1312
Mat.: Urin,Heparin-Blut		

Klinische Chemie

Bilirubin gesamt	(phot)		0.26	mg/dl	Zielwert: < 0.15 Normwert: < 0.40
Creatinin	(phot)		1.0	mg/dl	Zielwert: < 0.5 Normwert: 0.9 - 2.0
Harnstoff i. Urin	(enzy)	↓	14.8	g/l	Zielwert gesunde Kuh > 30.0

Befundbericht vom: 29.03.07

Endbefund

Herrn 29
Dr. med. vet. Karl-Heinz Schmack
Praktischer Tierarzt
Schlaunstraße 34
33129 DELBRÜCK

)ieser Befund wurde laborärztlich validiert und elektronisch übermittelt

I··e: SCHELD, RIND 3	Kostentr.	Mat.vom 28.03.07
Jeb.: ?		Auftrag SP 7C28 1313
Mat.: Urin,Heparin-Blut		

Klinische Chemie

Bilirubin gesamt	(phot)		0.27	mg/dl	Zielwert: < 0.15 Normwert: < 0.40
Creatinin	(phot)		0.8	mg/dl	Zielwert: < 0.5 Normwert: 0.9 - 2.0
Harnstoff i. Urin	(enzy)	↓	6.3	g/l	Zielwert gesunde Kuh > 30.0

Befundbericht vom: 29.03.07

Endbefund

Herrn 29
Dr. med. vet. Karl-Heinz Schmack
Praktischer Tierarzt
Schlaunstraße 34
33129 DELBRÜCK

Dieser Befund wurde laborärztlich validiert und elektronisch übermittelt

N : SCHELD, RIND 4 Kostentr. Mat.vom 28.03.07
geb.: ? Auftrag SP 7C28 1314
Mat.: Urin,Heparin-Blut

Klinische Chemie

Bilirubin gesamt	(phot)	0.22	mg/dl	Zielwert: < 0.15 Normwert: < 0.40
Creatinin	(phot)	0.8	mg/dl	Zielwert: < 0.5 Normwert: 0.9 - 2.0
Harnstoff i. Urin	(enzy)	↓ 5.3	g/l	Zielwert gesunde Kuh > 30.0

Befundbericht vom: 29.03.07

Endbefund

Herrn 29
Dr. med. vet. Karl-Heinz Schmack
Praktischer Tierarzt
Schlaunstraße 34
33129 DELBRÜCK

Dieser Befund wurde laborärztlich validiert und elektronisch übermittelt

N : SCHELD, RIND 5 Kostentr. Mat.vom 28.03.07
geb.: ? Auftrag SP 7C28 1315
Mat.: Urin,Heparin-Blut

Klinische Chemie

Bilirubin gesamt	(phot)	0.21	mg/dl	Zielwert: < 0.15 Normwert: < 0.40
Creatinin	(phot)	0.9	mg/dl	Zielwert: < 0.5 Normwert: 0.9 - 2.0
Harnstoff i. Urin	(enzy)	↓ 11.1	g/l	Zielwert gesunde Kuh > 30.0

Befundbericht vom: 29.03.07

Endbefund

Herrn 29
Dr. med. vet. Karl-Heinz Schmack
Praktischer Tierarzt
Schlaunstraße 34
33129 DELBRÜCK

Dieser Befund wurde laborärztlich validiert und elektronisch übermittelt

e: SCHELD, RIND 6	Kostentr.	Mat.vom 28.03.07
geb.: ?		Auftrag SP 7C28 1316
Mat.: Urin,Heparin-Blut		

Klinische Chemie

Bilirubin gesamt	(phot)		0.40	mg/dl	Zielwert: < 0.15 Normwert: < 0.40
Creatinin	(phot)		1.1	mg/dl	Zielwert: < 0.5 Normwert: 0.9 - 2.0
Harnstoff i. Urin	(enzy)	↓	2.4	g/l	Zielwert gesunde Kuh > 30.0

Befundbericht vom: 29.03.07

Endbefund

Herrn 29
Dr. med. vet. Karl-Heinz Schmack
Praktischer Tierarzt
Schlaunstraße 34
33129 DELBRÜCK

Dieser Befund wurde laborärztlich validiert und elektronisch übermittelt

: SCHELD, RIND 7	Kostentr.	Mat.vom 28.03.07
geb.: ?		Auftrag SP 7C28 1317
Mat.: Urin,Heparin-Blut		

Klinische Chemie

Bilirubin gesamt	(phot)		0.35	mg/dl	Zielwert: < 0.15 Normwert: < 0.40
Creatinin	(phot)		0.8	mg/dl	Zielwert: < 0.5 Normwert: 0.9 - 2.0
Harnstoff i. Urin	(enzy)	↓	9.4	g/l	Zielwert gesunde Kuh > 30.0

Befundbericht vom: 29.03.07

Endbefund

Herrn 29
Dr. med. vet. Karl-Heinz Schmack
Praktischer Tierarzt
Schlaunstraße 34
33129 DELBRÜCK

Dieser Befund wurde laborärztlich validiert und elektronisch übermittelt

: SCHELD, RIND 8 Kostentr. Mat.vom 28.03.07
geb.: ? Auftrag SP 7C28 1318
Mat.: Urin,Heparin-Blut

Klinische Chemie				
Bilirubin gesamt	(phot)	0.25	mg/dl	Zielwert: < 0.15 Normwert: < 0.40
Creatinin	(phot)	0.7	mg/dl	Zielwert: < 0.5 Normwert: 0.9 - 2.0
Harnstoff i. Urin	(enzy)	↓ 13.0	g/l	Zielwert gesunde Kuh > 30.0

Befundbericht vom: 29.03.07

Endbefund

Herrn 29
Dr. med. vet. Karl-Heinz Schmack
Praktischer Tierarzt
Schlaunstraße 34
33129 DELBRÜCK

Dieser Befund wurde laborärztlich validiert und elektronisch übermittelt

: SCHELD, RIND 9 Kostentr. Mat.vom 28.03.07
geb.: ? Auftrag SP 7C28 1319
Mat.: Urin,Heparin-Blut

Klinische Chemie				
Bilirubin gesamt	(phot)	0.18	mg/dl	Zielwert: < 0.15 Normwert: < 0.40
Creatinin	(phot)	0.8	mg/dl	Zielwert: < 0.5 Normwert: 0.9 - 2.0
Harnstoff i. Urin	(enzy)	↓ 15.7	g/l	Zielwert gesunde Kuh > 30.0

Befundbericht vom: 29.03.07

Endbefund

Herrn 29
Dr. med. vet. Karl-Heinz Schmack
Praktischer Tierarzt
Schlaunstraße 34
33129 DELBRÜCK

Dieser Befund wurde laborärztlich validiert und elektronisch übermittelt

: SCHELD, RIND 10 Kostentr. Mat.vom 28.03.07
geb.: ? Auftrag SP 7C28 1320
Mat.: Urin,Heparin-Blut

Klinische Chemie

Bilirubin gesamt	(phot)		0.32	mg/dl	Zielwert: < 0.15 Normwert: < 0.40
Creatinin	(phot)		0.9	mg/dl	Zielwert: < 0.5 Normwert: 0.9 - 2.0
Harnstoff i. Urin	(enzy)	↓	8.7	g/l	Zielwert gesunde Kuh > 30.0

durchschnittl. Harnstoffgehalt der 10 Probanden = Herdendurchschnitt: 9,38 g/l = 938 mg/100ml

Ergänzende Befunde:

a) Das Blut degenerierter Kühe zeigt in einer ergänzenden regelmäßig auftretenden Symptomatik eine deutliche Verzögerung der Gerinnungsfähigkeit durch Fibrinmangel. Degenerierte Lebern entledigen sich ihrer Zusatzaufgaben (Blutspeicher, Fibrinproduktion inklusive der gesamten Vorlaufkaskade, Umwandlung von ß-Carotin in hautwirksames Vitamin A etc.) und konzentrieren sich nur auf ihre wichtigste Aufgabe – die Entgiftung/Umwandlung von Ammoniak zu Harnstoff. In einem einfachen Test lässt man über eine Kanüle venöses Blut (Bauch- oder Halsvene) in den trockenen Handteller laufen. Gerinnungsgesundes venöses Blut muss innerhalb von 2 Minuten gallertisieren, bei degenerierten Kühen läuft der kleine Blutsee noch nach 3–4 Minuten ohne Fibrinnetzbildung von der Handtellerhaut ab. Messbare intravasale Vorstufe für das Fibrin ist Fibrinogen. Fibrinogen + Luft/Sauerstoff = Fibrin. Fibrinogengehalt bei lebergesunden Kühen 500–600 mg / 100 ml Blut, bei leberdegenerierten Kühen 120–160 mg / 100 ml, der leberdegenerierten Kälbern +/- 250 mg / 100 ml.

Die zweite mittelbare Ursache für die Blutgerinnungsverzögerung ist die Verminderung der Ausschüttung von Blutplättchen aus dem Knochenmark nach Schädigung des Markgewebes durch Ammoniak. Das führt insbesondere bei neugeborenen/jungen Kälbern zu völliger Gerinnungsunfähigkeit.

b) Im Weiteren fallen in Degenerationsbeständen Tiere mit Verhaltensstörungen auf: schreckhafte, unkontrollierte, ungestüme bis panische Reaktionen und Widersetzlichkeiten in der Kontaktuntersuchung nach Ruhe und Unauffälligkeit in der Entfernungskontrolle. Überreaktionäre Verhaltensstörungen sollten aber differenzialdiagnostisch abgeklärt werden gegen die mögliche parallele oder zusätzliche Situation der Kalium-Überversorgung oder Na-Unterversorgung mit dann ähnlicher Symptomatik. Blutanalyse: K-Normalgehalt 3–5 mg / 100 ml Serum. Auch Herzdiagnostik: Kalium-Überversorgung: arythmische Tachycardie; Degenerationssyndrom: gespaltener 1. Herzton. Schließlich bedeutet die Tonsymptomatik des **Zähneknirschens** keine Schmerzreaktion, sondern eine Antwort auf Stoffwechselbelastung! Alle Symptome zusammen sind Mitteilungen der Kuh an die für sie Verantwortlichen und Beobachter, sodass man sie als Sprache der Kuh interpretieren kann. Man muss diese Sprache nur verstehen.

Umrechnungsgleichungen Bilirubin

mg / 100 ml = 0,0585 x µmol / l

µmol / l = 17,104 x mg / 100 ml

Umrechnungsgleichungen Kreatinin

mg / 100 ml = 0,0113 x µmol / l

µmol / l = 88,402 x mg / 100 ml

Erklärungen

arythmisch:
unregelmäßig

Tachycardie:
überhöhte Herzschlagfolge

intrarasal:
Gefäßinnere, das in unverletzte Gefäße fließende Blut

Untersuchungsprofil Degenerationssyndrom

I. Allgemein = „Sprache der Kuh“

1. Kopf

A) Lidbindeschleimhäute

gesund:	krank:
· blassrosarote marmorierte Grundfarbe – 2/3 der Fläche weiß · 1/3 rosarot – und deutlich gezeichnete Blutgefäße	· Überrötung u. Monotonisierung mit apfelsinenschalenfarbener Verfärbung (bei neugeborenen Kälbern Blutflecken über dem weißen Augapfel in hochgradigen Fällen)

B) Speichelflockenbildung beim Wiederkäuen (bes. Kühe)

2. Becken

A) Schwanzwurzelaktivität

gesund:	krank:
· manifester Widerstand beim Hochziehen · Fixationspunkt in der Ebene des unteren Scheidenwinkels	· jeder Grad der Widerstandsarmut bis Lähmung

B) Urin

a) Urinfarbe

gesund:	krank:
· altgoldgelb	· jede Form der Aufhellung bis wasserklar

b) Bläschenbildung
(beim Auftreffen auf festen Boden)

gesund:	krank:
· Bläschen müssen so schnell verschwinden, wie sie entstehen	· verzögertes Zusammenfallen des Schaumteppiches, Wegschwimmen von Schauminseln

II. Spezifisch

1. Urintest mit Combur-9-Teststreifen

A) Eiweiß-Feld

gesund:	krank:
· gelb	· gelbgrün und jede Intensivierung von grün (je stärker die Niere geschädigt, desto tiefer grün ist die Farbreaktion und entsprechend intensiver alkalischer pH-Wert)

B) Ketonkörper-Feld

gesund:	krank:
· weißgrau	· jede Farbintensität von Violett

C) Glucose-Feld

gesund:	krank:
· gelb	· grün (speziell bei hochgradiger Tubulusnephrose)

D) pH-Wert-Feld

gesund:	krank:
· 7,5	· 8–9

E) spezifisches Gewicht

gesund:	krank:
· um 1.030	· um 1.005

2. Auskultation Herz und verzögerte Blutgerinnungsfähigkeit

gespaltener 1. Herzton (pathognostisch für Degenerationssyndrom)

3. Blutparameter

a) Gesamt-Bilirubin (Leberbefund)

gesund:	krank:
· bis max. 0,15 mg / 100 ml Blut	· alle Werte oberhalb

b) Kreatinin (Nierenbefund)

gesund:	krank:
· bis max. 0,5 mg / 100 ml Blut	· alle Werte oberhalb

4. Urin-Harnstoffbestimmung

gesund:	krank:
· 1.000–3.000 mg / 100 ml, abhängig vom Rohproteingehalt des Gesamtfutters von 13,5–22 %	· alle Werte unter 1.000 mg / 100 ml oderWerte um 1.000 mg / 100 ml bei gleichzeitigem Rohproteingehalt des Gesamtfutters von mehr als 13,5 %

Hinweis:

A) Die Blut- und Urinprobenzahl soll 10 % der Kühe einer Herde umfassen. Aus Herden über 200 Kühen genügen 5 %.

B) Zum Proteingehalt im Urin

a) Der Nachweis über die Teststreifen erfolgt durch den Farbumschlag von gelb nach grün (grün in unterschiedlicher Intensität) durch die Anwesenheit von Albumin bei nicht gestörtem natürlichem pH-Wert (also Rind – schwach alkalisch, kann gestört werden durch Behandlungssubstanzen, Desinfektionsmittel und anderen Fehleinwirkungen). Albumin ist ein Mehrfachpeptid und stellt 50–60 % des Blutgesamteiweißes dar. Andere Mehrfachpeptide (Globuline) und Aminosäuren werden nicht erfasst.

b) In den Labor-/Testverfahren (i. d. R. fotometrischer Test) werden Eiweißträger ab etwa 2–3 Peptidbindungen erfasst, also mehr als im Teststreifentest, aber wiederum nicht freie Aminosäuren.

c) Die Bestimmung freier Aminosäuren gehört nicht zu den routinemäßigen Untersuchungsverfahren wegen hoher Untersuchungskosten – es müssten etwa 20 unterschiedliche Aminosäuren bestimmt werden.

Fazit: Der Gehalt an Aminosäure (freie und in peptidischer Bindung) im Urin bei Nierendegeneration ist also deutlich höher, als der entsprechende Routinetest ausweist.

zu 2) Aus dem basalen Degenerationsbild von Leber und Niere entstehen anteilig oder ausschließlich die Erkrankungen, die die verkürzte Nutzungsdauer der Kuh verursachen = „Die kranke Kuh“.

Die nachfolgende Auflistung der Krankheiten orientiert sich an der anteiligen Bedeutung für das vorzeitige Ausscheiden aus der Herde und am Bild der Kuh („vom Rücken zu den Klauen“).

Zu A) Fortpflanzung

I. unsaubere Gebärmutter

= Erkrankungen der Gebärmutter nach der Geburt:

exsudative Endometriosen-Veränderungen der Gebärmutterwand, der Karunkeln und der Gebärmutterschleimhaut, bedingt durch Ausfiltration von Harnstoff und ammoniakalischem Zelltod.

a) Putridometra

hochgradig voluminöser Inhalt der Gebärmutter nach der Geburt mit flüssigem, intensiv jauchig-stinkendem Inhalt. Sowohl nach spontanem Nachgeburtsabgang als auch mit Nachgeburtsverhalten (als jauchige Nachgeburtsverhaltung) auftretend im Zeitraum von bis zu 14 Tagen nach der Geburt mit der besonderen Reaktion von wiederholten Flüssigkeitsausschwitzungen nach zuvor erfolgten Abhebern, nach mehreren Entleerungseinsätzen (Ablaufen lassen über Schlauch) schleimig werdend, übergehend in die

Die kranke Kuh

A) Fortplanzung

1. unsaubere Gebärmutter
   a) jauchig
   b) eitrig-schleimig
2. Zystenkomplex
   a) klassische Zyste
   b) zystischer Eierstock
   c) verzögerter Follikelsprung

B) Euter

1. Zellzahl
2. flockige Mastitis
3. andere, insbesondere wässrige Mastitis
   (mit Festliegen)
4. Mastitis nach dem Trockenstehen,
   Mastitis paralytika
5. Mastitis des Rindes
   (reaktive Mammaverödung)

C) Problemkreis andere Krankheiten

1. Klauen
   a) Ballenexanthem
   b) Lederhautexanthem
   c) geschwüriges Ablösen des Sohlenhorns von der Sohlenlederhaut
   d) Auftreibung der Unterbeine
2. Traurigkeit in der nachgeburtlichen Phase
3. Labmagen-Erkrankungen
   a) Verlagerung
   b) Verdrehung
   c) Geschwüre
4. Infusionsbemühungen im Laktationsverlauf
   (Hepatose, Nephrose)
   („subklinische Ketose")
5. Festliegen, paretisches Festliegen außerhalb der Geburt
   (kompliziertes Festliegen bei klassischer Gebärparese)
6. magere Kuh
7. tote Kuh

D) Kalb

1. Durchfall
2. Lungenproblematik
3. müdes Kalb
4. mageres entwicklungsvermindertes Jungrind
5. blutschwitzendes Kalb

b) schleimig-eitrige Form nach 14 Tagen nach der Geburt = schleimig-eitrige Endometriose

c) Karunkelnekrose

besondere Form innerhalb des Putridometra, gekennzeichnet durch nekrotisches Ablösen der Karunkelkuppen. Alle drei Formen sind **primär nicht infektiös**, also reine Ausfiltrierungserkrankungen, also exsudativ. Ursache: Harnstoff-Ausfiltration in die geburtswunde Gebärmutter. Die Bezeichnung Endometriose charakterisiert, betont besonders die degenerative Genese und soll den Begriff Endometritis, der primär infektiös-entzündliche Prozesse beschreibt, ablösen.

Beweis: Ein Teil der Putridometra wird von Flüssigkeitsglocken im Inneren zur Bauchhöhle abgesenkten Teil des Scheidenkanals begleitet aus klarer, leicht galertisierender Sekretion. Diese Flüssigkeit eignet sich zur direkten Harnstoffuntersuchung mit Befunden von +/- 5000 mg/Liter! Beweis für aktive Harnstoff-Ausfiltration. Die Gebärmutter, bzw. der Geburtstrakt, gehört damit zu den Harnstoff-Hilfsausfiltrationsorganen – Harnstoff, der nicht mehr über die kranken Nieren in den Urin abgegeben werden kann (eigentliche physiologische Ausschleusung).

II. Zystenkomplex

= zystische Erkrankungen des Eierstockes differenziert in:

a) verzögerter Follikelsprung

b) klassische blasenartige Zyste, groß- oder selten kleinzystisch

c) zystische Ovardegeneration: Eierstock ein- oder beidseitig glasig oder schwammig-wässerig weich, immer vergrößert ohne Differenzierung zu einer klassischen Zyste; in der Frequenz zunehmendes Befundbild in degenerativen Problembeständen, wie auch der Behandlungsaufwand immer aufwendiger wird. 90 % der zystischen Erkrankungsfälle sind bedingt durch metabolischen Energiemangel in 3 Linien:

Erklärungen

exsudativ:
ausfiltrierend

cervical:
Bereich des Muttermundkanals

Putridometra:
jauchige (putrid) Gebärmutter (metra)

nekrotisch:
Gewebetod mit besonderer Charakterisierung der Gewebezersetzung

Exsudat:
ausfiltrierte „ausgeschwitzte“ Flüssigkeit

Karunkeln:
auch Kotyledone – champignonähnliche Kegel an der Innenwand der Gebärmutter, auf deren Deckel sich inselartig die Fruchthüllen anheften für den Blut-/Flüssigkeitsaustausch

Endometriose:
Gebärmutterschleimhaut

1. Der biochemische Schritt der Umwandlung von Ammoniak zu Harnstoff in der Leber ist enorm energieaufwendig. Energiequelle ist Glucose. Für die Produktion von 1 Molekül Harnstoff verbraucht die Leber 3 Moleküle ATP (Adenosintriphosphat). Aus 1 Molekül Glucose resultieren als Energieäquivalent 30 Moleküle ATP = Energieverbrauch für Produktion von 10 Molekülen Harnstoff oder 180 g Glucoseverbrauch für 600 g Harnstoffproduktion bzw. 0,3 g Glucose für 1 g Harnstoff, zuzüglich Energieverlust, der bei jeder Stoffwechselumsetzung anfällt. Das heißt für 200 g Harnstoff (orientierendes Maß der tägl. Harnstoffproduktion bei ±16 % xP / Gesamtfutter) verbraucht die Leber 60 g Glucose = 942 kJ = 1,0 MJ Energieverbrauch bzw. -verlust.

2. Die wichtigste Aufgabe der Leber der Kuh ist die Entgiftung von Ammoniak zu Harnstoff, ebenso bedeutsam die Zweite: Umwandlung von Fettsäuren, im wesentlichen Propionsäure, in Glucose, den zentralen Energiebaustein = Gluconeogenese. Die Fettsäuren (im wesentlichen Essig-, Propion-, Buttersäure) entstammen der Futterstärke, dem Futterfett und dem eingeschmolzenen Körperfettgewebe, letzteres insbesondere als physiologischer Ablauf nach der Geburt. Wichtigste Zwischenstufe im Umwandlungsprozess stellen die Ketonkörper dar: Aceton, Acetessigsäure, beta-Hydroxybuttersäure. Degenerierte Lebern sind nicht in der Lage, diesen Prozess vollständig ablaufen zu lassen – er bleibt teilweise in der Ebene der Ketonkörper stecken, die – energetisch wertlos = Energieverlust – im Urin und in der Milch erscheinen und hier nachgewiesen werden können: ketonurische (= Ketonkörper im Urin) Stoffwechselreaktion durch Leberdegeneration.

3. Degenerierte (=„brüchige") Nieren verlieren wertvolles Bluteiweiß in den Urin – allein in der Albuminfraktion bis 500 mg / 100 ml = etwa 100–120 g täglich. Der Gesamteiweißverlust – also mit allen anderen Peptiden (z. B. Globuline) und freien Aminosäuren – beträgt mehr als das Doppelte. Mit diesen 3 Linien summiert sich der Energieverlust bis auf etwa 15 % des Gesamtfutter-Energiegehaltes.
Der metabolische Energiemangel verstärkt maßgebend und problemauslösend den möglichen nutritiven Energiemangel, der abhängig vom Energiegehalt des Gesamtfutters und der individuellen Milchleistung bestands- oder kuhspezifisch über die aufsteigende Linie der Höchstlaktation auftreten kann. (Wir müssen berücksichtigen, dass im Leistungsbereich von ± 40 kg Milch selbst bei bester Grundfutterqualität und dem besten Energiegehalt von 7,0–7,2 MJNEL der Energieverbrauch durch Nahrungsaufnahme nicht gedeckt werden kann; eben für diese Phase soll der Kuh das Körperfettgewebe zur Verfügung stehen.)

Durch die leber- und niereninsuffiziente systemische Intoxikationsbelastung und zystische = östrogene Labilität des Trächtigkeitsgelbkörpers können in der 2. Trächtigkeitshälfte **Verkalbungen bzw. Frühtotgeburten** ausgelöst werden.

Zu B) Euter
= alle Formen der Euterentzündung

80 % aller klinisch manifesten Euterentzündungen und subklinischen Euterreaktionen/Zellzahlproblematiken sind primär bedingt durch intramammäre Ausschwitzung toxischer Stoffwechselprodukte, insbesondere Harnstoff. Die möglich sekundär aufgepflanzte infektiöse Komponente ist nur schwer langwierig heilbar oder überhaupt nicht, ob mit oder ohne Resistenztest oder Erregernachweis. Eine zunehmende Zahl von klinisch manifesten Euterentzündungen zeigt überhaupt keinen Erregernachweis, 10 % sind in melktechnischen Fehlern begründet und nur weitere 10 % sind primär infektiös verursacht.

Das Euter wird zum Nieren-Hilfsorgan oder zur „Müllkippe" für nicht ausgeschiedene Stoffwechselprodukte. Das somit durch physikalisch-chemische Reizung veränderte Drüsengewebe entwickelt reaktiv als Insultantwort eine vermehrte Ausschleusung weißer Blutkörperchen (Zellzahlen) und/oder reagiert mit Entzündungssymptomen (Schwellung, Schmerzhaftigkeit, Sekretveränderung und sekundärer infektiöser Belastung, Besiedlung). Dabei signalisiert die Höhe des Milchharnstoffgehaltes Stabilität oder Anfälligkeit des Euterdrüsengewebes.

Denn: Der Milchharnstoffgehalt ist primär ein Indikator für die Nierengesundheit und nur sekundär ein Indikator für den Grad der nutritiven N-Versorgung.

Beispiel:
Der Milchharnstoffgehalt eines organgesunden Rindes (Leber: Bilirubin max. 0,15 mg / 100 ml Blut und Niere: Kreatinin max. 0,5 mg / 100 ml Blut) beträgt nach der Geburt 50–100 mg / 1.000 ml. Dieses Rind, jetzt Kuh, wird dann in eine Herde integriert, die N-überlastet ernährt wird (z. B. Fütterungskomposition mit 18 % Rohprotein im Gesamtfutter). Der Milchharnstoffgehalt bleibt solange stabil niedrig – unter 100 mg – wie alle Nierenzellen gesund bleiben. Er steigt in den Folgelaktationen an, zunächst auf Werte von etwa 150–180 mg, obwohl die Fütterung in der xP-Ausstattung unverändert geblieben ist, aber durch Nierenzelltod die Harnstoff-Filtrationsleistung in den Urin gesunken ist (ammoniakalischer Zelltod und Verstopfung der Nierenkanälchen durch Harnstoff und Konglomerate). Der Kuh bleibt nichts anderes übrig, als Harnstoff u. a. in das Euter / die Milch auszufiltern, um die Verpflichtung der dominanten Blutharnstoffregulationen zu erfüllen. In dieser Phase kann man mit dem Milchharnstoffgehalt „spielen":

a) Wird N in der Nahrung reduziert, sinkt der Milchharnstoffgehalt.
b) Er steigt an bei N-Zulage.

Damit ist er nur indirekt oder sekundär ein Indikator für die N-Versorgung. Wenn der Milchharnstoffgehalt aber bei nutritiver N-Zugabe steigt, ist dies bereits ein Zeichen für eine Nierendegeneration, denn eine gesunde Niere müsste mit dem mehr anfallenden Bluthamstoff „fertig werden", also ausscheiden.

Jeder Milchharnstoffgehalt über 100 mg / 1.000 ml und jeder Anstieg des Milchharnstoffgehaltes nach nutritiver N-Zulage ist ein Indikator für kranke Nieren!

Die Ausfiltration von Harnstoff in das Euterdrüsengewebe (chemisch-physikalische Reizung) ist <u>die</u> Ursache für Euterentzündungen und Zellzahlprobleme (reaktive Ausschüttung weißer Blutkörperchen)!

Grundsätzliche Abhängigkeit der Eutergesundheit von:
80 % Harnstoff
10 % Melktechnik
10 % primäre Infektionen

Ergänzung:
Euterentzündungen beim hochtragenden Rind bzw. bei Eintritt in die Geburt oder zu Beginn der Erstlaktation außerhalb der Problematik der Holsteinschen Euterseuche und tatsächlicher infektiöser Einzelfälle (z. B. Milchlaufenlassen) sind nicht infektiös bedingt, also durch Ausfiltration von Harnstoff in das wachsende ödematisierende Eutergewebe! Die Ursachendiskussion für Euterentzündungen beim Rind durch das Vertränken von antibiotikabehandelter Mastitismilch in der Kälberphase mit Resistenzbildung oder direkter Übertragung von Keimen durch Mastitismilch ist Unsinn.

Zu C) Problemkreis anderer Krankheiten

I. Erkrankungen der Extremitäten

1. Klauen

a) Ballenexanthem = „Mortellaro oder Erdbeerkrankheit" ist **keine** Infektionskrankheit – auch keine Faktorenkrankheit, auch keine Reaktion durch nassen Fußboden, weder in den Bestand eingeschleppt noch ansteckend, lässt sich zwar mittels desinfizierender trocknender Maßnahmen eindämmen durch Reduktion der schmerzhaft-entzündlichen Reaktion und sekundären mikrobiellen Besiedlung, ist aber ein reines Harnstoff-Ausschwitzungsexanthem, somit besser als interdigitales Exanthem oder Ballenexanthem zu bezeichnen, auftretend im Übergangsbereich von der das Klauenhorn produzierenden Lederhaut zur Haut des Unterbeines.

b) Lederhautexanthem
ist eine junge Erkrankung, seit etwa 10 Jahren bekannt mit zunehmender Tendenz, mit derselben Gewebereaktion: hochgradig schmerzhafte samtartig bis körnig wulstige Wundfläche und Ursache wie das Ballenexanthem, hier die Lederhaut betreffend, die eigentlich das Klauenhorn produziert. An den betroffenen Stellen keine Hornproduktion, also „Löcher" im Hornschuh.

c) geschwüriges Ablösen des Sohlenhorns von der Sohlenlederhaut
Ausgenommen das altbekannte Rusterholzsche Sohlengeschwür, lokalisiert in der medialen, also zum Zwischenklauenraum gelegenen Übergangszone vom Ballen- zum Sohlenhorn, in der Regel der Außenklauenhälfte, sind hier alle flächigen Sohlengeschwüre ursächlich zu summieren, die charakterisiert sind durch Ablösung des Sohlenhorns von der Sohlenlederhaut mit blutig- und eitrig-jauchigem Exsudat bedingt durch Harnstoffausfiltration in die Lederhaut.
Beweis: Das zum Wesen des Mortellaro gehörende Exudat ist bei den offenen Formen durch Verschmutzung für Untersuchungen nicht geeignet. Reines, sauberes Exudat lässt sich aber aus einigen Fällen gewinnen, in dem dieses im Fall von Lederhaut-Mortellaro von der abgelösten, aber erhaltenden Sohlenhornkalotte kavenenartig geschützt umschlossen bleibt. Harnstoffbefund in dieser Flüssigkeit: +/- 4000 mg/Liter = aktive, konzentrierte Ausfiltration von Harnstoff!

2. Auftreibung der Unterbeine

Umfangsvermehrung mit Schmerzreaktionen/Lahmheit der Gelenke, der Unterbeine (Vorderfußwurzel-, Sprung- und Fesselgelenk) und der Unterbeinknochen durch Ausfiltration in das Periost und entzündlich-reaktive Schwellung mit Erweichung der Knochensubstanz (diese Erscheinungsform muss aber differenzial diagnostisch abgeklärt werden, z. B. Vitamin-D-Mangel usw.).

Ergänzung: Entsprechend der Zunahme der gesamten Degenerationsproblematik führt die Gewebeschädigung in fortgeschrittenen Fällen soweit, dass in Kombination der ammoniakalischen Zerstörung der Entblutgefäße Endbeine von Kühen absterben! – Zwei Fälle im Jahr 2014 im inneren Praxisgebiet mit Nekrose des subtarsalen Fußes/Entbeines (unterhalb des Sprunggelenkes).

II. „Traurigkeit" in der nachgeburtlichen Phase

Es gehört zum urbiologischen instinktiven Verhalten, dass sich ein Muttertier bis zur Geburt scheinbar stabil und gesund darstellt, obwohl es erheblich beschädigt ist (Leber-Nierendegeneration) = Arterhaltungs- und Fortpflanzungspflicht. Erst nach der Geburt entwickelt sich die Erschöpfungs- oder Dekompensationsphase mit Bewegungsmüdigkeit, vermindertem Appetit, reduzierter Milchleistungsentwicklung.

Diese Phase des mäßigen oder schlechten Befindens wurde/wird von der offiziellen Kuhernährungslehre als Energietal interpretiert bzw. als negative Energiebilanz problematisiert – geringere Nahrungsaufnahme zu der erwarteten Milchleistung. Um dieses Tal zu überbrücken, wurde die laktationsvorbereitende Fütterung entwickelt. Die stellt aber keine Ursachenbekämpfung dar, im Gegenteil: Die Kuh ist noch kränker/beschädigter geworden, denn **jede laktationsvorbereitende Fütterung im Sinne des damit verbundenen Eiweißeaufbaus ist gesundheitsschädigend. Eine laktationsvorbereitende Fütterung darf nur Energieaufbau bedeuten:**

1–2 kg Körnermais oder Weizen je Tier und Tag bei Rücknahme des Strukturgrundfutters. Sie ist nicht zwingend nötig!

Ebenso unsinnig ist die Interpretation, man müsse über die laktationsvorbereitende Fütterung die Komposition der Pansenbakterien an die Komponenten der Laktationsration vorbereiten oder ausrichten. Die Konzentration und funktionelle Intensität der Pansenbakterien ist ausschließlich abhängig vom pH-Wert, von der wiederkaugerechten Struktur und von der Stärke-Energieversorgung, aber nicht von Futterkomponenten! Im Weiteren wurde/wird für die Zeitphase Hochträchtigkeit – Geburt – Laktationsbeginn die Kuh als Problemkuh interpretiert, die in der Trockenstehzeit fettfleischig geworden ist. Es ist völlig normal, instinktiv physiologisch, wenn das Muttertier in der Trockenstehzeit Fettgewebe zubildet, als Sicherheitspolster, um ihr Junges mit genügend Milch über diese Energiereserve ernähren zu können. Sie wird von dem Einschmelzen des Fettgewebes nicht krank! Die möglichen Krankheitssymptome resultieren aus der Leber- und Nierendegeneration, die sich nach der Geburt bemerkbar machen:

a) an sich
b) durch die unvollständige Umwandlung der Fettsäuren – aus dem Fettgewebeabbau – in Glucose über die kranken Leberzellen. Der Umwandlungsprozess wird in der Ebene der Ketonkörper abgebrochen, die energetisch wertlos im Urin und in der Milch erscheinen – ketonurische Stoffwechselerkrankung – Reaktion durch Leberdegeneration.
c) der Energieverlust aus b) wird zum Komplex des Stoffwechselenergieverlustes vervollständigt durch den Glucoseverbrauch für die Umwandlung unnötig hoher Ammoniak-Anflutungen zu Harnstoff in der Leber und dem Bluteiweißverlust in dem Urin über die kranken Nieren.
   Basis für die Arbeit an der Kuh ist die Untersuchung und Diagnostik und nicht das kuhferne Lamentieren über NEB = negative Energiebilanz. Die Kuh ist beschädigt und sie erreicht beschädigt die Geburt. Sie muss zwangsläufig in der Phase nach der Geburt – nach Erfüllung ihrer biologischen Aufgabe, Fortpflanzung und nach der Aktivierung ihres Kompensationsvermögens – mit verminderter Futteraufnahme agieren!

III. Erkrankungen des Labmagens

a) Verlagerungen, Verdrehungen, Tympanien primär und ausschließlich verursacht durch stoffwechseltoxische Lähmung von Ästen des Nervus vagus. Der Labmagen wird durch Verminderung der Kontraktionsfähigkeit nach nervalem Funktionsverlust zum „schlabberigen" Organ und damit wanderungsfähig. Nur organdegenerierte Tiere (Kuh nach und vor der Geburt – stoffwechselunruhigste Phase, aber auch Kälber, Rinder, Bullen und Kühe weit außerhalb der Geburt) entwickeln Labmagenerkrankungen; sie sind immer sekundär organdegenerativ! Die üblichen Erklärungsweisen (ernährungsgebundener Strukturmangel, mangelnde geburtliche Fütterungsvorbereitung, Fütterungswechsel, hygienische Fütterungsmängel, veränderte Raumsituation der Bauchhöhle nach der Geburt sekundär auftretend nach Appetitverlust durch z. B. fiebrige Euterentzündungen usw., physikalische und chemische Labmagenverdauungsprobleme) sind falsch oder verschwindend untergeordnet. Labmagenerkrankungen treten nicht mehr auf, wenn der entsprechende Bestand in der Generationsfolge organgesundet.

Die Nervenlähmung ist ein markantes pathophysiologisches Prinzip des Degenerationssyndroms:

I. Labmagenerkrankung
II. gespaltener 1. Herzton
III. Schwanzwurzellähmung
IV. Beckenparese, -paralyse

b) Labmagengeschwüre

teerfarbiger, schmieriger Kot durch geschwürige Blutungen mit besonderer Häufigkeit beim Kalb (wiederkauendes Milchkalb), bei der jungen Kuh nach der 1. Geburt und vereinzelt bei älteren Kühen verursacht durch ammoniakalischen Zelltod der Labmagenschleimhaut, schlackeartige Verstopfung der Endblutgefäße mit Reduktion der Blutgerinnungsfähigkeit und Störung der nervalen Blutgefäßstellung (Lumenregulation).

IV. Stoffwechselerkrankungen

a) Sekundäre Acetonaemie = ketonurische Stoffwechselreaktion nach Leberdegeneration (Urin-Teststreifen reagieren schwach bis mittelgradig positiv, d. h. leicht violett; das symptomatische Bild des Tieres ist unauffällig, leistungsunabhängig und unabhängig vom Laktationsstand im Gegensatz zur primären Acetonaemie). Die ein funktionelles Geschehen verharmlosende Diagnose „leichte oder mittelgradige Acetonamie" „subklinische Ketose" oder „Hinweis auf Ketose" bei schwachviolett reagierendem Ketonkörperfeld (auch in der Milch) im Ketonkörpertest ist nicht korrekt, weil sie vortäuscht, durch Energiezufuhr könne man das Problem lösen. Energie ist hilfreich, heilt aber nicht die tote Leberzelle! Hier liegen primär manifeste Leberdegenerationen mit sekundärer acetonaemischer Stoffwechselreaktion vor! Ebenso falsch diagnostisch sind die entsprechenden Hinweise in den Milchkontrollberichten bei verminderter Milchleistung und erhöhten Milchfettgehalten.

Noch einmal: Es gibt keine subklinische Ketose (!), nur eine ketonaemische oder ketonurische Stoffwechselreaktion durch Leberdegeneration.

Ursache: Die degenerierte Leber vermag nicht, die Fettsäuren (aus Futterstärke, Körperfettgewebe, Pflanzenfett) vollständig in Glucose umzuwandeln. Prozess wird in der Ebene der Ketonkörper abgebrochen – identisch zu Krankheitsbild und Erklärung der „traurigen Kuh", siehe unter II. (begleitende Erklärung primäre Acetonaemie: massive Ketonkörperanflutung durch überstürzten Abbau von Körperfettgewebe zu Fettsäuren,

die die Leber – die hier nicht degeneriert sein muss, also in der Regel geweblich gesund ist, in der Folge aber eine fettige Leberdegeneration entwickeln kann, bei der die Leberzelle aber nicht absterben muss – nicht verarbeiten kann, zeitlich gebunden an die Hochlaktationsphase = Phase des höchsten Energiebedarfes. Ketonkörpertestfeld tiefviolett, mostähnlicher Atemluftgeruch, pferdeäpfelähnlicher – fest – glänzender Kot, akuter Appetitverlust).
Situationskonzentrat: Ketonurische Stoffwechselreaktion durch Leberdegeneration – Leber primär krank = permanente Leberdegeneration. Klassische Acetonaemie oder primäre Ketose = Leber primär gesund.

b) Nephrosen
Kühe unspezifisch krank, magern deutlich ab, trotz ausreichender Nahrungsaufnahme, teilweise bis zum Festliegen, begleitet von Durchfall/dünnem Kot mit wechselhafter Konsistenz, Haarkleid in fortgeschrittenen Fällen stumpfstruppig. Zur Diagnose ist der Teststreifen-Urintest zwingend erforderlich: pH deutlich alkalisch 8–9, Eiweiß mittel- bis hochgradig positv, also tiefgrün, teilweise (selten) Glucose positiv: Kühe verlieren über die brüchigen Nieren mehr Bluteiweiß über den Urin, als der Erhaltungsstoffwechsel wieder aufbauen kann. „Diese Kühe lassen sich nicht auffüttern." Es entwickelt sich „die magere Kuh".
Ergänzung: Maßgeblicher Beweis für das Fortschreiten des Degenerationssyndroms – Intensivierung der patho-physiologischen Nierenschäden „Standard"-Nierendegeneration: in der Urin-Teststreifen-Untersuchung. Eiweißfeld grün = positiv.
pH-Wert deutlich alkalisch = pH 8.
Spez. Gewicht gering = +/- 1005 g. Mit dem Beginn/Verlauf der 2010er-Jahre trat zunehmend eine Symptomatik höherer Nierenschädigung auf: Eiweißfeld milder grün = positiv, aber geringer
pH-Wert sauer = 5,0–7,0.
Spez. Gewicht höher = +/- 1020.
Ursache: massiver Verlust von Fettsäuren in dem Urin = nicht verstoffwechselte Fettsäuren (Essig-Probion-Buttersäure) auf dem Blutweg aus den Pansen ins Euter (Essigsäure zur Milchfettproduktion), Probion/Buttersäure in die Leber (zur Umwandlung in Glucose).
Beweis: Befunde des Labors.

V. Paretisches Festliegen

a) Primär stoffwechseltoxische Beckenparesen und -paralysen (Festliegen) unabhängig von Geburt und Laktationsstadium, aus dem Beckenbereich aufsteigende Lähmung, Kühe fressen noch (vermindert), sind aber nicht in der Lage aufzustehen. Erkrankungsbild falsch diagnostisch mit Botulismus belegt; symptomatischer Ansatz: verminderte Schwanzwurzelaktivität.
Anhang: In Beispielen/Einzelfällen konzentriert sich das Gesamtdesaster: Jungrinder/tragende Rinder entwickeln das Krankheitsbild des parätischen Festliegens ein bis zwei Monate nach

Weideaustrieb! Die moderne Fütterungslehre hat es geschafft, dass die natürliche Futter- und Lebensgrundlage des Rindes, Gras/Weide zum belastenden/toxischen Faktor geworden ist!

b) Paretische Komplikationen nach überstandener Gebärparese. Kühe mit Lähmungen der Hinterbeinnerven nach wiedererlangtem Bewusstsein und Appetit durch Infusionen, aber ebenfalls nicht fähig aufzustehen.

VI. Magere Kuh und tote Kuh

Neben der individuellen Selbstverständlichkeit, dass alle schmerzhaften, appetitvermindernden und entzehrenden Prozesse Abmagerung entwickeln, soll hier die nephrotische = betont nierendegenerierte Kuh des Kapitels IV.b. noch einmal dargestellt werden – ein neues Erscheinungsbild, das sich mit dem Fortschreiten des Degenerationssyndroms entwickelt hat. Fortlaufende Abmagerung trotz guten Appetits oder Unvermögen Körpersubstanz aufzubauen durch den Verlust wertvollen Bluteiweißes und Amminosäuren über die „brüchigen, porösen" Nieren in den Urin. Dieselbe Ursache für Kühe mit individuellen akuten Krankheitsproblemen, die wie ein Schneeball in der Sonne schmelzen. Die nephrotische Abmagerung ist ein Herdenproblem individuell unterschiedlichen Ausmaßes im Herdenerscheinungsbild, das dann geprägt ist durch schlechte Kondition und Konstitution – beginnend am Haarkleid und endend am schleichenden Gehen. Insbesondere über den Prozess der Nephrose, aber auch über den der Parese, der Klauenproblematik usw. verabschiedet sich die Kuh mit dem Tod – Spontantod, siechender/kachektischer Tod, Einschläferungstod oder Schlachttod, aber sinnlos ohne Erlös. Welche Verhältnisse sind das und wohin ist die Kuh entwickelt worden, wenn jährlich ±10 % des Rinderbestandswertes einer Region in der Tierkörperbeseitigungsanstalt landen?

Die hohe Verlustquote ist parallel zur Übermächtigkeit der Ursache auch eine Folge des Unvermögens des Behandelns der Krankheitsprozesse – tierärztlich, medikamentös, technisch, zwangsläufig, weil alle Maßnahmen bisher symptomatische Einwirkungen sind, auf Glück oder Pech angewiesen, aber die Ursache nicht bekämpfen. Zudem sind Ursachenbewusstsein und Ursachenerklärung aus Tiermedizin und Landwirtschaft katastrophal falsch. Geprägt aus dem etablierten Infektionswahn lautet die institutionelle Darstellung, über 90 % aller Probleme im Rinderstall sind infektiös bedingt. Das ist grundlegend falsch, **denn über 90 % aller Probleme im Rinderstall sind degenerativ bedingt!**

Zu D) Das Kalb

100 % aller Kälber werden mit pathologischen Schäden an Leber und Nieren geboren – immer individuell unterschiedlichen Grades. Es gilt immer: geschädigte Kuh = geschädigtes Kalb. Aber auch: stark geschädigte Kuh = vermindert geschädigtes Kalb durch „dichte" Blut-Gebärmutter-Schranke, verminderte Filtrationslinie in die tragende Gebärmutter oder leicht- bis mittelgradig geschädigte Kuh

= stark geschädigtes Kalb durch betonte Ausfiltration von Ammoniak und Harnstoff – die als Kleinmoleküle die Blut-Gebärmutter-Schranke passieren – in die Gebärmutter. Dieses Prinzip der ungleichen Betonung der Filtrationswege spiegelt sich wider in der ungleichen Betonung der Krankheitsprozesse in den Kuhherden – unterschiedliche Kuhherden mit einem vergleichbaren identischen Grad der Degenerationsschäden an Leber und Nieren entwickeln unterschiedliche Konzentration auf bestimmte Krankheitslinien, die im Zeit- und Generationenverlauf wechseln können.

Wie auch die individuellen Symptome – z. B. aus der „Sprache der Kuh“ nicht unmittelbar mit entsprechenden Krankheitsfolgen verbunden sein müssen – z. B. Kuh mit verminderter Schwanzwurzelaktivität muss nicht gleichzeitig Labmagenverlagerung entwickeln, Kuh mit wasserklarem Urin nicht gleichzeitig hohe Zellzahlen. Die Symptome resultieren absolut aus krankhaften Prozessen; wie die Kuh damit umgeht, ist ein anderes Thema, ist Individualität – im Ergebnis a) sicherlich durch genetisch gesteuerte intensivere Stoffwechselaktivität, b) durch besondere Kompensation (Ausgleichsvermögen) und c) schließlich graduell abhängig von hoher oder niedriger Energieversorgung.

a) Mit degenerierten Nieren geborenen Kälbern bleibt überhaupt nichts anderes übrig, als betont in der 2. Lebenswoche mit Durchfall zu reagieren. Das ist die primäre überregionale Ursache für Durchfall, nicht die Infektion (oder Vitamin-A-Mangel usw.)! Bei allem Respekt – es gibt bösartige Coli-Keime, es gibt Salmonellen, es gibt Rota-Viren. Aber es ist unseriös, nicht hilfreich, dafür ziemlich hilflos, wenn in einer Zeitepoche die Crypto sporidien als Ursache „auf den Markt“ geworfen werden, in einer anderen das BVD-Virus, oder waren es doch Corona-Viren oder Kokzidien?
b) Organdegeneriert geborene Kälber entfalten nicht vollständig ihr Lungengewebe mit der einsetzenden Atmung nach der Geburt. Die Lungenspitzenlappenbezirke bleiben „verfleischt“ = atelektatisch = Lungenspitzenlappenatelektase. Diese sind von sich aus und besonders nach sekundärer mikrobiell-entzündlicher Komplikation die Ursache für Atemwegsprobleme im Jungtieralter, besonders dann als chronischer Prozess = Pneumonien, nur erfolgsarm behandelbar, mit deutlich zunehmender Frequenz. Diese Form der Lungenentzündung dominiert das Bild der Atemwegserkrankungen beim Jungbullen/Jungrind ganzjährig betont im Winterhalbjahr seit etwa 10 Jahren.
c) Wie die „traurige Kuh“ nach der Geburt verhalten sich degenerierte Kälber müde, teilweise mit Lähmungssymptomen: Inkoordination des Schluckvorganges, gelähmtes Festliegen. Das spielende, springende Kalb wird immer seltener beobachtet, dafür häufiger das hinfällige „Schlafen in den Tod“.
d) Aus diesen Kälbern entwickelt sich das magere entwicklungsverminderte Jungrind, das einen deutlich größeren Anteil an diesem Erscheinungsbild hat als die BVD-Problematik – „Virämiker“ –, die im Zweifelsfall abzuklären ist.

e) Das blutschwitzende Kalb ist ein Erscheinungsbild, das deutlich älter ist, als es institutionell aktuell aufgegriffen wird, mit bemerkenswerter Hilflosigkeit. Einzige Ursache: verminderte bis aufgehobene Blutgerinnungsfähigkeit aus hochgradigen Leber- und Nierenschäden mit der Folge des a) Fibrinmangels und b) ammoniakalischer Zerstörung, Beschädigung des Knochenmarkes, mit der Folge verminderter Blutzellenproduktion einschließlich der an der Blutgerinnung mit beteiligten Blutplättchen (Thrombozyten). Damit besitzt beim Rind das Fibrinogen-Fibrin-System eine größere Rolle im Gerinnungsprozess als die Blutplättchen. Bisher galt Fibrinmangel als weitgehend unbekannt. Grad und Auswirkungen des Degenerationssyndroms werden über die Generationenfolge verstärkt. Beispiel: Vor 1980 gab es kein Mortellaro, seit 10 Jahren tritt Lederhautmortellaro auf, zunehmend. Das Blutschwitzen ist eine aufgesetzte Form der überröteten Lidbindeschleimhäute, der verminderten Blutgerinnungsfähigkeit – bei der „unauffälligen Kuh“, der Blutflecken über den weißen Teil des Augapfels = degenerative Haemophilie.
Beweis für verminderte Gerinnungsfähigkeit durch Fibrinmangel: Vorstufe des Fibrins (= verklebtes Netz von Eiweißfäden) ist das Fibrinogen (= im Blut in Lösung befindliche Eiweißfäden). Normaler Gehalt bei gesunden Kühen +/- 600 mg / 100 ml Blut. Gehalt bei Kühen mit Leberdegeneration 100–200 mg / 100 ml Blut (Fallbeispiele 102 bzw. 172 mg / 100 ml) Produktionsort des Fibrinogens ist die Leber, die diese Nebenaufgabe im Degenerationszustand vernachlässigt.

f) Labmagengeschwür des Kalbes – dieselbe Pathogenese (Krankheitsurssache und -abläufe) wie Schwanzspitzennekrose des Bullen. Labmagenverdrehung und -verlagerung – dieselbe Pathogenese wie die der Kühe.

Folge der gesamten Kälberproblematik:
Es gibt Bestände, in denen bis zu 30 % der lebend geborenen Kälber nicht das Wiederkaualter erreichen, nicht nur in einer krankheitsintensiven Phase, sondern langzeitig permanent.

E) Ergänzungen

1. Hauterkrankungen

a) Der bestimmende Faktor für die Qualität des Felles und für die elastische Stabilisierung und Widerstandsfähigkeit der Haut ist das Vitamin A, dessen Wirkung eine gesunde Leber voraussetzt, um von ihr aus beta-Carotin in die hautwirksame Form umgewandelt zu werden. Eine degenerierte Leber konzentriert sich nur noch auf ihre Hauptaufgabe, Umwandlung von Ammoniak in Harnstoff, und reduziert ihre Zusatzaufgaben wie auch Fibrinsynthese, Blutspeicherung u. a., Flechte (Trichophythie und Microsporie) z. B. ist selbstverständlich eine Infektionskrankheit, benötigt aber Eintrittspforten in der Haut, also sekundären Vitamin-A-Mangel. Flechte als Gruppen- oder Herdenproblem ist ein sichtbarer Indikator für Leberdegeneration!

Definition für die gesunde Kuh:

Eine Kuh ist in ihrer Grundverfassung gesund, nicht nur wenn sie täglich ihren Teller leer frisst, einen Eimer voll Milch gibt und jedes Jahr ein Kalb zur Welt bringt, sondern vielmehr wenn sie dazu:

- blassrosarote, klargezeichnete Augenschleimhäute besitzt
- nicht speichelflockenbildend wiederkaut
- über eine kräftige Schwanzwurzelaktivität verfügt
- altgoldgelben, nicht schaumbildenden Urin absetzt
- ihr Blut einen Bilirubinwert von maximal 0,15 mg / 100 ml
- und einen Kreatininwert von maximal 0,5 mg / 100 ml Blut aufweist
- ihre Milch einen Harnstoffwert von maximal 100 mg / 1000 ml zeigt
- ihr Urin-/Harnstoffgehalt 1000–3000 mg / 100 ml beträgt, abhängig vom Rohproteingehalt des Gesamtfutters.

b) Zwischenschenkelexanthem bei jungen Kühen in der Erstgeburtsphase. Nur unterstützend verursacht durch das oedematöse Euterwachstum mit schlechter Belüftung des Euter-Oberschenkel-Spaltes Zwischeneuterviertelexantheme: taler- bis handtellergroße feucht schmierige Hautreaktionen im Zwischenviertelbereich des Euters = Harnstoff-Exanthem der Haut, identisch zu „Mortellaro“, insbesondere zwischen den beiden Vordervierteln, (nicht zu verwechseln mit den Sommerwunden der Zitzenhaut parasitär verursacht).
c) Talergroße, haarlose Flecken insbesondere am Hinterbein (Unter-, Oberschenkel, seitliches Kniegelenk, Sprunggelenkfortsatzkappe).

2. Schwanzspitzennekrose
des Bullen, aber auch bei Kühen auftretend. Unter 1 % der Fälle sind traumatisch bedingt (Trittverletzungen)! Die tatsächliche Erkrankungsursache ist in der ersten Phase ein trockener Gewebebrand der Schwanzspitze, bedingt durch toxischen Gewebezelltod einschließlich der Endblutgefäße mit deren Verstopfung und Lähmung der sie versorgenden Endnervenbahnen. In der Übergangszone zum gesunden Gewebe entsteht eine reaktive Abstoßungsentzündung, die sich sekundär eitrig infiziert. Aus dieser bakteriell-eitrigen Gewebsphlegmone kann es zu einer Metastasierung/Absiedlung in die zuvor oder parallel degenerativ veränderten Gelenke durch Erweichung der Knochensubstanz kommen. Durch Furazolidon-Versorgung der Kälber z. B. in der Einstallungsphase zur Mast ließen sich die Fälle von Schwanzspitzennekrose potenzieren (Furazolidon: antibiotisches Pulver, inzwischen anwendungsverboten mit enger Verträglichkeits-Toxizitäts-Dosis, zelltoxisches Prinzip).

3. Wundheilungstörungen und Immunsuppression
Wundheilungsstörungen bei traumatischen oder artifiziell operativen Wunden. Der Organismus entwickelt das Wundgewebe zu Harnstoff-Ausfiltrationsflächen, wodurch die heilungsvoraussetzende Verklebung verzögert / be- oder verhindert wird.
Die viel diskutierte Immunsuppression mit verminderter Vitalität und verstärkter allgemeiner Auffälligkeit hat ihren Grund im Degenerationssyndrom, das auch verantwortlich ist für verminderte Immunantwort (Antikörperproduktion) auf Impfungen. Es ist medizinischer Unsinn, die Immunsuppression als isoliertes Merkmal, ohne dass weitere spezifische Symptome beim Einzeltier oder in der Herde auftreten, aus dem BVD/MD-Komplex dafür verantwortlich zu machen!

Situationsbeurteilung – als Resultat aus allen Symptomen und Krankheitsreaktionen

Aus der Kontrolle und Begleitung der Kühe resultiert eine dramatische Beurteilung:
Es gibt keine wirklich gesunde Kuhherde!!!

Alle sind herdenspezifisch und kuhindividuell unterschiedlich stark geschädigt. Es gibt nur kompensatorisch gesund erscheinende Herden und Kühe, begleitet von 2 Gruppen: Auf der einen Seite die Tiere, die organgebunden so krank sind, dass der vorzeitige unmittelbare Tod integriert ist, und auf der anderen die alt werdenden unproblematischen, leistungsbetonten (Lebensleistung, „100.000-Kilo-Kühe") Kühe – etwa 3 % jeder Herde/Population ausmachend –, die mit den selben Bedingungen scheinbar fertig werden, die bei allen anderen Kühen zu gesundheitlichen Problemen führen und in der markanten Problemsparte für den Abgang/Tod der jungen Kuh verantwortlich sind nach deren ersten Geburt, wenn sie ihre biologische Pflicht-Fortpflanzung (Arterhaltung) erfüllt hat. Es ist nicht bekannt, welche anatomische, histologische Ausstattung und welche funktionellen Fähigkeiten die 100.000-Kilo-Kühe besitzen, die ihr Kompensationsvermögen zu diesen Leistungen befähigt. Denn auch deren Organe sind beschädigt! Selbstverständlich kann man mit diesen alt werdenden Kühen phänotypisch züchten. Ein echter Fortschritt in der Vermehrung dieser Kühe ist aber bisher nicht zu registrieren.

Die Darstellung negativer Tatsachen solchen Ausmaßes darf nicht Depression zur Folge haben, aber Ermahnung in demselben hohen Ausmaß, auf die Kuh zu hören, denn sie spricht mit uns, und das zum Positiven umzusetzen, auf das sie uns aufmerksam macht. Die Verantwortung für uns ist groß. Die institutionelle und private Fütterungsberatung des Rindes auf dem Gebiet der Rohproteinversorgung hat versagt, weil die Funktionskapazitäten von Leber und Niere nicht berücksichtigt worden sind. Es bedeutet Verpflichtung für uns, über die Symptome und Parameter der Kühe zu erkennen, in welchem Stadium sie sich befinden, für jede Herde und sogar für jede einzelne. Um Selbstverständlichkeiten anzusprechen: Geld lässt sich nur mit einer gesunden Kuh verdienen!

Zu den Blutwerten:
Aus der Charakterisierung der Chronizität resultiert, dass die Toleranzwerte für Kreatinin und Bilirubin auf 1/3 der bisherigen Literaturwerte zu senken sind, um den Kompensationsfehler der gesunden Organbereiche zu berücksichtigen, d. h., um aus funktionellen Messungen der Blutinhaltsstoffe morphologische Schadensaussagen treffen zu können. Die hohen Toleranzwerte der bisherigen Literatur (1,5 mg / 100 ml Blut Kreatinin, 0,5 mg / 100 ml Blut Bilirubin) beziehen sich auf akute hochdosierte Intoxikationen. Bei chronischer fortschreitender Intoxikation sind z. B. bei Kreatininwerten von 1,0 oder 1,4 mg / 100 ml Blut bereits deutlich pathologische Nierenveränderungen nachzuweisen, die sich aber klinisch nicht unmittelbar darstellen, weil das nicht betroffene Nierengewebe durch intensivierte Funktion den Ausfall des bereits erkranken Gewebes überspielt. Erst Werte unter 0,5 mg / 100 ml Blut zeigen ein pathologisch unbeschädigtes Nierengewebe an. Entsprechendes gilt für den Bilirubinwert bzw. für den Leberzustand. Die Hauptaufgabe der Leber der Kuh ist die entgif-

tende Umwandlung von Ammoniak zu Harnstoff, die der Niere ist die Ausscheidung des Harnstoffes.

Durch nutritive Entlastung (N-Reduktion) von diesen Kardinalaufgaben lassen sich pathophysiologisch erhöhte Bilirubin- und Kreatininwerte senken, aber nicht Veränderungen oder Verbesserungen der pathologischen Gewebesituation erzielen, aber in der nächsten Generation. Lebergewebe ist nur begrenzt unter strengen Bedingungen regenerationsfähig, Nierengewebe nie! Eine zerstörte Nierenzelle bleibt tot und wird auch nicht durch benachbarte Zellen ersetzt. Leber und Nieren sind jedoch funktionell hochgradig kompensationsfähig. Sie können bis zu 70 % pathologisch nachweisbar insuffizient sein, und trotzdem täuschen die restlichen 30 % gesunden Gewebes durch Überfunktion einen scheinbar gesunden Organismus vor, bis die Kompensationsmöglichkeiten nach Zerstörung von 90 % des Organgewebes erschöpft sind und in der letalen Dekompensation zusammenbrechen. In der Übergangsphase von 70–90 % Gewebezerstörung reagiert der Organismus mit manifesten Symptomen: z. B. unheilbare Euterentzündungen, paretisches Festliegen etc.

90 % aller Probleme im Rinderstall sind degenerativ bedingt!

Regeneration der Herde ist nur über die Generationenfolge möglich.

5. Ursache

Die Ursache des Degenerationssyndroms ist weder infektiös noch erblich, sondern rein nutritiv durch die Einwirkung zellschädigender Substanzen:

a) Kupferbelastung
variierender Beteiligungsanteil bis etwa 5 %
In Schweinekombinationsbeständen liegt diese Komponente im oberen Anteilsbereich wegen der katastrophal hohen Kupferzusätze im Schweinefutter, die über die Düngung-Grundfutterkette ins Rind gelangen (Ferkelaufzuchtfutter z. B. verfügen über Cu-Zusätze bis 200 mg – der Bedarf des Ferkels an Cu liegt bei 10 mg / kg F-TS).

b) Umwelttoxizität inklusive mycotoxische Futterkontaminationen
ebenfalls max. 5 %iger Anteil
Aus der Vielzahl von Einzelstoffen aus diesem Bereich sollen besonders die Fumarsäure, der Konservierungsstoff BHT und das inzwischen anwendungsverbotene Furazolidon genannt werden. Ansatz für Umwelttoxizität: Cadmium und Blei.

c) N-Überbelastung
dominierender Ursachenfaktor
Der Grad der N-Belastung = Rohproteinüberversorgung entscheidet über die Gesundheit der Kuh = Wirtschaftlichkeit der Milchkuhhaltung. Alle Kriterien aus Ernährung – Komfort – Genetik – Melktechnik – medikamentöse Maßnahmen usw. können optimiert werden für das Ziel der Kuhgesundheit und werden zu positiven Effekten führen. Aber: Wenn die Rohproteinversorgung im Sinne einer ausgeglichenen N-Bilanz nicht stimmt, wird die Kuh krank! In dem Schema **„Die gesunde Kuh“** (siehe unten) stellt die N-Bilanz den Abhängigkeitsfaktor schlechthin dar für das Glück oder Pech der Kuh!
Das Konzentrat der Abgangsursachen bei Milchkühen ist also keine Auflistung bestands- oder tierindividueller Probleme, sondern resultiert aus der permanenten nutritiven Eiweißüberversorgung. Alle Einzelfaktoren aus den Bereichen Ernährung (ohne N-Komplex), Komfort, Genetik, medikamentelle Maßnahmen sind nur begleitend an dem Ziel beteiligt, eine gesunde Kuh darzustellen; **die Kuhgesundheit ist dominant abhängig von der Höhe der Rohproteinversorgung.**

In diesem, die wahre Wirtschaftlichkeit einer Kuhherde bestimmenden Bereich haben die bovine Ernährungswissenschaft und beteiligten Disziplinen völlig versagt. Die Orientierung auf N-nutritive Richtwerte (Harnstoffgehalt Milch 250 mg / 1.000 ml, rohproteinhaltige Gesamtfutter 16–18 %, der Trugschluss: mehr Rohprotein = mehr Milch, „Eiweiß vorhalten“, Bedarfsdeckung über nxP), ohne die Kuh zu fragen, wie ihre Stoffwechselor-

Die gesunde Kuh

Ernährung
a. Zusammensetzung, Inhaltsstoffe, **N-Bilanz**
b. Futterqualität

Komfort
a. mechanischer Komfort (Liege- und Flächenkomfort)
b. lufthygienischer Komfort
c. Pflege, Beobachtung
d. Melktechnik, -hygiene

Genetik

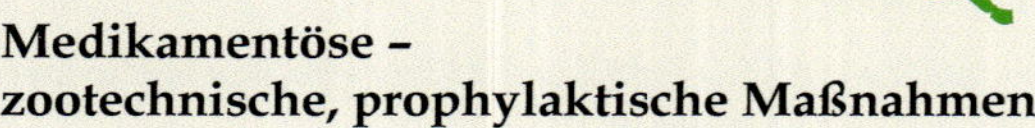

Medikamentöse – zootechnische, prophylaktische Maßnahmen

gane Leber und Niere mit diesen Bedingungen umgehen, hat dazu geführt, dass die Nutzungsdauer der Kuh auf etwa 2,2 Laktationen bundesweit abgesunken ist, mit einer die Grenzen einer wirtschaftlichen Rinderhaltung bereits teilweise überschreitenden Krankheitsfrequenz, verbunden mit nicht mehr verträglichen psychischen Belastungen der die Herde betreuenden Menschen. Es ist geradezu einfältig, unfair sowieso, wenn Beratungsdienste diese Menschen für Probleme verantwortlich machen („Managementfehler") oder vordergründige Ursachen falsch interpretieren: Lahmheiten durch unzureichende Klauenpflege, Euterentzündungen durch mangelnde Melkhygiene, Verdauungsprobleme durch Pilzbelastung, „Endotoxine" usw.

Die verkürzte Nutzungsdauer der Kuh ist begründet in einem entscheidenden Systemfehler, nicht in Bestandsfehlern!

zu a) Kupfer

Die hepatotoxische Wirkung von Kupfer ist lange bekannt. In Lebern neugeborener Kälber aus Problembeständen lassen sich Kupfergehalte von bis zu 2.000 mg / kg Trockensubstanz messen bei einer natürlichen Toleranzausstattung aus der Mutter in das Kalb von 400–800 mg. Die nutritiv überhöhten Kupfergaben sind nicht akut toxisch, aber chronisch durch die Summation täglicher Überversorgungen. Überversorgungen sind nicht aus einzelnen Serummessungen zu erkennen, es sei denn aus Verlaufskurven über 6 Monate, sondern am besten über Cu-Gehalt-Bestimmungen des Lebergewebes totgeborener Kälber oder toter/geschlachteter Kühe. Bei einem Kupferzusatz von 1.000–1.200 mg je kg eines handelsüblichen Mineralfutters für Kühe wird bei der täglichen Versorgung von 100 g je Kuh und einem Gesamtfutterverbrauch von 20 kg TS der lebensnotwendige und ausreichende basale Kupferbedarf = Toleranzbedarf der Kuh von 4–6 mg / kg Futter TS gedeckt. Alle Gehalts- und Versorgungsdosen über diesem Limit sind leberbelastend, solange die Kuh Degenerationsschäden aufweist und nachhaltig an der Kupferüberversorgung leidet inklusive der Folgegeneration. Dazu summieren sich die Cu-Gehalte aus dem Grundfutter und Konzentratfutter (sie können in kombinierten Rinder-Schweine-Beständen bis zu 50 mg / kg Grundfutter TS betragen. Cu-Untersuchungen aus schweinefreien/-armen Regionen: +/- 10 mg / kg TS). Prüfungen von Milchleistungsfuttern haben Cu-Gehalte von 30–80 mg / kg ergeben bei deklariert zugesetzten 10 bzw. 16 mg. Allein die Zufütterung eines kupferfreien Mineralfutters (z. B. für Schafe) oder Mineralisierung durch kohlensauren Futter- oder Algenkalk, optimiert mit Monocalciumphosphat, reduziert die gesundheitlichen Probleme aus dem degenerativen Komplex nach einem Zeitraum von 6 Monaten merklich, aber unzureichend. Kupfer ist ein lebenswichtiger Stoff: Funktion der roten Blutkörperchen, Knochenmarkphysiologie, aber in dem engen Toleranzbereich von 4–6 mg / kg F-TS! Diese notwendige Cu-Versorgung wird bereits im Allgemeinen durch das Grundfutter sichergestellt, es sei denn, in Sondergebieten findet eine nicht ausreichende Versorgung statt: Zum Beispiel in Moorbödenregionen wird Kupfer durch Molybdän teilweise gebunden. Generell gilt: Das Rind lebt in einer permanenten Cu-Überversorgung!

Zu b 1) Fumarsäure

Fumarsäure wird als Aziditätsfaktor Milchaustauschpulvern und Milchergänzungspulvern zugesetzt. Ihre durchfallhemmende Wirkung durch Lähmung des N. parasympathicus wird als scheinbar positiver Effekt interpretiert, entstammt aber einer a priori negativen schädigenden Gesamtwirkung. Sie verursacht bereits in der nutritiven Dosis von 5 mg / kg Milchpulver ihre nephrotoxische und cardiogene Wirkung. Sie entwickelt pathognostisch eine bradycarde Arythmie des Herzens und gilt als Leitsubstanz für die pathophysiologischen und pathohistologischen Prozesse der Tubulusnephrose. Fumarsäure ist toxisch! Sie gehört nicht in die Tierernährung, ist aber nach katastrophalen Letalitätsdosis-Prüfungen futter-

Erklärungen

Azidität:
Säuerung
nephrotoxisch:
nierengiftig
cardiogen:
herzbezogen
bradycarde Arrhythmie:
verlangsamter, zeitlich unregelmäßiger Herzschlag
pathophysiologisch:
krankhafte Funktion
pathohistologisch:
kranker anatomischer Zellverbund
hepatotoxisch:
leberschädigend
kanzerogen:
potenziell krebsauslösend
N. parasympaticus = N. vagus:
großer Bauchhöhlenverdauungsnerv
Metaphylaxe:
Zustand zwischen Krankheit/Therapie und Vorbeugung/Prophylaxe, also Krankheitsprozesse noch verborgen, aber drohen durchzubrechen

mittelrechtlich zugelassen. Die nierenschädigende Wirkung während der Versorgungszeit des Kalbes ist dosierabhängig nicht unmittelbar zu erkennen. Der Nierenschaden wird aber unheilbar in die Lebensphase der Kuh mitgenommen.

b 2) BHT

Auch das Toluolderivat BHT (Butylhydroxytoluol), futtermittelrechtlich fragwürdig als Konservierungsstoff zur Fettstabilisierung zugelassen und in Milchaustauschfuttermitteln eingesetzt, entgegen der Erkenntnis der hepatotoxischen und kanzerogenen Wirkung von cyclischen Kohlenwasserstoffen, bedeutet eine krankmachende Exposition, besonders für das Kalb.

b 3)

Das anwendungsverbotene Antibiotikum Furazolidon war/ist zelltoxisch oberhalb einer engen Dosiertoleranz, zudem mit hohen individuellen Verträglichkeitsschwankungen. Kälber, die in ihrer Aufzuchtphase mit Furazolidon prophylaktisch oder therapeutisch über längere Zeit versorgt wurden, entwickelten in ihrer nicht langen Lebenszeit eine signifikante Häufung der Schwanzspitzennekrose über deutlich degenerierte Leber und Niere. Das diese Stoffe scheinbar verharmlosende Moment ist, dass sich die schädigenden Reaktionen nicht ohne weiteres während der Anwendungszeit äußerlich symptomatisch darstellen.

b 4)

Die pathogene Wirkung von Schimmelpilztoxinen beim Rind wird überbewertet! Bedeutende Folge des Schimmelpilzbefalls: Energieverlust durch Abbau der organischen Substanz (Kohlenhydrate). Die Schäden in der Generationsfolge des Rindes, die durch Fumarsäure verursacht werden, sind ungleich größer als durch alle Schimmelpilztoxine zusammen! Es ist schlicht unverhältnismäßig, sichtbare Schimmelpilznester in der Grundfuttersilage für die gesundheitlichen Herdenprobleme verantwortlich zu machen. Bedeutung des Nachweises von Hefen (Wildhefen – im Gegensatz zu Kulturhefen) in Futtermitteluntersuchungen: Der Energieverlust durch Vergärung der Kohlenhydrate bei vermindertem toxischen Prinzip ist abhängig von der Hefeart. Kulturhefen sind völlig apathogen, atoxisch.

Orientierende Schimmelpilzeinteilung

		Toxin	Leitwirkung
Lagerpilze	Aspergillium	Aflatoxine	Leber, Leberkarzinom
	Penicillium	Ochratoxin	Niere
Feldpilze	Fusarium	Zearalenon	Östrogenisierung
		Desoxynivalenol = DON = Vomitoxin	- Verdauungsprobleme - negative Resorptionswirkung - Euterschädigung

c) Stickstoff

Den entscheidenden Anteil an dem degenerativen Schadenskomplex Leber- und Nierenzelltod bildet die Überbelastung mit nutritivem Stickstoff und dessen toxischen Stoffwechselprodukten Ammoniak (intensivstes Stoffwechselgift, Zerstörung/Tod von Körperzellen insbesondere im Verarbeitungsorgan Leber) und Harnstoff (vermindert zellgiftig, betont pathogene Wirkung durch Ablagerung im Ausschleusungsorgan Niere: mit Zerstörung sowohl der Nierenkanälchen als auch der Glomerula).

„Die Toxizität von Harnstoff und auch von Nichtproteinstickstoff-Verbindungen geht von der Ammoniakbildung im Verdauungssystem und der beschleunigten NH_3-Resorption aus. Der Primärmechanismus für eine Toxikose besteht in der Hemmung des Citronensäurezyklus. Hier zeigt sich ein Ansteigen der anaeroben Glykolyse, der Blutglucose und der Milchsäure. In der Folge führt dies zu einer Hemmung der Zellatmung und damit einem Absinken der Energieproduktion in den Zellen. Die Blockade des Citratzyklus löst auch eine Störung in der Umsetzung von Pyruvat-Ketoglutar- und Oxalessigsäure aus. Daraus leiten sich direkte Zellschädigungen ab.“ (Veterinärmedizinische Toxikologie, Manfred Kühnert, Gustav Fischer Verlag, Jena/Stuttgart 1991.)

Zur Begriffsdefinition nutritiver Stickstoff zählt der Reineiweißstickstoff und der Nicht-Protein-Sticksoff (NPN). Die Kjeldahl'sche Methode zur Rohproteinbestimmung ist in ihren Ergebnissen undifferenziert und müsste grundsätzlich durch den Heißwasserlöslichkeitstest zur Anteilsaussage von Reineiweiß und NPN ersetzt werden. Eine intensiv gedüngte und früh geschnittene Anwelksilage mit z. B. 18–21 % Rohprotein lässt ihr Potenzial an hepatotoxisch auflaufendem Ammoniak und an nierenbelastendem akkumulatorisch die Tubulusnephrose verursachendem Harnstoff erkennen, wenn der Differenzierungstest ergibt, dass nur 35 % des gemessenen N in Reineiweiß gebunden ist. Selbstverständlich ist eine solche Silage verfütterungsfähig.

Die Kuh charakterisiert sich geradezu selbst, als Wiederkäuer in der Lage zu sein, aus nutritivem reinem Stickstoff oder Nicht-Aminosäure-Stickstoff mithilfe ihrer wunderbaren Stoffwechselfabrik Pansen mikrobielles Reineiweiß zu synthetisieren. Aber die gesamte nutritive N-Zufuhr muss dann über die Konzeption des Gesamtfutters (strukturiertes Grundfutter, erweitertes Grundfutter, Konzentratfutter) begrenzt werden, orientiert an den tatsächlichen Stoffwechselkapazitäten. Es sind scheinbar biologische Grundfähigkeiten der Kuh vergessen worden, zu denen gehört, dass sie über ihre Pansenmikroflora innerhalb des permanenten Kreislaufes mikrobieller Eiweißlysis (Zerlegung) und Eiweißsynthese (Aufbau) aus molekularem Stickstoff, Schwefel und Fettsäuren essenzielle Aminosäuren aufbauen kann – Lysin Methionin, Cystin, Tryphtophan – **mikrobielle Eiweißsynthese.**

Zu dem Komplex dieser fantastischen Fähigkeit gehört auch die partielle drüsenfunktionelle Ausschleusung von im Blut gelöstem Ammoniak über die Speisedrüsen in den direkten Nahrungsweg, um als Stickstoffquelle der Pansenphysiologie erneut zur Verfügung zu stehen: **Pansen-Blut-Speichel-Ammoniak-Kreislauf**. Aller Stickstoff innerhalb des Verdaulichkeitsquotienten eines Futtermittels, der nicht nach Durchlaufen des Pansenstoffwechsels als Aminosäurepool im Dünndarm anflutet, erscheint als Ammoniak im Blut. Das ist der wesentliche Unterschied zu Organismen mit einhöhligem Magen. Auch ein Teil des Blutharnstoffes (zu 95 % als Endprodukt des N-Schlackestoffwechsels) wird über die, die Pansenwand versorgenden, Arterien in das Pansenlumen und über die Speicheldrüsen zurückfiltriert als weitere N-Quelle bzw. Potenzial zur Aminosäuresynthese – **rumino-hepatischer Kreislauf**. Damit ist das Wesen des Rindes definiert: **Das Rind, die Kuh, ist ein Stickstoff-Ausnutzer!** Aber das sind innere N-Kreisläufe ohne Veränderung der Gesamtheit der im Organismus zirkulierenden N-Verbindungen, also keine entlastenden Abgaben aus dem Tier heraus. Messbare Leitsubstanz als Endprodukt des Stickstoff- und Eiweißstoffwechsels ist der Harnstoff. Der Bereich des physiologischen Blutharnstoffgehaltes von 10–40 bzw. 15–25 mg / 100 ml (Kernzone) wird von der Kuh dominant reguliert. Das heißt, bei einer langfristigen Überlastung des N-Stoffwechsels wird die obere Wertebene nicht überschritten, wie auch die untere Wertebene bei N-Unterversorgung nicht unterschritten wird.

Bei nutritiver N-Überversorgung entsteht aber über die ammoniakalische Leberentgiftung mehr Harnstoff, als die Niere auf Dauer ausscheiden kann. Aber der Blutharnstoffgehalt steigt nicht wesentlich über 30 bis maximal 40 mg / 100 ml an, es sei denn, die Kühe befinden sich in einer akuten lebensbedrohlichen Harnstoffintoxikation. Die Kuh versucht, das Mehr an Harnstoff in andere Hilfsorgane auszufiltrieren. Um das Jahr 1960 wurde die Filtrierfähigkeit der Niere für Harnstoff bis 3.000 mg / 100 ml Urin angegeben (landwirtschaftliche Literatur, Rinderphysiologie). Durch die generative, gleichzeitig lawinenartig sich verstärkende Weitergabe der durch permanente N-Belastungen verursachten Nierendegeneration ist die durchschnittliche Filtrationsleistung der Niere der Kuh aus dem Jahr 2000 / 2010 auf 1.000 mg / 100 ml gesunken! Mit einer tierindividuellen erheblichen Variation von 250–2.400 mg. Die Verteilungskurve der Harnstoffwerte der Testkühe aus unterschiedlichen Herden im Rahmen der Definition des Gesundheitsstatus zeigt, dass 60 % der Probanden im Bereich 900–1.000 mg Harnstoff liegen, 30 % im Bereich 250–900 mg und nur 10 % über 1.100 bis maximal 2.400 mg.

Je organdegenerierter eine Herde diagnostiziert wird, desto höher ist der Anteil der Kühe mit Harnstoffbefunden von 250–600 mg je 100 ml Urin. Selbstverständlich ist die Höhe der Harnstoffanflutung abhängig von der Höhe der Rohproteinversorgung und entsprechend unterschiedlich hoch sollte die Harnstoffkonzentration im Urin sein. Das ist aber nur bei kerngesunden Nieren der Fall:

Rohproteingehalte des Gesamtfutters von

a) 13,5 % entwickeln Urinharnstoffgehalte von etwa 1.000 mg / 100 ml

b) 17 % xP-Gehalt / Gesamtfutter stellen an die Niere Filtrationsansprüche von 2.000–2.200 mg / 100 ml

c) 20 % xP lassen an der Niere 3.000 mg Harnstoff für 100 ml Urin anfluten

Rechnerischer Beweis über N-Bilanzen:

zu a) N-Eingang

Kuh 20 kg Futter-TS Aufnahme für 30 kg Milch

20 x 135g xP / kg = 2.700 g xP : 6,25 = 432 g N.

N-Ausgang

1. Milch

30 kg Milch x 3,4% Eiweiß : 6,25		163,2 g N

2. Kot

6,0 kg Kot TrS	2,6 % N =	156,0 g N
(aus 20,0 kg F-TS, mittl.Verdaulichkeit 70 %)		

3. Urin

20 l Urin	x 1000 mg Harnstoff je 100 ml	
	= 200 g Harnstoff =	100,0 g N
(Molekulargewicht Harnstoff/Stickstoff = 2/1)		
		419,2 g N

Damit ausgeglichene N-Bilanz

Der N-Erhaltungsstoffwechsel bleibt unberücksichtigt, weil die N-Bilanz (Gewebeaufbau und -abbau) bei einem nicht wachsenden Tier 0 beträgt oder einen inneren Kreislauf darstellt. Ebenso unberücksichtigt bleiben N-Eingänge über das Tränkewasser (Nitrit, Nitrat, Ammonium) und Abgänge über Haare, Horn und Milchharnstoff.

Die angegebenen Werte sind Durchschnittswerte, in der Krankheits-/Gesundheitsdiskussion aber für jedes Einzeltier übertragbar und korrekt. Besonders sensibel sind die Daten für die Nierenbeanspruchung:

In der Begleitung von kranken und degenerierten Kuhherden, in der Korrelationsverfolgung von Harnstoffgehalten/Milch- und Urin-, Kreatininwerten/Blut-Gesundheitsstatus der befragten Kuh, Pathologie der Nieren und xP-Gehalt des Futters hat sich gezeigt, dass gesunde Nieren mit einer permanenten Fütterungsbeanspruchung von täglich 200 g Harnstoff gesichert gesund bleiben – aus 13,5 % xP Gesamtfutter, aber aufsteigend zu 17 % und intensiv zu 20 % erkranken, dauernde Belastung vorausgesetzt.

zu b) N-Eingang:

20 kg F-TS x 170 g xP / kg = 3.400 g xP : 6,25 = 544 g N

N-Ausgang

1. Milch		163,2 g N
2. Kot		156,0 g N
3. Urin		
	20 x 2200 mg Harnstoff / 100 ml	
	= 440 g Harnstoff =	220,0 g N
		539,2 g N

zu c) N-Eingang:

20 kg F-TS x 200 g xP / kg = 4.000 g xP : 6,25
= 640 g N

N-Ausgang	
1. Milch	163,2 g N
2. Kot	156,0 g N
3. Urin	
20 x 3000 mg Harnstoff / 100 ml	
= 600 g Harnstoff =	300,0 g N
	619,2 g N

Zwangsläufig und gesundheitlich verpflichtend gebunden an die durchschnittliche Harnstoffausscheidungsfähigkeit von 1.000 mg / 100 ml Urin, korrelierend mit einem xP-Gehalt von 13,5 % / Gesamtfutter zu einer ausgeglichenen N-Bilanz, liegt der nicht krank machende nutritive Rohproteinbedarf 20 % unter der allgemeingültigen und als korrekt erachteten Rohproteinbedarfsbemessung, der mit xP-Gehalten / Gesamtfutter ±17 % identisch ist!

Neben der Bewertung der Harnstoffgehalte im Blut und im Urin steht eine dritte Flüssigkeit zur Befunderhebung zur Verfügung – die Milch. Über die Harnstoffgehalte sind alle 3 Flüssigkeiten abhängig miteinander verbunden.

Man hat den Harnstoffgehalt der Milch fixiert auf eine Orientierungsgröße von 250 mg / 1.000 ml und benutzt, um aus ihrer Messgröße den Rohproteingehalt der Futterkonzeption festzulegen und nach unten oder häufiger nach oben zu korrigieren. Das war und ist die Kernursache des gesamten gesundheitlichen Desasters, denn die Korrelation zwischen Milchharnstoffgehalt und nutritiver Rohproteinversorgung ist in primärer Abhängigkeit katastrophal falsch!

Die Interpretation des Harnstoffgehaltes der Milch ist also erheblich different zwischen dem physiologischen Wert einer gesunden Kuh und der öffentlichen Diskussion, die einen Gehalt von ±250 mg / 1.000 ml Milch als normal eingestuft hat, nur weil die meisten Testkühe bei Einführung des Harnstoffmesssystems diesen Wert zeigten. Die Kühe sind nicht nach ihrer Gesundheit definiert worden. Es gab keine Gesundheitsdefinition für eine „gesunde Kuh“! Diese Wertebene wird willkürlich auf 350 mg angehoben bei Hochleistungskühen, ohne Berücksichtigung der metabolischen und organischen Situation. **Eine nierengesunde Kuh lässt einen Milchharnstoffgehalt von nur maximal 100 mg / 1.000 ml zu, leistungsunabhängig!**

Der Milchharnstoffgehalt ist erst in zweiter Linie ein Indikator der nutritiven N-Versorgung, er ist in erster Bewertung der Leistungsindikator für eine gesunde oder kranke Niere!

Das heißt:

Bei einer Kuh mit morphologisch und funktionell kerngesunden Nieren steigt der Milchharnstoffgehalt zunächst nicht über die Grenze von maximal 100 mg je 1.000 ml Milch an, wenn die nutritive N-Versorgung angehoben wird, weil sie das Mehr an anflutendem Harnstoff über den Urin ausscheidet und nicht über das Eutergewebe in die Milch ausfiltert. Andererseits steigt der Milchharnstoffgehalt auf Werte bis

250–300 mg / 1.000 ml und mehr an, wenn bei nutritiver N-Mehrversorgung geschädigte Nieren durch Nierenzelltod = Nierendegeneration in ihrer Ausscheidungskapazität eingeschränkt sind oder ebenso bei gleichbleibender N-Versorgung, aber fortschreitender Nierenschädigung. Wegen der Wichtigkeit dieses physiologischen Basisschemas hier eine weitere Verlaufdarstellung: Ein gesundes Rind mit gesunden Organen (Bilirubinwert z. B. 0,06 mg / 100 ml Blut, Kreatinin 0,25 mg) tritt nach der Kalbung in die Laktation ein, mit einem Milchharnstoffgehalt von 70 mg / 1.000 ml. Aus dem Gesamtfutter der Herde, in die dieses Tier eingestellt wird, errechnet sich ein Rohproteingehalt von 18 % mit der Ernährungsfolge, dass der Milchharnstoffgehalt dieser Jungkuh spätestens in der 2. Laktation auf 180 mg / 1.000 ml gestiegen ist, also bei gleichbleibender Fütterungskonzeption. Weil die Fütterung permanent N-überlastet ist (mehr als 13,5 % Rohprotein / Gesamtfutter Grenzwertdefinition), entwickelt sich über die Anflutung von Ammoniak und Harnstoff ein fortlaufender Nierenzelltod (Nierendegeneration) mit der zwangsläufigen Folge der Reduktion der renalen Harnstoffausscheidungsfähigkeit. Der Harnstoffgehalt im Urin ist zeitparallel von 2.400 mg / 100 ml auf 1.600 gesunken. Der Bluthamstoffgehalt wird aber dominant stabil reguliert (20–30 mg / 100 ml). Also bleibt dem Tier nichts anderes übrig, als in Hilfsorgane überschüssigen Harnstoff auszufiltrieren: Der Milchharnstoffgehalt steigt. In der Phase pathologisch kranker Nieren kann man nutritiv mit dem Milchharnstoffgehalt „spielen“: Wird Futterrohprotein reduziert (z. B. auf 15 %), sinkt der Milchharnstoffgehalt auf etwa 150–170 mg ab, wird auf die ursprüngliche Futterkonzeption ein Eiweißträger aufgepflanzt (z. B. 0,5 kg Sojasextraktionsschrot täglich), steigt der Milchharnstoffgehalt von 180 mg mit nur kurzer Zeitverzögerung auf 200–220 mg an. Die Schwankungen des Milchharnstoffgehaltes sind also nur indirekt oder sekundär abhängig vom nutritiven Rohprotein- bzw. N-Angebot, denn:

1. Milchharnstoffwerte über 100 mg / 1.000 ml sind die Folge bereits degenerierter Nieren (mit einer breiten individuellen Variation in Pathologie, Funktion und Kompensationsfähigkeit).
2. Der sprunghafte Anstieg des Milchharnstoffgehaltes nach kurzfristiger Rohproteinzulage beweist ebenso die Nierendegeneration: Die Niere ist nicht mehr in der Lage, den zusätzlich anfallenden Harnstoff auszufiltrieren.
3. Eine über eine stoffwechselgerechte Ernährung (13,5 % Rohprotein/Gesamtfutter) gesunde Niere lässt keinen Anstieg des Milchharnstoffgehaltes zu, wenn das Rohproteinangebot kurzphasig angehoben wird, weil sie genügend Ausscheidungskapazität frei hat.

Es gibt Demonstrations-Leistungsherden, es gibt aber keine Vorzeige-Gesundheitsherde!

Die Entwicklung zur Vorzeige-Leistungsherde beruht auf 3 Säulen:

a) hohe Energieversorgung
   = Energiegehalt der Ration, betont über Stärke
   Beispiel:
   Die Krankheitsproblematik in der Kuhherde A versorgt einen Energiegehalt aus der Ration mit 7,0 MJNEL je kg F-TS und ist deutlich geringer als in der Kuhherde B, versorgt mit nur 6,6 MJNEL, obwohl die pathologische Schädigung in beiden Herden identisch ist.
   Hoher Stärkegehalt intensiviert die Konzentration und Stoffwechselaktivität der Pansenflora mit dem Ergebnis einer hohen Produktion von Mikrobenreineiweiß bei verminderter Ammoniak-Anflutung aus dem Pansen.
   Hohe Blut-Glucosegehalte (aus Propionsäure) helfen zu einer möglichst raschen Umwandlung von Ammoniak zu Harnstoff. Insgesamt: die Ammoniakbelastung sinkt.
   Dieselbe Grundlage findet auch phasig statt: Anstieg der Krankheitsproblematik nach Energietälern in der Ration bei gleichbleibendem xP-Gehalt oder z. B. Anstieg der Zellzahlen nach sommerlicher Hitzemüdigkeit mit verminderter Futteraufnahme.
b) Zucht aus „Altwerden“
   Jede Kuhherde verfügt über ein Tierpotential von nicht mehr als 2 %, das aber die Stoffwechselbelastungen, die 98 % der Herde problematisieren, besser ertragen, kompensieren können. Mit dieser bislang nicht definierten Fähigkeit lässt sich züchten. Resultat: Herden mit höherem Durchschnittsalter, Entwicklung der „100.000-l-Kühe“.
   Aber: Auch diese Tiere sind an Lebern und Nieren pathologisch beschädigt, parallel oder identisch zum Durchschnitt aller Kühe!
c) Hohe individuelle Umsorgung und Optimierung des Gesamtkomplexes Kuhkomfort.
   Es kann aber nicht Sinn einer Kuhhaltung sein, jede Kuh nach der Geburt zu infundieren, auch mehrmals. Und wie labil das Gesamtsystem ist, zeigt die Ernüchterung, Enttäuschung, dass sich die Hoffnung auf einen besseren, stabilieren Herdenstand nach Umzug in den neuen Laufstall mit hohem Kuhkomfort nicht erfüllt hat.

Das Glück oder Pech der Kuh wird dominant bestimmt durch ihre Leber und ihre Nieren, deren Zustand wiederum ist dominant abhängig vom N-Eingang aus der Ration = xP-Gehalt der Ration – über den Anflutungsgrad von Ammoniak und Harnstoff. **Damit ist der xP-Gehalt der dominante Parameter einer Ration, der durch niemand anderen bestimmt wird als durch die Kuh selbst. Sie stellt den xP-Gehalt dadurch ein, dass nicht mehr Harnstoff an den Nieren anflutet, als der durchschnittlichen Filtrationsleistung entspricht.**

Orientierungsbeispiel:

Kuhherde mit durchschnittlicher Filtrationsleistung ihrer Nieren für Harnstoff 1000 mg / 100 ml, z. B. in Hochlaktation mit 32 kg Milchleistung aus 20 kg F-TS.

resultierend N-Ausgang:

32 kg Milch	3,25 % Eiweiß : 6,25	= 166,4 g N
6,0 kg Kot TrS	2,6 % N	=156,0 g N
20 ltr. Urin	x 1000 mg Harnstoff je 100 ml	
	= 200 g Harnstoff	= 100,0 g N
		422,4 g N

entsprechen N-Eingang:

422,4 g N x 6,25 = 2640 g xP in 20 kg F-TS = 132 g / kg F-TS = 13,2 % xP

Das Desaster zur beschädigten Kuh wurde in der Zeitepoche von den 1960–70er-Jahren gesetzt.

Bis dahin befand sich die im Kern gesunde Kuh (Leber und Nieren) in einer extrem rhythmischen xP-Ernährungslage: ab +/- Mai = beginnender Weidegang xP-Luxusernährung = xP-Überflussernährung = funktionelle Belastung des N-Stoffwechsels mit xP-Gehalten des Maigrases (abhängig von entsprechenden Bedingugngen) von 20–25 % in TS, mit paralleler Harnstoffanflutung an den Nieren von +/- 3000 mg / 100 ml. Diese Filtrationsleistung konnten die gesunden Nieren erfüllen. Trotzdem hat die Kuh ihre Nieren dadurch geschützt, dass sie entsprechend ihrer biologischen Fähigkeiten einen Teil des Harnstoffs über den Darm/Dickdarm ausfiltriert hat. Reaktion: dünner Kot! (Nicht durch angenommenen Rf.- oder Strukturmangel!)

Der xP-Gehalt des Weidegrases verminderte sich wellenartig im sommerlichen Vegetationsverlauf und mündete während der winterlichen Stallhaltung (mehr als 6 Monate) in eine xP-Kargfütterung: Heu, geringe Menge Getreide, Kartoffeln, Rüben = xP-Gehalt 10–12 %.

Insgesamt: Winterliche Entlastung, sommerliche Belastung des N-Stoffwechsels, rein funktionell, also ohne pathologische Schäden an Leber oder Nieren.

Im Laufe der 1960er-Jahre wurde die Kuh als Milchtyp entwickelt: a) durch Zucht/Genetik – durch Zuchtentwicklung wird keine Leber- und Nierenzelle zerstört, auch nicht aus der möglichen Diskrepanz eines höheren züchterischen Leistungserfolges (Milch) zu einer möglicherweise nicht-adäquaten Ernährung! – und b) durch Proteinzulage aus Milchleistungsfutter und Proteinträger, gespeist aus dem „Vorbild“ der Milchleistungssteigerung aus Anstieg der Proteinversorgung bei Weidegang.

Die Kühe haben diese Futtermittel appetitlich positiv angenommen, die Milchleistung stieg. Die Proteinversorgung blieb über die gesamte Laktation hoch, die rhythmische Ernährungslage verschwand – bis auf die kurze Trockenstehzeit, die dann durch die gesundheitsschädigenden Prinzipien der laktationsvorbereitenden Fütterung noch verkürzt wurde. Die Kuh fiel aber damit noch nicht in Krankheitstäler, das begleitende Publikum beklatschte sich selbstbeweihräuchernd, mit dieser Strategie auf dem richtigen Weg zu sein. Was sich in der Kuh, in dem veränderten Stoffwechsel abspielte, hat Niemanden interessiert. Mit dem Auftreten der ersten Labmagenerkrankungen, Ende der 1960er-Jahre hätte man aber aufmerksam werden müssen. Sie sind aber nicht den pathogenen und pathopsychologischen Prozessen aus der Überlastung des N-Stoffwechsels zugeordnet worden. Im Gegenteil – man hat dieses fahrlässige Verhalten durch einen vorsätzlichen Kardinalfehler nahezu manifestiert – über die Darstellung des Milchharnstoffgehaltes Anfang der 1980er-Jahre als Parameter für die angenommene Korrektheit der xP-Versorgung. Die bis heute übernommene als Normalwert festgesetzte Höhe von 25 mg / 100 ml Milch war aber das Mittelwertergebnis aus der Messung von unterschiedlichen Populationen, ohne die Kuh/Kühe einer Untersuchung entsprechend eines basalen Untersuchungskataloges zu unterziehen. Den gab es nicht, offiziell bis heute nicht. Der Mittelwert von 25 mg / 100 ml entstammte bereits leber- und nierenkranken Kühen, denn 25 mg / 100 ml sind ein Krankheitssymptom für Nierendegeneration!

Das Kompensationsvermögen der Kühe war aber noch so hoch, dass die Kühe nicht akut krank geworden sind, als durch weitere xP-Zulage zur Steigerung der Laktationsleistung der Milchharnstoffgehalt z. B. in der Hochlaktation auf durchschnittlich 35 mg / 100 ml provoziert wurde. **Zur Zeit erlebt/erduldet die Kuh den Zusammenbruch des gesamten Systems in dem Ergebnis der unwirtschaftlich verkürzten Nutzungsdauer und Lebensleistung.** Sie ermahnt dringend zu einer korrekten Zuordnung ihrer Gesundheitsprobleme in das Degenerationssyndrom.

6. Patho-physiologische Reaktion

Mit der Situation der Milchharnstoffwerte entwickelt die Kuh neues Verständnis von sich selbst:
„Die Kuh als Ausfiltrierer“.
Jeder Wert von z. Zt. über permanent 13,5 % Rohprotein/Gesamtfutter bedeutet in der Versorgung für den Durchschnitt aller Kühe eine N-Überbelastung, leistungsunabhängig, die als N-Überschuss in Form von Ammoniak im Pansen und Blut erscheint und als stoffwechselintensivstes Gift in der Leber zu Harnstoff (toxizitätsvermindert) umgewandelt wird. Überbelastung – weil aus den üblichen Rationen mit 16–18 % xP 2.000–2.400 mg Harnstoff für 100 ml Urin in den Nieren anfluten und die durchschnittliche Filtrationsfähigkeit aber nur 1.000 mg / 100 ml beträgt. Identisch zu dem Anflutungswert aus 13,5 % xP, der dann keine weitere Organschädigung bedeuten würde! Der Blutharnstoffgehalt wird lebenserhaltend dominant reguliert: im Kernbereich 15–25 mg / 100 ml Blut.
Das heißt, auch bei extrem N-überlasteter Fütterung (18 % und mehr Rohprotein) versucht der Organismus die Konzentration von 30–40 mg nicht zu überschreiten, es sei denn, die Regulationsmechanismen brechen bei fortgeschrittener Nierendegeneration zusammen (Dekompensation) und die Kuh stirbt an einer Harnstoffintoxikation; andererseits wird der untere Bereich von 10–20 mg auch bei eiweißverminderter Ernährung (unter 10–12 % Rohprotein) nicht deutlich unterschritten. Harnstoff wird dann über die Nieren in den Urin nur in geringer Dosis ausgeschieden.

Entsteht aber mehr Harnstoff als die Niere ausscheiden kann, bleibt der Kuh nichts anderes übrig, als Harnstoff in Hilfsorgane auszufiltrieren. Das passiert, wenn der Rohproteingehalt einer Ration höher liegt als 13,5 %. Denn dann fluten mehr als 1.000 mg Harnstoff für 100 ml Urin an – ein Filtrationsanspruch, den die Durchschnittskuh/das Durchschnittsnierenpaar aktuell nicht mehr erfüllen kann. Die beiden Stickstoffkreisläufe, über die die Kuh als biologisch fantastisches Spezifikum verfügt, sind immer Kreisläufe mit Verbleib des Stickstoffes im Organismus.

a) Pansen-Blut-Speichel-Ammoniak-Kreislauf
   Ausfiltration von ruminalem Blut-Ammoniak über die Speicheldrüsen in den Nahrungsweg, um dem Pansen erneut als N-Quelle zur Verfügung zu stehen. Sichtbares Symptom bei Überbelastung: speichelflockenproduzierende Kuh beim Wiederkauen.
   Gehalt: über 250 mg Ammoniak / Liter Speichel.
   D. h. bis etwa 250 mg Ammoniak / Liter Speichel normal – keine Speichelflockenbildung, z. B. 500 mg Ammoniak / Liter Speichel – pathogen, deutliche Speichelflockenbildung.

b) Rumino-hepatischer Kreislauf
Rückfiltration von in der Leber produziertem Harnstoff nach Bluttransport über die Pansenwand in das Pansenlumen und über die Speicheldrüsen in den Speichel.

Die Kuh als Ausfiltrierer (von Harnstoff)

1. in den Darm:

durchfälliger normal olivfarbener Kot

Reaktion: Kot wird dünner nach bereits geringer xP-Erhöhung, d. h. durchfällig = alle Variationen von mittelfest über schlammig über wässrig.

Zur Unterscheidung:

a) durchfällig heller lehmfarbener strukturierter Kot = Pansenacidose
b) heller durchfällig-schmieriger Kot = fortgeschrittene hochgradige Leberdegeneration
c) gesunder Kot: hefekuchenteigidentisch = formgebend von hoher Homogenität.

2. in die Gebärmutter

a) tragende Gebärmutter mit der Folge, dass aktuell 100 % aller Kälber mit unterschiedlich intensiven pathologisch manifest nachweisbaren Degenerationsschäden an Leber und Nieren geboren werden. Großmoleküle wie Immunglobuline passieren die Blut-Uterus-Schranke nicht, wohl aber einfache Minimoleküle, wie

Ammoniak H – N(–H)(–H)

und Harnstoff O = C(–N(H)H)(–N(H)H)

b) wunde Gebärmutter nach der Geburt mit der Reaktion des jauchig-stinkenden Inhaltes und Ausflusses, oft zusätzlich charakterisiert durch eine obere (cervicale) glasig-trübe, leicht gallertisierende Flüssigkeitsglocke, bis 10 l Uterusflüssigkeitsvolumen, das sich nach täglichen Abhebern in kleiner werdenden Dosen wieder auffüllt und etwa 14 Tage nach der Geburt eitrig-schleimig wird. In vielen Fällen stellt sich dieses Stadium direkt auch ohne jauchige Erstreaktion dar. (Differenzialdiagnostisch: Kaliumkatarrh zu unterscheiden durch Blutkaliummessung oder über Herzdiagnostik: Gespaltener 1. Herzton ist beweisend für das Degenerationssyndrom, tachycarde Arhythmie bei K-Überschuss = frequenzerhöhter unregelmäßiger Herzschlag). Die unsaubere Gebärmutter ist ein degeneratives Filtrationsproblem, kein Infektionsproblem! Harnstoffgehalte in den wässrigen Gebärmutterflüssigkeiten: +/- 5.000 mg / l bzw. +/-500 mg / 100 ml – das ist mehr als im Urin hochgradig nierendegenerierter Kühe (bis minimal 200 mg / 100 ml) = direkter Beweis für „Kuh ist ein Ausfiltrierer“.

3. Milchdrüse
Milchharnstoffwerte über 100 mg / 1.000 ml Milch oder Anstieg des Milchharnstoffgehaltes bei nutritiver N-Zulage sind Indikatoren für die Nierendegeneration. Harnstoffausfiltration also über die 100-mg-Grenze bedeutet eine chemisch-physikalische Reizung des sekretionsaktiven Milchdrüsengewebes und verursacht basal 80 % der gesamten Euterkrankheitsproblematik: Zellzahlen, Mastitiden ohne Erregernachweis, Mastitiden mit begleitendem sekundärem Erregernachweis: katarrhalische Kokken-Euterentzündungen inklusive Staphyloccus-aurens-Infektion, schwere coliforme Euterentzündungen bis zu gangränösen Clostridien-Mastitiden und Hefe-Mastitiden u. a. Eutergesundheit beginnt bei der N-fokussierten = stoffwechselgerechten Ernährung und nicht bei Desinfektion und Antibiose!

4. Unterbeine
Selbstverständlich ist die Ursache für eine Umfangsvermehrung der Vorderfußwurzel und Sprunggelenke und der Zehenknochen differenzial diagnostisch abzuklären. Definitiv ist aber die Knochenhaut (Periost) in diesem Bereich Ausschwitzungsorgan, sodass die dicken, unförmigen, konturenreduzierten, schmerzarmen Unterbeine Filtrationsfelder darstellen mit der kompensatorischen Reaktion der Gewebezubildung, parallel zu dem Zustand der knöchernen Erweichung. Mortellaro dagegen ist ausschließlich durch Ausfiltration verursacht, somit eine reines, **nicht infektiöses** Harnstoff-Exanthem, weder ansteckend noch in den Bestand „eingeschleppt". Mortellaro ist auch keine Faktorenkrankheit. Sohlengeschwüre, die durch flächige Ablösung des Sohlenhornes von der Sohlenlederhaut gekennzeichnet sind, stellen Filtrationsreaktionen dar; im frühen Stadium gekennzeichnet durch mürbes, teilweise blutdurchtränktes Horn, im fortgeschrittenen Stadium teilweise durch Ablösung der Hornkalotte mit eitriger oder suppig-jauchiger geschwüriger Veränderung der Sohlenlederhaut, oft nur an einer Klauenseite (Außenklaue).

5. Gewebe, allgemein
Die Ablagerung von Harnstoff in das Körpergewebe (aller Organsysteme) bedeutet in Verbindung mit der zellzerstörenden Einwirkung von Ammoniak, dass deren Konsistenz brüchig und weich wird. Die einzelne Organzelle (ummantelte Gallertkugel) und der gewebliche Zellverbund verlieren in ihrer Gerüst- und Wandstruktur den Pergamentpapiercharakter und nehmen Löschpapierverfassung an.

Mit dem über den tatsächlichen Bedarf weit überdimensionierten Einsatz von anorganischen oder organischen Spurenelementen (Zink, Selen), sowie aminosäuregebundenen Vitamin E lässt sich die Struktur der Körperzellen (z. B. Euter) stabilisieren. Der faktorielle Ersatz bzw. die punktuelle Zufuhr bestimmter Stoffe gegen ein zuvor zerstörtes System (N-Überbelastung) bleibt nur eine kompensatorisch überdeckende Maßnahme, wenn die eigentliche Ursache nicht bereinigt wird.

Die durch die N-Intoxikationsprozesse zum Löschpapiercharakter hin veränderte Körperzelle kann durch hochdosierte Gabe von Vitamin E, Selen und Zink wieder strukturell stabiler gemacht werden – Pergamentpapiercharakter. Im Fall der Euterzellen bedeutet das, dass die Eutergesundheit verbessert wird – Zellzahlen sinken aber nur vorübergehend mit danach gravierenden Reaktionen. Anstatt diese Ursache zu bekämpfen, wird ein krankes System durch vorübergehend verbessernde Maßnahmen „geschönt".

Die Kuh als Ausfiltrierer

N-Zufuhr / Nahrung
Über 13,5 % Rpr. / Gesamtfutter
= N-Überlastung
(gilt für die überwiegende Zahl der Kühe für die Zeitepoche um das Jahr 2000 und folgende)

N-Überschuss im und über Pansen
als Ammoniak ins Blut und über die Leber
als Harnstoff wieder ins Blut

Blutharnstoffgehalt
dominant reguliert
15–25 mg / 100 ml Blut (Kernbereich)

Niere: Ausscheidungskapazität begrenzt,
1.000 mg in 100 ml Urin / Variation 250–2000
(Jahr 1960: Ausscheidungskapazität
3000 mg / 100 ml !)

Ausfiltrierung von Harnstoff in Hilfsorgane:

1) Darm – durchfälliger olivfarbener Kot

2) Gebärmutter
a) **tragende** Gebärmutter: 100 % aller Kälber werden mit Degenerationsschäden an Leber und Nieren geboren
b) **wunde** Gebärmutter: jauchig-stinkender Ausfluss bis etwa 14 Tage nach der Geburt, eitrig-schleimig ab 14 Tagen nach der Geburt

3) Milchdrüse
Milchharnstoffwerte über 10 mg / 100 ml Milch oder Anstieg des Milchharnstoffgehaltes bei nutritiver N-Zulage sind Indikatoren für Nierendegenerationen!

4) Unterbeine
Mortellaro (reines Harnstoff-Exanthem!), besser als Ballen- oder Zwischenzehen-Exanthem zu bezeichnen, Sohlenulcera, gekennzeichnet durch Ablösen des Sohlenhorns von der Sohlenlederhaut, umfangsvermehrte Vorderfußwurzel- und Sprunggelenke, Beinknochen und deren Knochenhaut

5) Gewebe, allgemein
Gewebe wird weich – brüchig. Pergamentpapiercharakter der Köperzellen wird zu Löschpapierstruktur

6) Bronchialschleimhaut – im todesnahen Endstadium und bei neugeborenen Kälbern

Besonders intensiv verläuft die Ausfiltration von Harnstoff am Beispiel von Einzelfällen in pathologische Flüssigkeiten:
a) Wundsekrete
b) putridometrische (Uterusjauche)
c) aszitäre (nichtentzündliche Bauchhöhlenflüssigkeit – bei hochgradiger Tubulusnephrose)
d) peritoneal (Bauchhöhlen) – entzündliche Exsudate.
Hier lassen sich Harnstoffkonzentrationen von 800–2.000 mg / 1.000 ml (!) messen.

6. Bronchialschleimhaut

In dieses System erfolgt die Harnstoff-Ausscheidung

a) bei hochgradiger Nierendegeneration permanent (vermehrter, leicht trüber Nasenausfluss, bronchitis-ähnliche Symptomatik)
b) im todesnahe Endstadium (urinöser Geruch der Atemluft)
c) gravierender sind aber die Auswirkungen der generativen Weitergabe der N-Toxikationsprozesse:

Die Ausfiltration und Ablagerung von Harnstoff und Ammoniak in das Lungengewebe des fetalen Kalbes hat zur Folge, dass der Lungenspitzenlappenbereich dieser Kälber nach der Geburt unvollständig belüftet wird (Umwandung vom „Fleisch-“ zum Schwammcharakter des Lungengewebes); dieser Prozess ist verantwortlich für das gehäufte und zunehmende Auftreten von chronischen Pneumonien bei Kälbern und Jungtieren. Fleischartig verdichtet bleibende Lungenspitzenlappenbezirke bilden den Herd für chronische, fortschreitende Pneumonien, die unerkannt, symptomlos bleiben bis ins Alter des älteren Kalbes/Jungrindes. Erst dann und in Phasen von witterungsbedingten Belastungen treten Symptome auf: Kurzatmigkeit, Husten, Fieber. Diese Tiere sind eigentlich unheilbar krank, weil nur noch Restbezirke des Lungengewebes atmungsaktiv sind.

7. Stickstoff im Pansen- und intermediären Stoffwechsel

Die kardinale Frage aus der Klage eines Rindes, in der Einführung zu diesem Buch, kann hier nicht in einer mg-Dosis organverträglichen Ammoniaks oder Harnstoffs angegeben werden, aber bereits indirekt. Die Grenzen für die funktionellen und organmorphologischen N-Verarbeitungskapazitäten sind erreicht, wenn:

a) der Milchharnstoffgehalt den Bereich von 100 mg je 1.000 ml Milch erreicht und übersteigt
b) der Blut-Kreatininspiegel den maximalen Grenzwert von 0,5 mg / 100 ml überspringt
c) der Blut-Gesamtbilirubingehalt den von 0,15 mg / 100 ml überschreitet
d) der Urin-Harnstoffgehalt niedriger ist als rechnerisch – abhängig vom Rohproteingehalt des Gesamtfutters – zu erwarten ist (siehe z. B. Abschnitt „Harnstoffbestimmungen“ Urin)
e) die permanente N-Versorgung nicht weniger als 20 % unter der bisherigen Eiweißbedarfsberatung liegt bzw. die nutritive N-Versorgung dem tatsächlichen N-Verbrauch angeglichen wird = ausgeglichene N-Bilanz.

Die Kuh als Wiederkäuer wird artspezifisch charakterisiert durch ihr Vormagensystem, im Zentrum durch ihren Pansen. Mit ihm und seiner mikrobiellen Besiedlung ist sie in der fantastischen Lage, aus molekularem Stickstoff, Schwefel und Fettsäuren **essenzielle Aminosäuren** zu synthetisieren, alle anderen sowieso. Durch den **Pansen-Blut-Speichel-Ammoniak-Kreislauf** (Ausfiltration von Blutammoniak über die Speicheldrüsen) und den **rumino-hepathischen Kreislauf** (Rückfiltration von Blutharnstoff über die Speicheldrüsen und über die Pansenarterien in das Panseninnere) ist sie gekennzeichnet durch Mechanismen zur maximalen Stickstoff-Ausnutzung mit dem Ziel der Aminosäureproduktion = **Die Kuh ist definiert als N-Ausnutzer!** Dies bedeutet aber zugleich die Gefahr der permanenten Stoffwechselbelastung durch die ruminale Resorption von Ammoniak im Vergleich zu allen Tierarten mit einhöhligem Magen (monogastische Tiere, Schwein), die über diese Funktion nicht verfügen. Damit erklärt sich die Kuh selbst, dass Stickstoff der gesundheitsbestimmende Faktor ist. Es ist eine Katastrophe, die Eiweißversorgung nur über nXP zu berücksichtigen und den Pansen zu vergessen. Ebenso katastrophal ist, die Kuh zu definieren über die Reduktion der Pansenfunktion als „Motor“: „Wenn der Pansen läuft, ist die Kuh gesund“. Zur Orientierung des wiederkäuerspezifischen N-Stoffwechsels mit dem sensibelsten Faktor des Eindringens von Ammoniak in den Blutkreislauf folgendes Funktionsschema:

Prinzip: Gebunden an den Verdauungsquotienten jedes Futtermittels oder des Gesamtfutters wird aller Stickstoff aus dem Nahrungs-Rohprotein, der den Pansen nicht als Aminosäure-Stickstoff (also Reineiweiß) in den Darm, über Blättermagen und Labmagen, verlässt, als Ammoniak, in die die Pansenwand verlassenden Venen, also ins Blut, resorbiert.

Schematisierter Weg des Stickstoffes

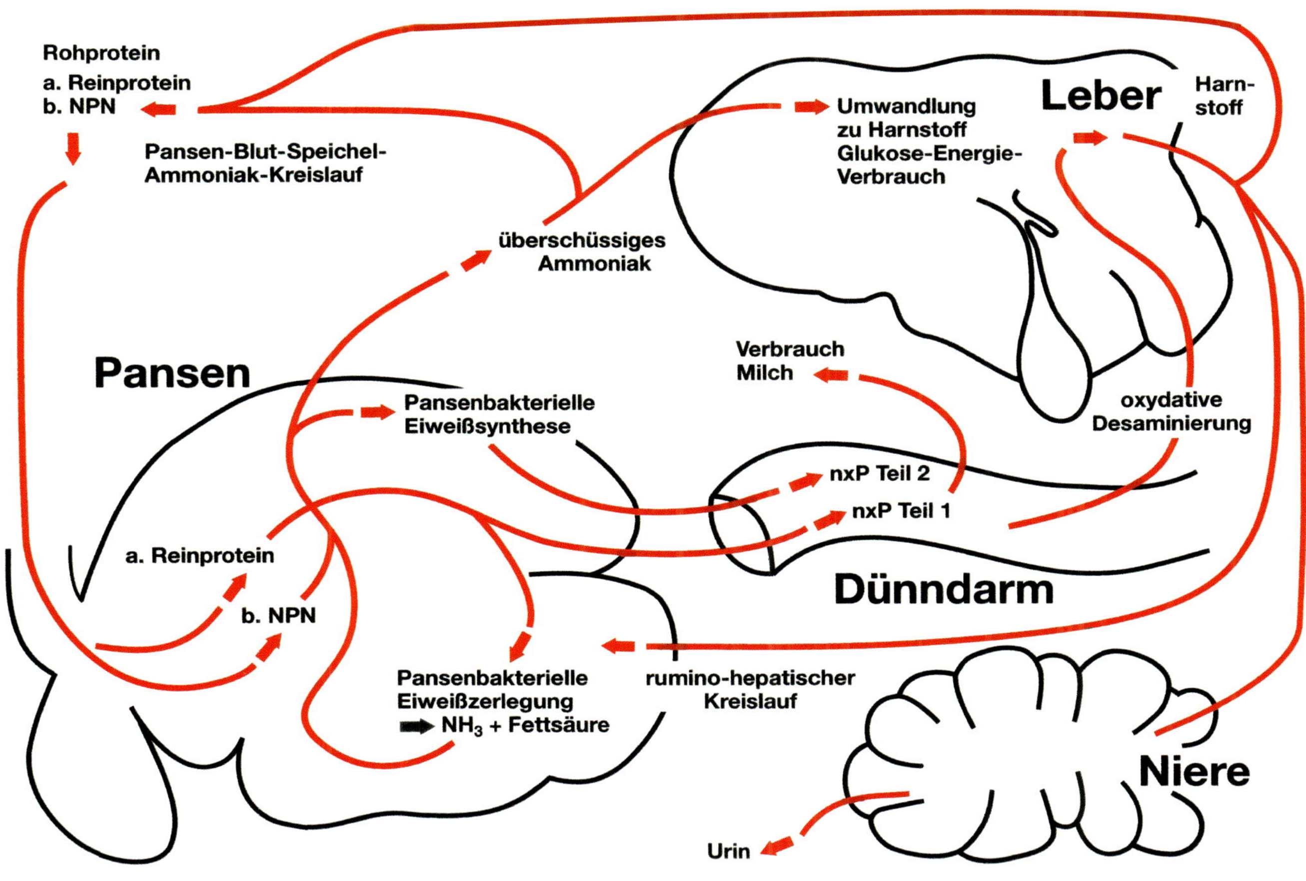

Das Nahrungs-Rohprotein findet Eingang in den Pansen
a) als Reinprotein und
b) als NPN – Nicht-Protein-Stickstoff

Ein Teil des Reinproteins passiert das Pansenlumen ohne Veränderung, entsprechend des das einzelne Futtermittel charakterisierenden spezifischen UDP-Anteils (pansenstabiles, pansenunabbaubares Eiweiß) in den Zwölffingerdarm und Dünndarm, als nxP-Teil 1. Der andere Teil wird von eiweißspaltenden Bakterien zerlegt in Fettsäuren und Ammoniak. In dem permanenten mikrobiellen Kreislauf von Abbau und Aufbau dient ein Teil dieses Ammoniaks den eiweißsynthetisierenden Pansenbakterien zur Produktion von Bakterieneiweiß, das als nxP-Teil 2 den Dünndarm erreicht. Das nicht genutzte Ammoniak gelangt über die Resorption durch die Pansenwand und die den Pansen verlassenden venösen Blutgefäße ins Blut.
Der Weg des Nicht-Protein-Stickstoffes hängt ab von der Kapazität der eiweißsynthetisierenden Pansenbakterien, die diese und andere niedermolekularen N-Verbindungen (molekularer Stickstoff, Nitrat, Nitrit, Amine, Amide, Harnstoff, Ammoniak) nutzen zur Produktion von Bakterieneiweiß – nxP-Teil 2 zufließend. Der absolute Anteil des NPN am Rohprotein, die Kapazität der eiweißsynthetisierenden Pansenbakterien, deren Konzentration und Stoffwechselaktivität mit der Erhöhung der Energieversorgung über Stärke steigt – die Größe des UDP-Anteils des Reineiweißes und der Grad der Gesamtrohproteinversorgung bestimmen die direkte Blutbelastung mit Ammoniak.

Frischgrasfutter und Anwelksilagen 1. Schritt, gewonnen aus einer wachstumsintensiven Vegetationsphase und intensiver Düngung mit 20–22 % Rohprotein, besitzen einen Anteil von bis zu 65 % NPN! Sie entwickeln immer eine akute Ammoniakbelastung aus dem Pansen ins Blut, insbesondere wenn der metabolische Aminosäurebedarf aus Reineiweiß-UDP in einer eiweißhochprozentigen Futterkonzeption (17 % und mehr) bereits abgedeckt wird.

Die intoxikatorische Dosis wird geringer, wenn der Rohproteingehalt des Gesamtfutters sinkt und den Pansenmikroben geholfen werden könnte, möglichst viel freies Ammoniak in mikrobielles Eiweiß umzuwandeln.

Das in die venöse Blutbahn infiltrierte Ammoniak besitzt die intensivste Intoxikationswirkung aller Stoffwechselprodukte (Zellschädigung, Zelltod, nervale Lähmungswirkung usw.). Entsprechend der rinderspezifischen Physiologie, Stickstoff maximal zu nutzen, also auch scheinbare Abfall-Stickstoffverbindungen wiederzuverwerten, wird ein Teil des Blut-Ammoniaks über die Speicheldrüsen ausfiltriert und steht dem Nahrungsweg für die pansenmikrobielle Aminosäuresynthese erneut zur Verfügung:

Pansen-Blut-Speicheldrüsen-Ammoniak-Kreislauf. Der Stickstofffluss bleibt zirkulär körperintern (Pansen – Blut – Pansen) und verändert also nicht die Stickstoff-Bilanz, entwickelt aber ein fantastisches symptomatisches Signal; a) für die Überlastung dieses Kreislaufes in sich und ist damit ein Indiz für die Überlastung der Gesamtherde mit Rohprotein aus dem Gesamtfutter und b) für Leberdegeneration: die speichelflockenbildende Kuh beim Wiederkauen. Der größte Teil des Blut-Ammoniaks wird von der Leber energieaufwendig zu Harnstoff entgiftet, die wichtigste Aufgabe der Rinderleber, verzögerter Prozess bei Leberdegeneration. Der Abschnitt „Zur Energie" stellt kuhrelevante Kerndaten dar.

Zur Energie

Glucose = zentraler Energiebaustein
enthält 15,7 kJ / g
= 15,7 MJ / kg

1. Energiebedarf (umsetzbare Energie ME)

a) Milch

5,3 MJ = 3,1 MJNEL (kg Milch mit 4 % Fett = FCM – fettkorrigierte Milch)

b) Erhaltung:

0,48 MJ x $W^{0,75}$ (metabolische Lebendmasse = Körpergewicht $kg^{0,75}$) = 0,293 MJNEL $W^{0,75}$

2. Metabolischer Energieverlust

bis 15 % der Futter-Gesamtenergie

a) Umwandlung von Ammoniak zu Harnstoff in der Leber
Je höher die xP-Versorgung, umso höher ist die Ammoniak-Anflutung und umso höher der Glucoseverbrauch für die Umwandlung in Harnstoff. Also wird ein erheblicher Teil der Glucose, die über die Umwandlung von Fettsäuren (Propionsäure) – Gluconeogenese – in der Leber produziert wird, bereits hier wieder verbraucht.

b) Unvollständige Umwandlung von Propionsäure zu Glucose in der Leber bei Leberdegeneration.

c) Verlust von Bluteiweiß über degenerierte Nieren in den Urin – z. B. Albumine bis 125 g je Kuh und Tag.

Der **metabolische Energieverlust** ist erheblich – bis 15 % der Futterenergie – und läuft in jeder Kuh mit Degenerationsschaden permanent ab und entwickelt anteilig 3 wesentliche gesundheitliche Folgen:

1) magere/abmagernde Kuh: trotz vollständig erhaltenen Appetits/Futteraufnahme verliert sie mehr Energie, als sie über die Nahrung aufnimmt

2) zystische Ovarreaktionen

a) verzögerter Follikelsprung

b) klassische Eierstockzyste in der Regel großzystische Blase, selten kleinzystisch als Mehrfachbläschen

c) zystische Ovarentartung – in der Frequenz massiv zunehmender Untersuchungsbefund parallel zur Intensivierung und zum Fortschreiten des Degenerationssyndroms – Ovar übergroß mit glasig-weicher Konsistenz ohne Blasenidentifizierung

3) verminderte Milchinhaltsstoffe: Fett und Eiweiß unbefriedigende Milchleistung

a) Milchmengenleistung = Milchleistung

– Ist seit den 1960er-Jahren nach dem biologischen Vorbild (frühsommerlicher Weidegang -> Anstieg des Futterproteingehaltes/Gras -> Anstieg Milchproduktion) durch Erhöhung der xP-Versorgung gesteigert worden (Laktations- und Lebensleistung), aber blind (!) – um die metabolischen Abläufe hat sich niemand gekümmert. Das funktioniert so lange, wie das Kompensationsvermögen von Leber und Nieren die Belastung des N-Stoffwechsels und die fortlaufend zunehmende Organschädigung ausgleichen konnte. Bis die Organschäden so groß wurden, dass die Kuh in gesundheitliche Probleme stürzte – z. B. mit den ersten Labmagenerkrankungen im Jahrzehntwechsel zu 1970 und nachfolgend mit der die verkürzte Nutzungsdauer ausmachende Summe der Krankheiten. Daraus wiederum resultierte die stagnierende, folgend sogar verminderte Milchlebensleistung bei aber noch steigender Laktationsleistung, aber provoziert durch krankmachende, nicht N-stoffwechselgerechte Rationen = fütterungsvergewaltigten Milchleistung (mind. 10 % der tatsächlichen). Ergebnis: zunehmende Zahl von Kuhherden, die auf xP-Zulage nicht mehr milchproduktiv reagieren oder: keine weitere Milchleistungssteigerung, wenn der Stoffwechsel-Energieverlust die xP-Zulage in der Wirkung übertrifft. Folgereaktion: sinkende Milchleistung.

Wirtschaftliche Milchleistung ist auf Dauer nur möglich durch Ausschöpfung des genetisch möglichen Milchbildungvermögens aus einer gesunden Kuh über eine N-stoffwechselgerechte Ernährung, unterstützt durch hohes nutritives Energieangebot über Stärke.

b) Milchinhaltsstoffe

– bei Unter-/Minderversorgung des Euters mit Glucose reagiert das Milcheiweißproduktionsvermögen bekanntlich sensibler als Milchfettproduktion; beide Syntheseverfahren wiederum stellen sich zeitlich unmittelbar auf Glucoseschwankungen ein, während die Laktosegehalte langatmiger, träger reagieren.

Weitere Bezüge zwischen Stoffwechselsituation und Höhe von Milchinhaltsstoffen siehe S. 170 unter Interpretation von Milchdaten.

Ergänzung:

Angebunden an dieses Reaktionssystem besitzt die Kuh 3 Verteilungslinien für Glucose: an die Eierstöcke, in die Milchdrüse, in das die Kondition bestimmende Muskel- und Fettgewebe. Es ist unbekannt, warum diese Linien nicht gleichmäßig bedient werden, teilweise extrem linear dominant. Damit stellen sich z. B. Kühe mager dar, aber mit hohen Milchinhaltsstoffen. Andere befinden sich in einer abgerundeten Kondition, aber versagen eine erneute Trächtigkeit wegen Ocarzysten usw.

Damit reduziert sich auch die Wirkung von kurzfristig erhöhter nutritiver Energieversorgung über kuhrelevante Energie (Stärke) oder aus energiebildenden Futterzusätzen (Propylenglycol, Propionate) oder aus „künstlichen“ Ergänzungsstoffen (geschütztes Fett).

Hohe Energieversorgung ist der Kuh immer willkommen, solange sie nicht die Stabilität des gesunden Pansen-pH-Wertes stört, aber sie heilt z. B. nicht die Ursache des metabolischen Energieverlustes! Oder: Warum zerstören wir zuvor/parallel die Kuh und versuchen dann ihre Probleme hilflos und teuer durch Zusatzstoffe auszugleichen? – Dieses Prinzip zieht sich leider durch alle Probleme der modernen Kuh: z. B
Mortellaro – Klauenbäder, Biotinzusatz
Labmagenerkrankungen – Operation
Euterprobleme – endlose Maßnahmenliste
usw.
Oder: Warum bekämpfen und vermeiden wir nicht einfach die Basisursache?

Etwa 90 % der zystischen Ovarreaktionen sind durch den metabolischen Energiemangel verursacht, der auch für die teilweise unwirtschaftliche Zunahme der Behandlungsfrequenz bis zum Erreichen einer fruchtbaren Brunst verantwortlich ist. Die restlichen 10 % teilen sich auf in: familiär erbliche Ursachen; Phytoestrogene, Mineral- und Spurenelement-Inbalancen, ß-Carotin- / Vitamin-A-Mangel u. a.

Die offizielle Kuhernährungslehre hat das Ausfüttern einer Kuh mit z. B. 40 kg Milchleistung und mehr wegen des begrenzten Pansenvolumens problematisiert, ist aber blind für den unnötigen metabolischen Energieverlust, den sie wiederum durch überhöhten Ansatz des gedachten Rohproteinbedarfs verursacht. Oder: Wir machen uns Gedanken um nutritive Energiedichte, interpretieren die mangelnden Pansengrößen als ein biologisches Limit, vergessen aber Zustand und Kapazität von Leber und Niere und vergeuden Energieträger in kranken Stoffwechselabläufen.
Die Kuh braucht nicht nur eine wiederkaugerechte Fütterung, sondern eine stoffwechselgerechte Ernährung! Das Bewusstsein um den Energieverlust initiiert das Ziel, ihn zu vermeiden, bewertet den gesamten Energie-Haushalt neu und unterstreicht die Priorität des N-Haushaltes.

Erklärungen

oxydative Desaminierung:
Abspaltung des Stickstoff-Bausteins aus der Aminosäure unter hohem Energie- (Glucose) und Sauerstoffverbrauch

Die Fütterung mit geschütztem Eiweiß ist keine Lösung, weil

a) die Umwandlung von überschüssigen Aminosäuren nach Resorption aus dem Darm, die im Stoffwechsel (Milchproduktion) nicht verbraucht werden, in Harnstoff und Fettsäuren (oxydative Desaminierung) in der Leber ebenfalls energieaufwendig ist.
b) Bestände mit dem Fütterungsprinzip „geschütztes Eiweiß" keine Fortschritte das Degenerationssyndrom betreffend entwickelt haben, denn die N-Bilanz bleibt weitgehend unbeeinflusst.
c) der als Aminosäuren nicht resorbierte Teil des geschützten Eiweißes ungenutzt über den Darm/Kot abfließt.

Ebenso ist der von der offiziellen Kuhernährungslehre strapazierte Begriff „negative Energiebilanz" für die Phase nach der Geburt als vordergründige Beschreibung falsch: Die Kuh frisst zu wenig, weil Umgebungs- und Versorgungskriterien nicht kuhgerecht sind a) weil das Einschmelzen von Körpergewebe/Fettgewebe nach der Geburt stoffwechselbelastend/leberbelastend sein soll. b) Diese Aussprache ist völlig irreal, denn die Kuh tritt bereits krank, organdegeneriert in die Phase Hochträchtigkeit – Geburt – Hochlaktation ein. Ihr Minder-Appetit auf dem Weg zur Hochlaktation ist zwangsläufig. Die negative Energiebilanz ist nicht exogen = von außen initiiert, sondern ist der oben beschriebene endogene = innere Stoffwechselenergieverlust. Das Einschmelzen von Körperfettgewebe nach der Geburt bzw. in der Phase zur Laktation ist völlig physiologisch und bleibt ohne negative Folgen, vorausgesetzt die Leber ist gesund! Ebenso ist der Aufbau von Körpermasse im letzten Drittel der Trächtigkeit selbstverständlich physiologisch. Nicht die „rundlich" gewordene Kuh macht sich selbst zur Problemkuh nach der Geburt, sondern ihre von vorneherein kranke Leber!

Ein Teil des die Leber in die Blutbahn verlassenden Harnstoffs wird über ein rinderspezifisches Filtrationsphänomen über die Pansenarterien und Pansenwand in das Pansenlumen abgegeben und steht zusammen mit dem anteilig auch über die Speicheldrüsen ausfiltrierten Harnstoff der Pansenflora als Teilstickstoffquelle wieder zur Verfügung: ruminohepatischer Kreislauf – ein innerer Kreislauf, der die N-Bilanz ebenso nicht beeinflusst. Zum Prinzipkomplex der maximalen N-Ausnutzung gehörend, der alle dem Rind dienenden Menschen ermahnen sollte, mit diesen biologischen Anlagen und Fähigkeiten zu arbeiten und nicht gegen sie. Also mit wenig angebotenem Stickstoff beste Ausnutzung zu erzielen und nicht durch ein Zuviel diese Systeme und damit das Rind selbst zu zerstören. Der größte Teil des Harnstoffes, der im Übrigen zu 95 % das Endprodukt des N-Schlackestoffwechsels und gleichzeitig 85 % des gesamten Urin-Schlackestoffpools darstellt, stellt an die Nieren die Anforderung, ihn in den Urin auszuscheiden. Die Nieren sind mit der biologischen Aufgabe angelegt, das Blut von Stoffwechselschlackeprodukten zu reinigen, aber nicht, um permanent bis an und über die Grenzen ihrer Leistungsfähigkeit belastet zu werden.

Passiert dies, resultiert daraus die Überforderung, die die nicht heilbare Nierendegeneration = Nephrose verursacht mit der bekannten Folge der sinkenden Harnstoffausscheidungsfähigkeit aus der ehemaligen Maximalebene von bis zu 3.000 mg / 100 ml Urin für Kurzzeitbelastungen, über den bereits krankhaften Bereich von 1.000 mg / 100 ml Urin der meisten Probanden bis in die katastrophale Minimalität von 250–600 mg / 100 ml.

Die permanente Verminderung der Filtrationsleistung der Nieren für Harnstoff ist ursächlich und identisch mit der Verkürzung der Nutzungsdauer der Kuh! Die Ursache für die verminderte Nutzungsdauer der Kuh ist die verminderte Filtrationsleistung für Harnstoff. Harnstoff ist <u>der</u> dominante bovine Stoffwechselparameter.

Es ist Aufgabe zukünftiger Arbeit zu erkunden, ob z. B. unterschiedliche Strukturen im Aufbau der Nieren und Leber unterschiedlicher Kühe (Histologie) verantwortlich sind für die Erfüllung des Prinzips des „Altwerdens“ mit Erreichen und Überschreiten der 100.000-kg-Milch-Lebensleistung in demselben Kuhbestand – unter identischen Haltungsbedingungen – in dem andere Kühe die erste oder zweite Laktation nicht überstehen. Herdenmessstab für die richtige N-Versorgung ist aber nicht die 100.000-kg-Kuh, sondern die Jungkuh, die sich nach der Geburt ihres ersten Kalbes, nach Erfüllen ihrer biologischen Fortpflanzungspflicht und ihres Fortpflanzungswillens, wegen Organdegeneration aus ihrem Leben verabschiedet.

Man kann mit dem Gesamtphänotyp „Altwerder“ züchten. Die Ergebnisse bleiben aber Zufallserfolge oder Misserfolge, solange unbekannt ist, welche funktionellen und anatomisch-histologischen, genetisch verankerten Besonderheiten der Stoffwechselorgane diese Tiere befähigen, dieselben Belastungen zu beherrschen, die ein anderes Tier erkranken lassen oder umbringen. Intensives Kompensationsvermögen? Untersuchungen an Kühen mit 100.000-kg-Milch-Lebensleistung haben ergeben, dass sie über weniger stark geschädigte Lebern verfügen (Bilirubingrenzwert nahe an 0,15 mg / 100 ml Blut, nur gering überschritten), ihre Nierenfunktion aber nur durchschnittlich ist (Kreatininwerte 0,8–1,0 mg / 100 ml Blut. Urinharnstoffwerte ±1.000 mg / 100 ml Urin). Aus der gemeinsamen abfallenden Tendenzlinie der verkürzten Nutzungsdauer der Kuh können sich einzelne Bestände mit hohem Anteil an langlebigen, hochleistenden, gesundheitlich wenig problematischen Kühen herauskristallisieren, durch:

a) Zucht auf Langlebigkeit
b) hohe Energieversorgung
c) Optimierung aller Faktoren für das Ziel „Gesunde Kuh“ außerhalb der N-Bilanz.

Trotzdem: Es gibt keine „Vorzeigebestände“. Probleme existieren überall, werden nur nicht überall demonstriert, dargestellt und richtig eingeordnet.

Es gibt Leistungs-Vorzeigeherden, aber keine Gesundheits-Vorzeigeherden.
Es gilt zunächst der Grundsatz:
Jede Kuh ist individuell!

Die durchschnittliche Berechnungsgröße **1.000 mg Harnstoff / 100 ml Urin in 20 l Tagesurin** als Orientierung für Fütterungskonzeptionen und dauerhafte Zumutbarkeit an eine nicht krankmachende Nierenfunktion ist auch deshalb fair, weil die Nieren nur unter schonenden Bedingungen dauerhaft ihre blutreinigende und flüssigkeitsregulierende Arbeit leisten können und nicht permanent bis an und über ihre Grenzen hinaus zu belasten sind:

a) über die Größe des Rohproteingehaltes des Futters und der folglichen Dosis der Harnstoffanflutung und

b) über den Zeitfaktor, die Dauer des entsprechenden Futterangebotes. Eine Fütterungskonzeption mit 19–20 % Rohprotein und einem Harnstoffanflutungspotenzial in der Ebene von und für 3.000 mg Harnstoff / 100 ml Urin wird eine Kuh mit kerngesunden Nieren (z. B. Kreatininwert unter 0,5 mg / 100 ml, eiweißfreier Urin) kurzfristig sicher gesund überstehen. Aber wie lange? 2 Monate / 4 Monate? Nach diesem Zeitrahmen werden die ersten Nierenzellen sterben, Leberzellen ebenso.

Essenz:
Der wesentlichste, zugleich belastendste Faktor in der Rinderernährung ist die Bestimmung des tiergerechten, gesundheitserhaltenden Eiweißbedarfes. Die bisherigen schulischen Berechnungsprinzipien sind um mindestens 20 % zu hoch angesetzt. Die überschüssigen Ammoniak- und Harnstoffbelastungen führen im Zwischen- und Endstoffwechsel des Stickstoffes und Eiweißes zu einer fortschreitenden unheilbar krank machenden Degeneration von Leber und Nieren.

8. Nutritive Korrekturen und rechnerische Bestimmung des organschützenden stoffwechselverträglichen Eiweißbedarfes – N-Bilanz

a. Der Eintrag toxischer Stoffe in die Nahrungsgrundlage des Rindes über die Umwelt (Luft, Niederschläge) muss zwangsläufig hingenommen werden (Schwermetalle – Blei, Cadmium – und organische Gifte sind ein zunehmendes „schlafendes" Problem). Schimmelpilzbelastungen des Grundfutters sind durch Maßnahmen der Futterhygiene – Erntezeitpunkt, Konservierungs-, Lagerungstechnik – zu vermeiden. Die gesundheitliche Schädigung durch Schimmelpilzbelastungen und deren Toxine variieren selbstverständlich, werden aber allgemein überbewertet. Sie haben einen Anteil am Degenerationssyndrom von 0 bis maximal 5 %. Fumarsäure im Milchpulver oder in Milchzusatzpulvern verursacht mehr organische Schäden als die gesamte Schimmelpilzbelastung! Zu Beachten: toxische Toleranzdosen von unerwünschten Stoffen sinken bei Intensivierung des Degenerationsgrades!

b. Beeinflussbare Einzelstoffe sind eliminierfähig oder reduzierbar:
   I. Cu-Reduktion z. B. über kupferfreies Mineralfutter für Schafe, kupferfreies Mineralfutter für Rinder oder die Kombination von kohlensaurem Kalk = Futterkalk (150 g je Kuh / Tag bzw. Orientierung 4 g je kg Milchleistung) und Monocalciumphospat (50 g) als Ersatz für handelsübliches Mineralfutter. Zur Sicherung der Spurenelementversorgung kann die Kalkkombination mit Vitamin-Spurenelement-Konzentrat aufgebaut werden oder in einer weiteren Variation die Versorgungsdosis des Rindermineralfutters auf eine Versorgungsdosis von 50 g je Kuh und Tag reduziert und die Mengenmineralien mit kohlen- und phosphorsaurem Futterkalk ergänzt werden.

Orientierung zur Mineralisierung:
je Kuh und Tag
50–100 g kohlensaurer Kalk, nach Milchleistung
50 g Monocalciumphosphat
50 g Mineralstoffmischung
(enges Ca : P-Verhältnis 5–2:1 geringer Kupfergehalt 500 mg / kg bis maximal 1.000 mg)
100 g Viehsalz
Toleranzbedarf für Kupfer der degenerierten Kuh: 4–6 mg / kg F-Ts
– zusammen (ohne Salz) min. 4 g / kg Milch.

Diese Werte stellen eine Orientierung bei der Erstellung der nutritiven Mineralisierung dar. Grundsätzlich hat die Mineralisierung mit dem Degenerationssyndrom keine Verbindung, es sei denn über den Anteil der Cu-Belastung. Bei den Blutprobenbestimmungen von Kreatinin und Bilirubin wurden gleichzeitig die

Mengenmineralien Ca und P untersucht. Dabei hat sich weiterhin herausgestellt, dass die Phosphatgehalte generalisiert im unteren Normalbereich liegen. Es ist deshalb begleitend sinnvoll, die angesetzten Kreatinin / Bilirubin-Bestimmungen auf Ca/P auszuweiten.
Ca-Normalbereich 8–12 mg / 100 ml Blut
Umrechnungsgleichung:
mg / 100 ml = 4,01 x mmol / l
mmol / l = 0,25 x mg / 100 ml
P-Normalbereich 4–7 mg / 100 ml Blut
Umrechnungsgleichung:
mg / 100 ml = 3,0974 x mmol / l
mmol / l = 0,3229 x mg / 100 ml

Permanenzbewertung von Blutuntersuchungen

a) Kreatinin- und Bilirubinwerte lassen aus einer einmaligen Untersuchung auf eine gleichbleibende Zustandssituation (Blutwert und Organfunktion) von etwa 6 Monaten schließen.
b) Mengenmineralien-Messungen besitzen eine zeitverlässliche Aussage stabilisiert von nur etwa 2 Wochen.
d) Spurenelement-Messungen zeigen eine Ondulation von nur wenigen Tagen. Verlässliche Gehaltsbestimmungen erfordern also die Erstellung von Verlaufskurven, z. B. ist der aktuelle Kupfergehalt im Blut abhängig von der Leberfunktion als Blutspeicher

Im Übrigen:
Die intestinale Resorption der Mineralien ist in erster Linie gebunden an die Aktivität von Vitamin D3 (auch von Parathormon u. a.). Die Erhöhung der Mineralstoffversorgung nutzt nichts, wenn Vitamin D3 fehlt. Deshalb hat sich eine einmalige hoch dosierte Vitamin-D3-Versorgung z. B. etwa 1 Woche vor der Geburt (i. m.-Injektion von 10 ml eines handelsüblichen Vitamin-A-D3-E-Präperates) als absolut hilfreich erwiesen, auch zur Teilprophylaxe gegen Gebärparese.

II. Auswahl von Milchpulver für Kälber ohne Fumarsäure und mit geringen Cu-Zusätzen > 5mg / kg oder ohne Cu-Zusätze. Diese Problematik entfällt durch das Tränken mit hofeigener Milch; ebenso für die mit Belastung von Milchpulver mit BHT = Butyl-Hydroxytoluol = zyklischer Kohlenwasserstoff – lebertoxisch kanzerogen, futtermittelrechtlich als Konservierungsstoff für Fette und Öle zugelassen.

c) Entsprechend des dominierenden Ursachenanteils am Degenerationssyndrom des Rindes ist die Reduktion der nutritiven N-Versorgung entscheidend, verbunden mit Permanenz: Was mindestens 25–30 Jahre lang (also mindestens 12–15 Kuhgenerationen) über die generative Schadensweitergabe von der trächtigen Kuh auf das nächste weibliche Kalb lawinenartig akkumulierend verdorben wurde, kann nicht in 3 Monaten renaturiert werden, sondern bedarf sicher mindestens 4 Kuhgenerationen. Die Kuh bittet, das funktionelle durch das pathologische Denken zu ergänzen.

Die N-Reduktion entscheidet über Gesundheit oder Krankheit der Rinderbestände, damit über die Wirtschaftlichkeit der Milchkuhhaltung!

Fütterungsversuche wurden bisher weder begleitet von der konsequenten und zielgerichteten Bestimmung von Blutparametern zur Beurteilung der Organfunktion (Gesamtbilirubin für die Leber, Kreatinin für die Niere) noch von der pathologischen Diagnostik zur Bestimmung morphologischer Organveränderungen. Alle Versuche beschränken sich nur fahrlässig und einfältig mit der Korrelation dessen, was vorne in die Kuh hineinkommt (Maulhöhle, Nahrungskonzept) und sie hinten verlässt (Euter, Milch). Man kann Kühe gegen ihre Pansenphysiologie und gegen ihre Organkapazitäten überfordernd füttern, um Leistung zu erzielen (Milch), aber man bringt sie auf Dauer damit um! Wer das Bestandselend täglich sieht, z. B. unheilbare Euterentzündungen, Labmagenerkrankungen, Mortellaro, paretisches Festliegen, Nephrosen und Hepatosen, paretisch gestorbene oder eingeschläferte Tiere oder auf dem Schlachthof verworfene, und aus einer gemeinsamen Wurzel entstehend einordnen kann, der wird zum Anwalt für die Kühe mit der Anklage: **Die bisherigen N-Bedarfsnormen sind scheinbar legitimierte Tierquälerei!**

Leider hat Eiweiß als Wort und in der stofflichen Bewertung einen so positiven Ruf, dass es schwerfällt, Vergiftungspotenzial darin zu erkennen. Aber es ist so, weil die Kuh über ihren Pansen andere N-Sensibilitäten besitzt als der Organismus mit einem einfachen einhöhligen Magen. Lebewesen mit einhöhligem Magen resorbieren N weitgehend nur als reine Aminosäuren über den Darm, der Wiederkäuer aber zusätzlich als Ammoniak über die Pansenschleimhaut. Der Wiederkäuer nutzt NPN aus, das Schwein nicht! Die fantastischen Fähigkeiten des Wiederkäuers liegen gerade darin, mit reduzierten N-Versorgungen über maximale Ausnutzung von Reineiweiß und NPN auszukommen, weil nur er über das 3-liniare Funktionsprinzip N-Ausnutzer perfekt verfügt.

Die Kuh ist in der Lage, aus molekularem Stickstoff, Schwefel und einfachen Fettsäuren über ihre Pansenmikroben essenzielle Aminosäuren zu produzieren (Lysin, Methionin, Cystin, Tryptophan). Aber scheinbar blind dieser Grundsätze wird sie in dem schönen Schein des Fortschrittlichen und Profihaften mit „geschütztem Eiweiß“ versorgt und mit „geschützten Aminosäuren“ als Einzelfuttermittel. Diese Kritik schmälert nicht die Anerkennung für züchterische Fortschritte und alle Verbesserungen aus dem Komplex „Kuhkomfort“, die sich in der Milchleistung konzentrieren. Die Kuh ist geduldig, sie ist fähig, sie hat genügend Reserven, sie wird nicht überfordert 10.000–12.000 Liter Milch/Laktation zu produzieren (wo ist die natürliche Grenze?). Aber diese Kriterien, einschließlich der wirtschaftlichen, sind dauerhaft nur mit einer gesunden Kuh erfüllt.

Die rechnerischen Bedarfsformeln für den nutritiven N-Bedarf des Rindes, so vielfältig sie sein mögen, sind falsch. Daran ändert auch die Einführung der neuen Bewertung für den Eiweißhaushalt nichts (RNB, UDP, nXP). Im Gegenteil, die Organdestruktion durch weiteres Eiweißvorhalten wird beschleunigt. Auch überschüssige Aminosäuren aus der nXP-Bedarfsdeckung muss die Leber oxydativ desaminieren und es entsteht Harnstoff als Endprodukt. Dieser Stoffwechselschritt läuft ab, weil die Darmschleimhaut aus biologischen Sicherungsgründen immer mehr Aminosäuren resorbiert als gebraucht werden. Die Fütterung der Kuh unter dem Auswahlaspekt von Futtermitteln mit hoher Pansenstabilität ihrer Eiweißfraktion oder chemisch-physikalisch erhöhter Eiweißstabilität (geschütztes Eiweiß) verringert zwar die Ammoniak-Belastung aus dem Pansen, (Milchharnstoffgehalt sinkt leicht) nicht aber die Harnstoff-Anflutung aus der oxydativen Desaminierung der überschüssigen Aminosäuren. Andererseits verlassen nicht resorbierte Aminosäuren ungenutzt den Darm. Die Fütterungsbetonung auf geschütztes Eiweiß ist eine Fütterung gegen die Physiologie der Kuh, gegen ihren Pansen und bedeutet gleichzeitig Finanzverschwendung wegen unnötig hoher Futterkosten. Das Rind lässt sich nicht zu einem Lebewesen mit einem einhöhligen Magen umfunktionieren! Das war leider zwischenzeitlich Wunschdenken von selbsternannten Ernährungsexperten.

Die Order aus dem neuen Bewertungssystem für Eiweiß ist schwammig und fatal falsch, weil ohne Berücksichtigung der Organfunktionskapazitäten und bovinen Verdauungsphysiologie; Empfehlungen für den RNB-Wert mit einer Schwankungsbreite von 0 bis 50 (Institut für Tierernähung, Uni Hohenheim 1997) sind so variabel, dass sie keine Orientierung für die gesunde Ernährung einer gesund zu erhaltenden Kuh darstellen können. Diese Bewertung kann nur resultieren, wenn Fütterungsversuche ohne Berücksichtigung der Organphysiologie durchgeführt werden und ohne Definition der Kuhgesundheit. Es ist unseriös, wenn der UDP-Wert für Rapsschrot von 25 % auf 35 % erhöht/gesetzt, gleichzeitig der von Sojaschrot von 38 % auf 23 % reduziert wird.

Das Ergebnis ist bekannt:
Die Kuh wird immer kränker!

Die gesamte Diskussions- und Beratungshistorie, angefangen von: „Der Einsatz von Eiweißfuttermitteln“ über „Das geschützte Eiweiß“, „Bewertung von UDP, RNB, nXP“, die „Pansensynchronisation“ bis „Die Aufwertung proteinärmerer Grundfutter durch Harnstoff“, „Das Dranchen zum Laktationsstart“, „Die laktationsvorbereitende Fütterung“ und „Energieaufbau durch geschütztes Fett“ haben die Kühe nicht gesünder, sondern immer kränker gemacht. Leistungssteigerung wurde zulasten der Gesundheit über die Provokation des Degenerationssyndroms erkauft. Ein erheblicher Anteil der Milchleistung – mindestens 10 % – wird fütterungsvergewaltigend ermolken. Das Euter ist biologisch bestimmt, geradezu verpflichtet, Milch zu produzieren. Die das Milchsekret produzierende Drüsenzelle fragt nicht nach der Herkunft der Aminosäure für das Milcheiweiß, ob aus der nativen nxP-Fraktion, aus mikrobiellem Eiweiß, aus chemisch „geschütztem Eiweiß“, aus nutritiv überlasteter Rohproteinversorgung oder aus reduzierter physiologisch ausgeglichener N-Versorgung. Die Aminosäuren-Anflutung in das Euter wird auch nicht gebremst durch Degenerationsprozesse an Leber und Nieren. Physiologische Leistung (Milch) entsprechend der genetischen Fähigkeit ist aber auch mit der Gesundheitswiederherstellung und Gesundheitserhaltung zu erreichen – über die Erstellung der N-Bilanz! Das Ergebnis der N-Bilanz beschreibt die Intensität der degenerativen Einwirkung der sie verursachenden Stoffe:

Ammoniak und Harnstoff.

N-Bilanz heißt: N-Eingang (Nahrungsrohprotein) minus N-Ausgang (a. Milch: Milcheiweiß + Harnstoff, b. Kot: N-gesamt aus verschiedenen N-Verbindungen und c. Urin: Harnstoff). N-Abgänge für Haare und Horn bleiben unberechnet, weil auch N-Eingänge aus dem Trinkwasser (Nitrat, Nitrit, Ammonium) nicht berücksichtigt werden und als sich gegenseitig aufhebend angesehen werden. (Zur rechnerischen Vereinfachung kann in den Rationsbestimmungen der N-Bilanz auf die Berücksichtigung der Milchharnstoffgröße verzichtet werden).

Nur eine ausgeglichene Stickstoff-Bilanz (N-Eingang - N-Ausgang = 0) sichert die Gesundheit des Rindes.

N-Bedarf

z. B. für laktierende, nicht tragende Kuh,
(die stoffwechselintensivste Lebensphase)

$$= \text{Erhaltungsbedarf: } \frac{3{,}7 \text{ g Rohprotein je kg Lebendgewicht}^{0{,}75} \text{ (metabolische Körpermasse)}}{6{,}25}$$

$$+ \text{Leistungsbedarf: } \frac{85 \text{ g Rohprotein je kg Milch}}{6{,}25}$$

mit Differenzkorrektur von minus 20 %

Die neue basale Formel zur Errechnung des tatsächlichen N Bedarfes lautet also:

$$\textbf{N-Bedarf} = \frac{\textbf{3,7 g Rohprotein je kg Lebendgewicht}^{0{,}75} \textbf{ + 85 g je kg Milch}}{\textbf{6,25}} \textbf{ - 20 \%}$$

D. h.: Niemand konzipiert die Futterration in ihrem lebensentscheidenden Faktor des xP-Gehalts als die Kuh selbst, im Kern abhängig von der aktuellen Filtrationsleistung ihrer Nieren für Harnstoff = die Ration darf nicht mehr N in xP enthalten als die Nieren diesen als Harnstoff aus dem N-Schlackestoffwechsel ihrer messbaren aktuellen Filtrationskapazität entsprechend in den Urin ausfiltrieren können.
oder: N-Eingang darf nicht höher sein als N-Ausgang über Urin-Harnstoff nach Abzug von N-Ausgang über Kot und Milch.

Wir müssen parallel zu dem drängenden, primären Ziel, stabile Rindergesundheit zu entwickeln mit wirtschaftlichem Erlöserfolg, bei Reduzierung der Futterkosten (Eiweißträger) neue stoffwechseladäquate Formelkriterien zur Rohproteinversorgung liefern. Die ausgeglichene N-Bilanz ist rechnerisch identisch mit einer bekannten Bedarfsformel für Rohprotein bzw. Stickstoff, ergänzt ab jetzt mit einer Korrekturnote:

Diese Formel ist ergebnisidentisch mit der Kurzformel N-Eingang = N-Ausgang

Entsprechend sind die N-Bedarfswerte um 20 % auch zu senken für

a. Trächtigkeit: bisher 330 g Rohprotein je kg Körpermassenzunahme

b. Wachstum: bisher 380 g Rohprotein je kg Körpermassenzunahme

(Werte aus z. B. Menke/Huss – Tierernährung und Futtermittelkunde).

Zur Regeneration von extrem degenerativen Problembeständen (das sind z. B. Bestände, in denen 30 % mehr Kühe gehalten werden, als zur Erhaltung der Milchquote nötig, weil permanent jede 3. Kuh wegen Euterentzündung zur Milchabgabe ausfällt; oder 30 % aller lebend geborenen Kälber eines Kontrolljahres nicht das Jungrindalter erreichen; 20 % der Kühe eines Bestandes wegen toxischer Lähmung ausscheiden; 70 % aller Kühe müssen wegen Ovarzysten oder Mortellaro behandelt werden usw.) ist der Reduktionsfaktor auf 30 % zu erhöhen! Bis zur gesundheitlichen Stabilisierung, also mindestens 3–4 Kuhgenerationen. Das sind die Kuhherden mit Ausscheidungsfähigkeiten der Niere für Harnstoff deutlich unter 1.000 mg Harnstoff / 100 l Urin, oft im Bereich 250–600! Die beispielhafte Berechnung der Stickstoff-Bilanz erfolgt an einem Fallbeispiel, beruhend auf einer Bestandssituation aus einer Herde (DSB) von 90 Kühen, von denen die in Bezug genommene Kuh zusammen mit 16 anderen aus der Hochleistungsgruppe (2-Gruppen-Fütterung) innerhalb von 4 Wochen nach Stoffwechselintoxikation mit den klinischen Leitsymptomen der fortschreitenden Lähmung (paretisches Festliegen) nach generalisierter Leber- und Nieren-Degeneration verendete bzw. eingeschläfert wurde!

$$\text{N-Bedarf (bisher)} = \frac{3{,}7\text{ g Rohprotein x kg KGW}^{0{,}75} + 85\text{g je kg Milch}}{6{,}25}$$

Fallbeispiel

1. Grundfutter:	FS kg	TS %	= kg	xP %	= g
Maissilage	13,5	37,9	5,12	8,0	409,6
Grassilage 1. Schnitt	9,5	34,0	3,23	18,0	581,4
Grassilage 4. Schnitt	9,5	36,0	3,42	17,0	581,4
Mohrrüben	10,0	11,0	1,10	9,0	99,0
2. Milchleistungsfutter:					
MLF 32/2	2,0	90,0	1,80	32,0	640,0
(„Ausgleichsfutter")				(FS)	
MLF 20/4	max. 10,0	90,0	9,00	20,0	2.000,0
(Zuteilung nach Leistung)				(FS)	
3. Mineralstoffmischung:	0,15	90,0	0,135		
Gesamt			23,8		4.311,2

: 6,25 = 689,8g N
= N-Eingang
= 18,1 % xP Gesamtfutter

Der N-Bedarf für diese Kuh mit 650 kg Lebendgewicht und ehemals einer Tagesmilchleistung von 40 kg mit 3,4 % Eiweiß, wurde mit 0,5 kg Rohprotein zur Erhaltung und 3,4 kg Rohprotein zur Milchproduktion nach der offiziellen Kuhernährungsberatung gedeckt. Die Summation zu 3,9 kg entspricht 624 g Stickstoff (: 6,25). Berechnet nach der Formel:

N-Bedarf =

$$\frac{3{,}7\text{ g Rohprotein je kg Lebendgewicht}^{0{,}75} + 85\text{ g je kg Milch}}{6{,}25}$$

Die N-Versorgung aus der realen Fütterung erfüllt den errechneten Bedarf bzw. ist ihm noch mit 66 g N = 10 % überlegen und erfüllt damit die angenommene positive Forderung des „Eiweißvorhaltens" aus der offiziellen Fütterungsberatung.

Eiweißabgabe:

1. Milch

a) 40 kg x 3,4 % Eiweiß : 6,25 = 217,6 g N

b) Harnstoffgehalt 320 mg / 1.000 ml entsprechen 12,8 g Harnstoff / 40 l Milch = 6,4 g N (Molekulargewicht Harnstoff : N 2:1)

2. Kot

Der N-Gehalt im Kot dieser Kuh betrug 2,6 % und lag damit im Mittelwert aller Kühe. Bei einer mittleren Verdaulichkeit von 70 % erscheinen aus 23,8 kg F-TS 30 % = 7,14 kg als Kot-TS, entspricht 184,6 g N.

3. Urin

Der Harnstoffgehalt dieser Kuh betrug 250 mg / 100 ml Urin! Die Filtrationsleistung lag damit im untersten Bereich aller geprüften Kühe. Das entspricht 50 g Harnstoff in 20 l Tagesurin = 25,0 g N
N-Ausgang 433,6 g

Einem täglichen N-Eingang von 689,8 kg steht ein Abgang von nur 433,6 g gegenüber. 256,2 g N verbleiben täglich in der Kuh und verursachen über Ammoniak und Harnstoff fortschreitende Leber- und Nierendegeneration. Diese Eingangs-/Ausgangsberechnung lässt sich für jede Kuh jedes Leistungsstandes durchführen mit demselben prinzipiellen Ergebnis eines Stickstoffüberhanges. Die Therapie für diese Herde bestand in einer Reduktion der N-Zufuhr um 200 g N = 30 %. Der Wert von 250 mg Harnstoff je 1.000 ml Urin ist der für die spezifisch untersuchte Kuh aus dem oben bezeichneten Problembestand. Diese Kuh litt unter dem fortgeschrittenen klinischen Bild des Degenerationssyndroms und ist drei Tage nach der Untersuchung gestorben. Sie wäre nicht erkrankt, gestorben, wenn die Nieren in Gesunderfassung in der Lage gewesen wären, etwa 2.800 mg Harnstoff je 100 ml Urin auszuscheiden.

Rechnerischer Beweis:

N-Eingang = 689,8 N abzüglich 214,0 g N-Ausgang Milch + 184,6 g N-Ausgang Kot, verbleiben 281,2 g N-Ausgang Urin für eine ausgeglichene N-Bilanz entsprechend 562,4 g Harnstoff in 20 l Tagesurin = 28,12 g / l = 2.812 mg / 100 ml
(Molekulargewicht Harnstoff : Stickstoff = 2:1).
Die gesunde Kuh des Jahres 1960 mit gesunden Nieren war zu solchen Filtrationsleistungen fähig – physiologisch bis 3.000 mg / 100 ml Urin kurzfristig.

Die „moderne Kuh" aus dem Jahresbereich 2000 ist zu solchen Filtrationsleistungen nicht mehr in der Lage, weil über die fortschreitende überschüssige Eiweißversorgung der Kühe mit den damit verbundenen degenerativen Prozessen an der Niere und der von Generation zu Generation sich verstärkenden Weitergabe das filtrationsaktive Gewebevolumen fortlaufend verkleinert wurde. Damit sind die Nieren nicht kleiner geworden, im Gegenteil: degenerierte Nieren sind größer als gesunde, denn der bindegewebige funktionslose Anteil ist gewachsen. Die durchschnittliche Filtrationsleistung der Nieren für Harnstoff der Kuh des Jahres 2000 beträgt 10 g / l = 1.000 mg / 100 ml Urin.

Parallel zu der blind überzogenen, der Rinderphysiologie nicht angepassten nutritiven Eiweißüberversorgung entstanden neue Krankheiten (z. B. Labmagenerkrankungen, Mortellaro, paretisches Festliegen, Nephrosen als eigenständiges Krankheitsbild), bekannte Krankheiten wechselten ihren Charakter (z. B. Euterentzündungen, Gebärmuttererkrankungen, Zysten) oder das Krankheitsausmaß dramatisierte sich (z. B. Kälberkrankheiten) bis zu der katastrophalen Situation einer Nutzungsdauer der Kuh von nur noch aktuell 2,0 Laktationen (Jahr 2010). Beweis für die Wiederspiegelung der Gesundheits-/Krankheitssituation und deren Entwicklung der entsprechenden Kuhherde oder Kuhpopulation sind die Untersuchungsergebnisse der Urin-Harnstoffgehalte:

a. Filtrationsleistungen der Nieren im Bereich von 250–600 mg oder unter 1.000 mg / 100 ml entstammen von stark bzw. deutlich gesundheitsgeschädigten Kühen, also aus Problemherden.
b. Filtrationsleistungen von 1.000 mg entstammen von auffallend kranken oder kompensatorisch gesund erscheinenden Kühen/Herden.
c. Filtrationsleistungen von deutlich über 1.000 mg – also Bereich um 2.000 mg – entstammen von kompensatorisch gesund erscheinenden Kühen/Herden.

In der überregionalen Auswertung ist die Zahl der Kühe mit Filtrationsleistungen noch deutlich über 1.000 mg kleiner als die mit Filtrationsvermögen unter 1.000 mg. Der Anteil der Herden mit Filtrationsvermögen unterhalb dieses Orientierungslevels von 1.000 mg nimmt in dem fortlaufenden Bearbeitungszeitraum permanent zu! Identisch: Die sich weiter verkürzende Nutzungsdauer paralellisiert sich in der sich weiter verminderten durchschnittlichen Filtrationsleistung. Die Futtervariationen mit üblichen xP-Gehalten von 16–17,5 % müssten – vorausgesetzt die Nieren sind gesund – Harnstoffwerte im Urin von 2.000–2.400 mg / 100 ml entwickeln!

Maßnahme:

Die Reduktion um 200 g N = 1.250 g xP in der neuen Fütterungsrezeptur für die verbliebene Beispielherde wurde radikal in einem Schritt durchgeführt. Der xP-Gehalt/Gesamtfutter verringert sich damit auf 12,9/13,0 %! 10 kg MLF 20/4 + 2 kg MLF 32/2 mit zusammen 422 g N wurden ersetzt durch 12 kg MLF 14/4 mit 269 g N. Die restlichen 47 g N wurden eingespart durch Veränderung der Grundfutteranteile:

- 3,23 kg TS Grassilage 1. Schnitt mit 93,0 g N ersetzt durch 3,23 kg TS Maissilage mit 41,3 g N
- Zusätzlich wurden lebende Hefezellen eingesetzt (siehe später) + Stroh zur Erfüllung der Wiederkaugerechtigkeit.

Bei dem Austausch der Futtermittelkomponenten zur N-Reduktion ist darauf zu achten, dass die Energieversorgung als MJNEL / kg nicht sinkt, sondern steigt, was in diesem Fall erfüllt wurde und allgemein bei Ersatz z. B. von Sojaextraktionsschrot (8,0 MJNEL / kg) oder Rapsextraktionsschrot (6,9 MJNEL / kg) durch Weizenschrot (9,0) oder Maisschrot (9,2) kein Problem ist. Der Energiegehalt des Gesamtfutters soll sich bei N-reduzierter mit Hefezellen optimierter Fütterung an dem Zielwert 7,0 MJNEL kg orientieren.

In einer Befunddatei (siehe Seite 159 = Erfassungsbogen Gesundheit) wurden die Relationen zwischen Fütterung, Leistung und gesundheitlichem Status festgehalten für den Zeitraum von bis, dort dargestellt auch für den Problembestand, aus dem die Beispielkuh stammte.

Beispiele für die Erstellung und Interpretation der N-Bilanz (exemplarisch und eingebunden in Bestandsprotokolle):

– Boxenlaufstall mit Teilmischraten inklusive Aufwertung (Strukturgrundfutter und Ausgleichsfutter) = Basisration bis 26 kg Milchleistung
+ Abruffütterung/Hochleistungsgruppe

N-Überhang

200,8 g N x 6,25 = 1.255,0 g xP (Leistungsgruppe)
94,0 g N x 6,25 = 587,5 g xP (Basisgruppe)

Die degenerativen Prozesse an Leber und Nieren entwickeln sich ab 0 g N-Überhang. Die Höhe des N-Überhanges ist also in erster Linie abhängig von

Basisgruppe: (bis 26 kg/28 kg Milch)

	OS/kg	TS %	kg	xP %	xP/g
Grassilage 1. Schnitt	24,0	33	7,90	16,5	1303,5
Maissilage	18,0	30	5,40	8,0	432,0
Biertreber	3,0	25	0,75	25,0	187,5
Pressschnitzel frisch	3,0	25	0,75	12,0	90,0
Melasse	1,0	80	0,80	13,0	104,0
MLF 28/3	3,4	90	3,00	28,0(FS)	952,0
Mineralstoffmischung			0,20		

18,8 kg F-TS mit 3069,0 g xP
Basisration = 16,32 % xP
: 6,25 = 491,0 g N
= N-Eingang

Hochleistungsgruppe:

Basisration + Abruffütterung MLF 21/4 bis maximal 7 kg
(z. B. Kuh 45 kg Milchleistung)

MLF 21/4 7,0 90 6,3 21 1470,0

25,1 kg F-TS mit 4539,0 g xP
Gesamtration = 18,1 % xP **= 723,2 g N**
= N-Eingang

N-Ausgang

1. Kuh 26 kg Milchleistung

a) Milch
28 kg x 3,4 % Eiweiß : 6,25 — 152,3 g N

b) Kot
5,6 kg Kot-TS x 2,6 %N — 145,6 g N
(aus 18,8 kg F-TS mittl. Verdaulichkeit 70 %)

c) Urin
20 l Tagesurin x 1000 mg Harnstoff/100 ml
= 200 g Harnstoff — 100,0 g N

397,9 g N

N-Überhang: 94,0 g N x 6,25 = 587,5 g xP

2. Kuh 45 kg Milchleistung

a) Milch
45 kg x 3,4 % Eiweiß : 6,25 — 230,4 g N

b) Kot
7,5 kg Kot-TS x 2,6 % — 195,0 g N

c) Urin — 100,0 g N

525,4 g N

N-Überhang: 200,8 g N x 6,25 =1255,0 g xP

der Höhe des Rohproteingehaltes des Gesamtfutters, daneben von der jeweiligen Höhe der Ausscheidungsvektoren. Bei einer Orientierungsgröße von 1.000 ml Harnstoff pro 100 ml Urin entwickeln Rohproteingehalte des Gesamtfutters von 15–17 % N-Überhänge von um 100 g, solche von 18–20 % Überschüsse von gegen 200 g.

Fütterungskorrektur:
Die Reduktion des nutritiven Rohproteinangebotes mir dem Ziel N-Ausgleich lässt sich über zwei Wege darstellen:

a) radikale Senkung

   auf 13,5 % Rohprotein/Gesamtfutter in einem Schritt. 13,5 % xP – weil aus dieser Rohproteingröße etwa 1.000 mg Harnstoff für 100 ml Urin für die Nierenfiltration anfluten (durchschnittliche aktuelle Filtrationsfähigkeit der Nieren, damit keine weitere pathologische Schädigung mehr). Achtung: In der kuhindividuellen Beurteilung gilt dies nur für diejenigen Tiere einer Herde, deren Filtrationsleistung tatsächlich 1.000 mg oder mehr entspricht. Über die individuelle Variation werden auch dann noch diejenigen Kühe weiter geschädigt, deren Filtrationsleistung unter 1.000 mg liegt – siehe dazu zur Einordnung S. 27 Laborbefunde von 10 Probanden einen Bestandes.

   Für Problembestände ist diese Wahl verpflichtend, weil die gesundheitliche Regeneration in einem möglichst kurzen Zeitraum Priorität besitzt. Dieser Weg ist verbunden mit einer Reduktion der Milchleistung in Milchmenge und Milchfett in einem Bereich von ±10 % für einen Zeitraum von 3–6 Monaten bei gleichzeitigem Anstieg des Milcheiweißgehaltes um etwa 0,1–0,2 % absolut. Die Verlaufskurve stellt aber in jedem Fall nur ein Tal dar, die sich über ihren aufsteigenden Ast wieder erholt. Das „Tal" ist umso tiefer und zeitlich ausgedehnter, je intensiver sich vorher die gesundheitlichen Degenerationsschäden dargestellt haben. Es muss auch berücksichtigt werden, dass etwa 10 % der Milchleistung fütterungsvergewaltigend ermolken wird, also nicht ausschließlich genetisch oder durch physiologische, nicht krankmachende Stoffwechselleistung repräsentiert wird – eine Milchleistungsreduktion in der ersten Phase ist damit zwangsläufig.

b. stufenweise Senkung

   d. h. Senkung des Rohproteingehaltes des Gesamtfutters aus der jeweiligen aktuellen Fütterungskonzeption auf 13,5 % in 2–3 Monatsabständen um jeweils 0,5–1 % – absolut – über einen Zeitraum von 6–12 Monaten **ohne Reduktion der Milchleistung**: für alle Bestände unterschiedlicher Krankheitsintensität außerhalb des drohenden gesundheitlichen Zusammenbruches. Je rascher die N-Reduktion, umso fortschrittlicher die gesundheitliche Bestandsbesserung. Regeneration hat ihre Grenze im Nierengewebe: Abgestorbene Nierenzellen ausgewachsener Nieren werden nie wieder lebendig und auch nicht von Nachbarzellen ersetzt. Lebergewebe besitzt zwar Regenerationspotenzial, das sich aber nur unter extremen Diätbedingungen entfalten kann in einem für die praktizierte Kuhhaltung unwirtschaftlichen Rahmen. **So treten Krankheiten aus dem Degenerationskomplex auch noch während und nach den N-Reduktionsstufen auf.** Tatsächliche stabile und vollständige Organgesundheit ist nach Unterbrechung der intrauterinen N-Intoxikationsweitergabe auf das Kalb erst in der 4.–5. Folgegeneration zu erwarten.

Der erste Reduktionsschritt ist immer darzustellen über den Ersatz von 1 kg Eiweißfuttermittel (Sojaschrot, Soja-Raps-Gemisch oder hochproteiniges MLF) durch 1 kg Hofvormischung bzw. Gesundheitsmischung mit 19,6 % xP aus 0,8 kg Getreide (Weizen) + 0,2 kg Hefezell-Hefegemisch (naturaVit®). Im Fall des Sojaextraktionsschrotes (50 % xP) wird damit eine xP-Reduktion von 280 g = 44,8 g N erreicht (zwischen Notwendigkeit und Funktionalität für den Einsatz lebender Hefezellen siehe später Kapitel 9). Der weitere Korrekturverlauf ist aus dem oben angegebenen Fall zu ersehen bzw. konkretisiert.

Als Beispiel (aus der Rationsdarstellung von S. 87):

1. Schritt – Grundration

MLF 28/3 wird reduziert von 3,4 kg FS auf 2,4 kg FS. 1,0 kg wird ersetzt durch 1,0 kg Hof-Vormischung aus 0,8 Weizen (11–13 % xP) und 0,2 kg naturaVit® (50 % xP). Damit xP-Reduktion um 107 g = 17,1 g N (280 g aus ehemals 1,0 kg MLF 28/3 abzüglich 173 g aus 1,0 kg Hofvormischung bei 88 % TS).

xP-Gehalt Basisration, neu 15,76 %
Gesamtration, maximal 17,66 %

Der Grad der xP-Reduktion des 1. Schrittes ist von Fall zu Fall variabel, sollte aber zur Orientierung eine bis 20 %ige Reduktion des N-Überhanges in der Basisleistungsgruppe oder 0,5–1 %ige Reduktion des Rohproteingehaltes sein – als Absolutwert. Im Zweifel: Je intensiver reduziert wird, umso deutlicher ist die gesundheitliche Stabilisierung, provoziert aber die Gefahr des Milchleistungstales. Nach 6 Monaten ist die naturaVit®-Dosis auf 150 g je Kuh und Tag zu reduzieren in **leistungsunabhängiger** Verabreichung, also auch endlaktierende Kühe. Bestände mit Zuteilung von Hand können dann nach dem 1. Versorgungsjahr auf 125 g reduzieren (Vormischung dann 1 kg aus 875 g Weizen + 125 g naturaVit®). Bei Zuteilung im Futtermischwagen soll die Dosis von 150 g je Kuh und Tag wegen der möglichen Zuteilungsfehler (Homogenitätsprobleme bei der Einmischung), unterschiedlicher Grundfutteraufnahmemenge, nicht unterschritten werden. Die Konzentration von lebenden Hefezellen in naturaVit® ist so ausgerichtet, dass 100 g die minimale, zugleich voll wirksame Dosis darstellt: 10 x 10^{10} lebende Hefezellen in 100 g naturaVit®.

Wichtig ist, dass die lebenden Hefezellen trocken oder so trocken als möglich die Mundhöhle der Kuh erreichen. Durch Feuchtigkeitskontakt außerhalb des Pansens sterben sie wegen Substratmangels, unpassender Temperatur und in der Regel sauren pH-Wertes ab. Deshalb sind im naturaVit® die lebenden Hefezellen (gefriergetrocknet und damit im trockenen Zustand stoffwechselstill) in ihrem eigenen Produkt oder Substrat, der Hefe, optimal aufbewahrt und werden dann noch einmal im Schrot der Hof-Vormischung „eingepackt“. In trockener Lagerung ist die Hof-Vormischung für etwa 4 Wochen stabil. Achtung: Hefe ist immer hydrophil = feuchtigkeits-/wasserbindend. Einmischungen der Hof-Vormischung in den Futtermischwagen mit einen TS-Gehalt des Grundfutters von mehr als 40 % sind unproblematisch, auch wenn täglich nur einmal zugeteilt wird. Bei TS-Gehalten unter 40 % (insbesondere bei Einmischung von Pressschnitzeln, frisch) sollte eine täglich zweimalige Futterzuteilung erfolgen. Sollte das Anlegen der Vormischung organisatorisch nicht möglich sein, kann Naturvit auch als Einzelfuttermittel dem Futtermischwagen zugesetzt werden, in der Zuladungsfolge nach dem Konzentratfutter. Zur Einsatzbeurteilung des strukturierten Grundfutters:

a) xP-Gehalte der Maissilagen eng variabel zwischen 7–8 %.
b) xP-Gehalte der Grassilage weit variabel zwischen 8–22 %. Individuelle Bestimmung nötig!
c) Grassilage z. B. mit 20 % xP und hoher NPN-Fraktion von z. B. 55 % ist selbstverständlich ohne gesundheitliche Probleme einsetzbar, wenn xP-Gehalt des Gesamtfutters durch entsprechende Komposition 13,5 % nicht übersteigt.
d) Das zentrale Maß von 13,5 % xP/Gesamtfutter entscheidet auch über den Einsatz von Biertreber, Pressschnitzel, CCM, Schlempen usw. zur Konzentrierung des Grundfutters.
e) Grundsätzlich lässt der Konzentratfutterbereich (MLF, Getreidemischung) einen höheren Handlungsraum zu als der Grundfutterbereich – gebunden an boden- und landschaftsspezifische Anbausituation, hofindividuelle Futtergrundlagen, Anteile Gras-Mais-Silage.
f) Variationsmöglichkeiten in reinen Grünlandbetrieben eng: Grassilage mit z. B. 16,5 % xP als Alleinstrukturgrundfutter erzwingt MLF als 10–12/4 oder Mais-Weizen-Schrotmischung, pur. Damit sind auch neue Anforderungen an die Futtermittelindustrie gestellt, Milchleistungsfutter des Bereiches 10/4 herzustellen, was regional bereits realisiert wird.

2. Schritt nach 2 Monaten – Hochleistungsgruppe

MLF 21/4 ersetzen durch MLF 18/4, damit Reduktion des xP-Eingangs um 210 g = 33,6 g N, bei maximaler Zuteilung von 7,0 kg. Damit dann Gesamtreduktion in dieser Gruppe 50,7 g N.

xP-Gehalt Gesamtration, maximal 16,82 %.

3. Schritt nach weiteren 2 Monaten – Grundration

Das verbliebene MLF 28/3 mit 2,4 kg wird reduziert auf 1,2 kg und durch 1,2 kg Weizen ersetzt. xP-Reduktion damit um weitere 210 g = 33,6 g N. Damit sind 50,7 g N aus dem ehemaligen N-Überhang von 94,0 g in der Grundration abgebaut.

xP-Gehalt Basisration, neu 14,64 %,
Gesamtration 15,98 %.

4. Schritt – Hochleistungsgruppe nach weiteren 2 Monaten

MLF 18/4 ersetzt durch MLF 16/ 4, damit xP-Reduktion um 140 g = 22,4 g N.

xP-Gehalt, Gesamtration, maximal 15,43 %

5. Schritt nach weiteren 2 Monaten – Grundration

Das restliche Milchleistungsfutter MLF 28/3 1,2 kg wird ersetzt durch weitere 1,2 kg Weizen = xP-Reduktion wieder um 210 g = 33,6 g N.

xP-Gehalt Basisration, neu 13,52 %
Gesamtration 14,59 %

6. Schritt – Hochleistungsgruppe nach weiteren 2 Monaten, also 12 Monate nach Korrekturstart:

MLF 16/4 ersetzen durch 14/4, damit xP-Reduktion um weitere 140 g = 22,4 g N.

xP-Gehalt Gesamtration maximal 14,03 %

Damit in Basisgruppe N-Reduktion um 84,3 g des ehemaligen Überhanges von 94,0 g. Reduktion in Leistungsgruppe bei maximaler Zuteilung um 162,7 g von ehemals 200,5 g. Weitere Korrekturausgleiche durch xP-Bestimmung der Grassilage aus der bis dahin neuen Ernte bzw. Mengenverschiebung der Grundfutteranteile.

Zur Ergänzung: Über die Intensivierung der Rohfaserverdauung durch die indirekte Wirkung der lebenden Hefezellen (ruminale Milieuverbesserung, damit Vermehrung der faserverdauenden Pansenbakterien) kann die Dosis des Konzentratfutters leicht reduziert werden (um bis 10 %), weil mehr Milch aus dem Grundfutter ermolken wird. Rechnerischer Beweis der Richtigkeit des verpflichtenden Zielansatzes von 13,5 % xP in der Gesamtfutter-TS: Aus Basisfutter mit 18,8 kg F-TS und einem xP-Gehalt von 13,5 % resultierte ein xP-Gehalt von 2.538,0 g = 406,1 g N

Ration nach 12 Monaten: Basisration

	OS/kg	TS %	kg	xP %	xP/g
Grassilage 1. Schnitt	24,0	33,0	7,90	16,5	1.303,5
Maissilage	18,0	30,0	5,40	8,0	432,0
Biertreber	3,0	25,0	0,75	25,0	187,5
Pressschnitzel frisch	3,0	25,0	0,75	12,0	90,0
Melasse	1,0	80,0	0,80	13,0	104,0
Vormischung (0,2 kg naturaVit® und 0,8 kg Weizen)	1,0	88,0	0,88	19,6	172,5
Weizen	2,4	88,0	2,11	12,0	253,4
Mineralstoffmischung			0,20		
Gesamt			18,79		2.542,9

= 13,53 % xP-Basisfutter — 406,9 g N-Eingang
zu — 397,9 g N-Ausgang
Damit nahezu ausgeglichene N-Bilanz! Idealzustand

Hochleistungsgruppe:		
Basisfutter:	18,79 kg TS mit	.2542,9 g xP
+ MLF 14/4	7,0 kg = 6,3 kg TS mit	980,0 g xP
Gesamt		3522,9 g xP

= 14,04 % xP-Gesamtfutter — 563,7 g N-Eingang
zu — 525,4 g N-Ausgang

Beispiel:
Rechnerische Aufstellung Energieversorgung (Basisgruppe)

	Ts/kg	a) Energie MJ/kg	Gesamt	a) Energie MJNEL/kg	Gesamt
Grassilage	7,90	9,45	74,00	5,54	43,77
Maissilage	5,40	11,00	59,40	6,87	37,10
Biertreber	0,75	10,50	7,88	6,10	4,58
Pressschnitzel	0,75	12,10	9,08	7,60	5,70
Melasse	0,80	12,30	9,84	8,00	6,40
Vormischung*	0,88	13,62	12,26	8,76	7,88
Weizen	2,11	14,00	29,50	9,10	19,20
Mineralstoffmischung	0,20				
Gesamtfutter/Basis	18,79	10,75	202,00	6,63	124,63
*Vormischung	0,90	13,62		8,76	
aus naturaVit®	0,18	12,10	2,18	7,40	1,33
+ Weizen	0,72	14,00	10,08	9,10	6,55
			12,26		7,88
Leistungsgruppe: Basisfutter					
+ MF 14/4 7,0 kg FS	6,30	11,50	80,50	7,20	50,40
	25,09		282,50		175,03
Gesamtfutter Basis und Leistung je kg TS		11,26		6,98	

Bedarf: (aus Menke / Huss – Tiernährung und Futtermittelkunde)

Erhaltung:	0,48 MJ x kg kgw^{0,75} bzw. 0,293 MJNEL x metabolische Körpermasse W“ x 600 kg kgw^{0,75}			
	= 0,48 x 121,23			0,293 x 121,23
	= 58,19			= 35,52
+ Milch Basisgruppe:	5,3 MJ	x kg FCM	bzw. 3,1 MJNEL	x kg FCM
		x 28 kg = 148,4		x 28 kg = 86,8
Gesamt: (Erhaltung und Leistung)	206,59 MJ			122,32 MJNEL
Leistungsgruppe:				
+ Milch	5,3 MJ = 238,5	x 45 kg		3,1 x 45 kg = 139,5
Gesamt:		296,69 MJ		175,02 MJNEL

= N-Eingang zu 397,9 N-Ausgang. Leistungsgruppe mit 25,1 kg TS entsprechend 3388,5 xP = 542,2 g N = N-Eingang zu 521,5 g N = N-Ausgang.

In dem Prioritätensystem der N-ausgeglichenen Fütterung sind die Bedarfsnormen für Energie zwangsläufig eingehalten durch: Auswahl der Futterkomponenten mit dem Ziel eines Energiegehaltes von gegen 7,0 MJNEL im Gesamtfutter – Unter- oder positive Überschreitung abhängig vom Energiegehalt der Strukturfutterkomponenten (insbesondere Grassilage).

1. Auswahl der Konzentratfutterkomponenten unter Berücksichtigung des ruminalen Anflutens von Fettsäuren aus instabiler Stärke für das „Füttern“ der Hefezellen nach der Orientierung von Weizenschrot: 36 % Stärkeabbau nach 4 Std. Verweildauer im Pansen, 80 % nach 8 Std.
2. Aufhebung bzw. Reduktion der 3 metabolischen Energieverlustlinien.

Die Erfüllung des Energiebedarfes lässt sich aber auch rechnerisch beweisen, am Beispiel der für diesen Bestand entwickelten N-reduzierten Ration. N-reduzierte Rationen sind durch den Einsatz von Getreide (Weizen) oder Körnermais über ersatzweises Verdrängen oder Reduktion von pflanzlichen Proteinträgern energiereicher zu Sojaextraktionsschrot und besonders zu Rapsextraktionsschrot.

Beispiel:

	MJME (für ruminierende Tiere)	MJNEL
Weizen	14,0	9,10
Mais	14,2	9,20
Sojaextraktionsschrot	13,0	8,06
Rapsextraktionsschrot	11,5	6,94

Die Ausrichtung des Energiegehaltes des Gesamtfutters auf 7,0 MJNEL pro kg, oder falls möglich mehr, ist nötig, um den Energiebedarf hochlaktierender Kühe zu erfüllen. Für mögliche Defizite steht der Abbau des in der Hochträchtigkeit in physiologischem Maß aufgebauten Körper- und Bauchhöhlenfettgewebes zur Verfügung. Umso wichtiger ist die Verpflichtung, durch eine ausgeglichene N-Bilanz keinen weiteren Energieverlust entstehen zu lassen: hepatogener Ammoniakumbau zu Harnstoff bei Rohproteinüberversorgung, Eiweißverlust über degenerierte Nieren und unvollständige Umwandlung der Fettsäuren in Glucose bei Leberdegeneration. Beweis für die Korrektheit der verpflichtenden neuen Korrekturnote minus 20 % an der bisherigen Bedarfsformel für N (bezogen auf eine Kuh mit 45 kg Milchleistung und 650 kg KGW aus der aufgelisteten Beispielherde):

$$\text{N-Bedarf (alt)} = \frac{3{,}7 \text{ g Rohprotein je kg KGW}^{0{,}75} + 85 \text{ g je kg Milch}}{6{,}25}$$

$$= \frac{3{,}7 \text{ kg} \times 650^{0{,}75} + 85 \times 45}{6{,}25}$$

$$= \frac{500 + 3825}{6{,}25}$$

$$= 692 \text{ g N}$$

Die durchgeführte Fütterung mit 4539 g xP aus 25,1 g F-TS = 18,1 % xP erfüllt/übererfüllt die rechnerische Anforderung von 4325 g = 17,23 % xP.

Sowohl aus den Daten des angesetzten Bedarfes als auch aus der tatsächlichen Bedarfsdeckung wird die Kuh fortlaufend geschädigt, weil der N-Ausgang nur 525,4 g N beträgt. Dieser Wert würde annähernd erreicht bei einem Korrektabzug von 20 % von 692 g = 138,4 g = 553,6. 20 % ist ein Mittelwert, gilt für alle Kuhherden, exakt für die Mittellaktation, liegt über 20 % in der Hoch- und unter 20 % in der Basislaktation bezogen auf die mittlere Nierenfiltrationsleistung von 1.000 mg Harnstoff für je 100 ml Urin.

Selbst wenn man von einer gesunden Kuh ausgeht oder wieder eine gesunde Kuh erreicht (siehe letzte Seite „Perspektivischer Ausklang“), führt die alte N-Bedarfformel zu krankmachenden Werten, weil die Nieren nicht mit höheren Filtrationsansprüchen für Harnstoff als ± 1.600 mg in 100 ml Urin dauerhaft belastet werden dürfen, um sie nicht wieder zu schädigen. Die in Bezug genommene Beispielkuh würde und könnte dann 60 g N mehr über den Urin ausfiltrieren, also 585,4 g, entspricht 3.695 g xP aus einer Ration mit max. 14,72 % xP bei 25,1 kg F-TS. Aus der alten Formel würde die Kuh mit 692 g N belastet, also trotzdem mit 96 g oder 14 % zu viel!

Einordung der kuhorientierten xP-Toleranz in historischen Annäherungen:
In der Historie der Ansätze zur Annahme von Bedarfsschemata für N bzw. xP sind bisher weder die metabolischen Organkapazitäten berücksichtigt worden, noch die erlaubten Belastungspermanenzen, also die Klage eines Rindes aus dem Vorwort zum Buch.

Beispiel 1:
Aus der Lehrformel

N-Bedarf= $\frac{3{,}7\text{g xP je kg KGW}^{0.75}+85\text{g xP je kg Milch}}{6{,}25}$

Resultiert für eine Kuh mit 650 kg KGW und 40 kg Milchleistung

$= \frac{3{,}7\text{g xP x 650GW}^{0.75}+85\text{g xP x 40 kg Milch}}{6{,}25}$

$= \frac{500\text{ g xP}+3400\text{ g xP}}{6{,}25}$

= 624,0 N bzw. 3900 g xP
bei einer Futteraufnahme von 23 kg TS entsprechend 169,6 g xP/kg = 17 %, identisch zu der Rationsberatung aus der offiziellen Kuhernährungslehre.

Dem N-Eingang von 624 g steht ein N-Ausgang von 487,4 g N zur Verrechnung aus:

40 kg Milch	3,25 % Eiweiß : 6,25	= 208,0 g N
6,9 kg Kot TrS	2,6 % N	= 179,4 g N
	Aus 20 kg F-TS, mittl. Verdaulichkeit 70 %	=304,5 g N
20 l Urin	x 1000 mg Harnstoff je 100 ml = 200 g Harnstoff	= 100,0 g N
		487,4 g N

Dieser zentrale Rationsparameter von 17 % xP, in der Höhe üblich mit Variationen, führt zu einem N-Überhang von 137 g = 856 g xP = 1,95 kg Sojaextr.schrot FS und verursacht damit über Ammoniak und Harnstoff unheilbare fortlaufende Leber- und Nierendegeneration.

Wären die Nieren gesund, wären sie also auch in der Lage 2370 mg Harnstoff in je 100 ml Urin auszufiltrieren mit der Folge einer ausgeglichenen N-Bilanz. Zu dieser hohen, nahezu maximalen Filtrationsleistung ist die Niere aber nur kurzfristig in der Lage. Dauer? Sie wird im Laufe dieser unbekannten Toleranzzeit zellulär zerstört.

Beispiel 2:
In dem Lehrbuch „Tierernährung“, M. Kirchgessner, DLG-Verlag, Frankfurt (Main), 1969, wird der Bedarf an verdaulichem Rohprotein (Begriff xP war damals noch nicht existent) für eine Kuh mit 650 kg KGW und einer Milchleistung von 30 kg mit 4,0 % Fett von 2160 g angenommen. Berechnungsquelle unbekannt.

Annäherungsweise resultiert dann für die Anflutung von 2160 g verdaulichem Reineiweiß am Dünndarm aus einer Ration mit 20 kg T-FS und einer durchschnittlichen Verdaulichkeit von 70 % ein xP-Gehalt von 3086 = 15,43 %.

Beispiel 3:
In dem Buch „Erfolgreiche Milchviehfütterung“, H. Spiekers/V. Potthast, DLG-Verlag, Frankfurt (Main), 4. Auflage, 2004, steigt der angenommene xP-Bedarf einer Kuh allerdings mit 700 kg KGW mit einer Milchleistung von 30 kg Milch mit 4,0 % Fett (und 3,4 % Milcheiweiß) auf 3020 g, Berechnungsquelle wiederum unbekannt.
(Für diesen Vergleich umgerechnet aus 3445 g nxP-Bedarf für eine Milchleistung von 35 kg, bei der die entsprechende Tabelle erst beginnt).
Entsprechend 4314 g xP in 20 kg F-TS = 21,6 %.

Selbst bei Annahme einer höheren Verdaulichkeit und damit niedrigerem xP-Bedarf bleibt der xP-Wert katastrophal hoch, entspricht aber den damals geborenen Kriterien von Eiweißvorhaltung, Bedarfsdeckung über nxP gepaart mit den der Kuh nicht-helfenden Berechnungen von RNB und UDP.

Im Ergebnis:
Varianten des angenommenen xP-Bedarfes von 17 % (Beispiel 1) nach 15/15,5 % (Beispiel 2) bzw. gegen +/- 20 % (Beipiel 3).

Beispiel 4:
Nur die Kuh bestimmt den xP-Gehalt ihrer Ration über Filtrationsfähigkeit ihrer Nieren für Harnstoff. Aus: „Die beschädigte Kuh im Harnstoffwahnsinn“ K.-H. Schmack.

Beweis an Kuh mit 30 kg Milchleistung 3,4 % Eiweiß aus 20 kg F-TS über Berechnung N-Ausgang:

30 kg Milch	3,4 % Eiweiß : 6,25	= 163,2 g N
6,0 kg Kot TrS	2,6 % N Aus 20 kg F-TS, mittl. Verdaulichkeit 70 %	=156,0 g N
20 l Urin	x 1000 mg Harnstoff je 100 ml = 200 g Harnstoff	= 100,0 g N
Molekulargewicht Harnstoff : N = 2:1		419,2 g N

-> 419,2 g N = 2620 g xP = 13,1 % xP

Weitere Beispiele von Fütterungsrationen und deren Veränderung inklusive Bestandsprotokoll (Gesamtprotokolle „Beratung“):

Sehr geehrte Familie Huber,

anbei übersende ich Ihnen das Protokoll des Bestandsbesuches vom 10.09.2009.

I. Einige allgemeine Herdenangaben (zur Gesundheit)

a) Fortpflanzung
Einige Fälle von Unsauberkeit der Gebärmutter nach der Geburt, Zustand gebessert seit naturaVit®-Einsatz
Relativ hoher Bes.-Index 2,4 – Kühe

2,0 – Rinder
(Besamungen über Bes.-Techniker)
Eierstockuntersuchung einer nicht tragend gewordenen Kuh am Besuchstag: zystischer Eierstock

b) Euter
Auszug Milchleistungsdaten

	25.05.2009	29.06.2009	24.08.2009
kg	32,90	32,60	30,90
Fett	3,77	3,81	3,90
Eiweiß	3,20	3,30	3,20
Zellen x 1.000	246	170	196
Harnstoff	151	157	178

Harnstoffwerte früher ± 200 mg / l
Ab und zu flockige Euterentzündung

c) Andere

Gesundheitl. Hauptproblem, bestandsbelastend:

Zusammenbrechen der Kühe nach der Geburt, gelähmt festliegend, Zustand nicht korrigierbar bis zum Einschläfern, teilweise partielle Lähmungssymptome – z. B. Tibialislähmung

Klauenzustand gut (kundiger Klauenpfleger)
Keine Labmagenerkrankungen
Keine Infusionen im Laktationsverlauf

d) Kälber

Insgesamt 16 % Kälberverluste inklusive Totgeburten, dazu wellenartig lebensschwache Kälber, stabil geborene Kälber ohne Probleme

II. Untersuchungsgang Degenerationssyndrom

1. Allgemeine Untersuchung = „Sprache der Kuh"

2. Kopfsymptome:

a) Lidbindeschleimhäute

Kleine/neugeborene Kälber: teilweise deutlich überrötet mit Tendenz zur Monotonisierung = Strukturverlust, teilweise noch gesund strukturiert = marmoriert mit Blutgefäßzeichnung (2/3 weiß und 1/3 rosarot) tierindividuell unterschiedlich – wie alle Symptome.

Kühe: generell monoton rot unterschiedlicher Farbintensität (Lidbindeschleimhaut sollte dieselbe Verfassung zeigen wie Schleimhaut des 3. Augenlides).

Überrötung durch: Zellwandcharakter gesund = Pergamentpapierstruktur verändert sich durch Überschwemmung mit Ammoniak und Harnstoff zum Löschpapiercharakter, Blutgerinnungsfähigkeit ist deutlich reduziert durch Fibrinmangel (degenerierte Leber reduziert Nebenaufgaben).

Hauptaufgabe: Umwandlung von Ammoniak in Harnstoff und Aufbau von Glucose aus Fettsäuren. Nebenaufgabe: Produktion von Fibrin, Umwandlung von ß-Carotin in Vitamin-A-Blutspeicher usw.

b) Speichelflockenbildung beim Wiederkauen der Kühe = Überbelastung des Blut-Speichel-Ammoniak-Kreislaufes durch Leberdegeneration!

2. Beckensymptome

a) **Verminderung der Schwanzwurzelfestigkeit/-aktivität =** Lähmungssymptom (Labmagenerkrankungen, paretisches Festliegen)

b) Urin

Farbe: sollte altgoldgelb sein, bei Ihren Kühen (aus Probeentnahmen und spontan Urin absetzenden Kühen) deutlich zu hell, teilweise wasserklar. Degenerierte Nieren vermindern Zusatzaufgaben-Filtration von Urobilinogen = Urinfarbstoff in den Urin und konzentrieren sich auf ihre Hauptaufgabe-Filtration von Harnstoff (natürlicher Zerfall der roten Blutkörperchen = Hämoglobin wird frei). Umbau zu Bilirubin (giftig wie Ammoniak) – in der Leber entgiftet zu Säure-Bilirubin – und über die Gallenflüssigkeit abgeführt in den Darm als Urobilinogen = wieder rückresorbiert ins Blut = Urinfarbstoff.

Achtung: K älber bis etwa 4./5. Lebensmonat setzen generell wasserklaren Urin ab, weil erst jetzt die roten Blutkörperchen beginnen zu sterben. Dies ist ein Normalvorgang, sie werden durch neue aus dem Knochenmark ersetzt.

Schauminseln im Urinsee: Eiweiß = wertvolles Bluteiweiß (eigentlich Aminosäuren).
Wegen degenerierter Nieren: Die 2. Filtrationsebenen der Niere werden brüchig/porös. Gesunder Urin einer gesunden Kuh mit gesunden Nieren ist eiweißfrei!

Dazu:
Gespaltener 1. Herzton = ebenfalls Lähmungssymptome, verzögerte Blutgerinnungsfähigkeit – venöses Blut muss nach maximal 30 Sekunden im Handteller Gallerte bilden.
Daneben:
Kotkonsistenz im Mittel zu schlammig (gesunder Kot darf nicht durch die Spalten fallen) und Kondition und Konstitution ohne besondere Mängel.

2. Urinuntersuchung (Teststreifen)
Bei allen Testkühen Eiweißfeld deutlich grün = positiv, also Eiweiß im Urin, bis 500 mg /100 ml = 100–125 g in 20 l Tagesurin, pH deutlich alkalisch um 8,0 (wegen Eiweißgehalt) spezfisches Gewicht um 1.005, also dünn, d. h., die Niere konzentriert nicht = Nierendegeneration.
Ebenso bei allen Testkühen Ketonkörperfeld mit hoher Variation, teiweise mild positiv, teilweise deutlich positiv = violett,
= ketonurische Stoffwechselreaktion durch Leberdegeneration
Farbreaktionen mit unterschiedlicher individueller Intensität
(Erklärung siehe IV. Aktuelle Fütterung – N-Bilanz)

3. Labordiagnostik
a) Bilirubin – der Blutinhaltsstoff zur Bestimmung chronischer Leberschäden (Funktion und Pathologie) max. Toleranzwert 0,15 mg /100 ml Blut, Bilirubin entsteht als Abfallprodukt aus Hämoglobin, das frei wird nach dem natürlichen Zerfall der roten Blutkörperchen.
Ähnlich giftig wie Ammoniak, wird in der Leber entgiftet zu Säure-Bilirubin.
Die Werte Ihrer Testkühe liegen sämtlich im pathologischen Bereich: von mäßig (z. B. Kuh 30 mit 0,17 mg/ 100 ml) bis extrem (z. B. Kuh 69 mit 0,50 mg / 100 ml) = massive fortgeschrittene Leberdegeneration

b) Kreatinin – der Blutinhaltsstoff zur Bestimmung chronischer Nierenschäden (Funktion und Pathologie) max. Toleranzwert 0,5 mg / 100 ml Blut
Abbauprodukt aus dem Muskelstoffwechsel, wird direkt über die Nieren ausgeschieden. Die Werte Ihrer Kühe liegen sämtlich im mäßig (Kuh 26 mit 0,6 mg / 100 ml) bis deutlich (Kuh 9 mit 1,0 mg / 100 ml) pathologischen Bereich = massive Nierendegeneration.
(Befunde aus Urinuntersuchung/Teststreifen bestätigt)

c) Harnstoffgehalt / Urin
Der Harnstoffgehalt im Urin ist abhängig 1. von der Nierengesundheit, also der Filtrationsleistung, und 2. von der Höhe der Rohproteinversorgung.
Gesunde Nieren vorausgesetzt entwickeln xP-Gehalte/Gesamtfutter von = 13,5 % aus N-Überschussstoffwechsel Harnstoffgehalt im Urin von = 1.000 mg/100 ml (= 10 g/l).

von 16–17 % etwa 2.000 mg / 100 ml
von 19–20 % etwa 3.000 mg / 100 ml
Zu diesen Leistungen ist aber keine „moderne“ Kuh mehr in der Lage. Die überregionale Filtrationsleistung im Durchschnitt beträgt 1.000 mg / 100 ml.

Die durchschnittliche Harnstoff-Filtrationsfähigkeit der Nieren Ihrer Testkühe (übertragbar auf die Gesamtherde) beträgt nur 4,43 g / l = 443 mg / 100 ml und liegt damit deutlich unter dem bereits schlechten niedrigen überregionalen Durchschnitt von 1.000 mg / 100 ml. Die Variation reicht von nur 2,2 g / l (Kuh Nr. 9) bis 6,4 g / l (Kuh Nr. 11) = Diagnose Nierendegeneration damit auch funktionell extrem unterstützt. Wären die Nieren gesund = vollständige Filtration des Harnstoffes aus N-Überschussstoffwechsel in den Urin, müsste und würde die Filtrationsleistung etwa 1.600 mg / 100 ml betragen, entsprechend des xP-Gehaltes/Gesamtfutter von 15 %.

Beweis über N-Bilanz an Kuh 32 kg Milchleistung aus 20 kg F-TS:

N-Eingang		
20 kg F-TS mit	15,0 % xP z. B. = 3.000 g xP : 6,25	= 480,0 g N
N-Ausgang		
32 kg Milch	× 3,2 % Eiweiß : 6,25	= 163,8 g N
6,0 kg Kot TrS	2,6 % N	= 156,0 g N
	(aus 20 kg F-TS, mittl. Verdaulichkeit 70 %)	
20 l Urin	x **1.600 mg** Harnstoff je 100 ml	
	= 320 g Harnstoff	= 160,0 g N
	(Molekulargewicht Harnstoff : N = 2:1)	= 479,8 g N

Achtung Bedeutung Harnstoff:
Harnstoff ist der Stoffwechselparameter für die Kuh, z. B. enden 95 % des N-Schlackestoffwechsels als Harnstoff, 85 % des gesamten Schlackepools im Kuhurin bestehen aus Harnstoff.

III. Diagnose

Massives fortgeschrittenes Degenerationssyndrom, dargestellt über erhebliche pathologische Schäden an Leber und Nieren (Labordiagnostik) im funktionellen Kompensationsstadium (das noch gesunde Organgewebe versucht durch Mehrarbeit den Funktionsausfall des kranken/toten Gewebes auszugleichen und eine scheinbar gesunde Kuh darzustellen). In der Phase Geburt/nach der Geburt reicht das Kompensationsvermögen nicht aus und bricht in die Dekompensation ab (Festliegen), getragen auch von instinktivem Verhalten: Urverpflichtung des weiblichen Lebewesens – Fortpflanzung, Arterhaltung – wenn die Geburt erledigt/erfolgt ist, schließt sich der mütterliche Zusammenbruch an. Durch den relativ niedrigen xP-Gehalt Ihrer Fütterungslinien stützen Sie das Kompensationsvermögen.

IV. Aktuelle Fütterung

	FS kg	TS %	= kg	xP %	= g
Maissilage '08 mit 6,6MJNEL	19,00	33,5	6,37	8,0	509,2
Grassilage	19,00	38,7	7,35	15,7	1.154,4
bisher 08/2Schnitte a) 46,7 % TS, 13,9 % xP, 5,6 MJNEL b) 30,7 % TS, 17,4 % xP, 6,3 MJNEL zzt. 1. Schn. '09 noch ohne Analyse					
Treber	4,60	25,0	= 1,15	25,0	= 287,5
			14,87		1.951,1
Struktur-Grundfutter					= 12,92 % xP
MLF 25/4 mit 7,5 MJNEL!	3,50	88,0	3,08	25,0 (FS)	875,0
Gerste	4,30	88,0	3,78	12,0	454,1
Körnermais	1,00	88,0	0,88	10,0	88,0
naturaVit®	0,10	90,0	0,09	50,0	45,0
Viehsalz	0,05				
Mineralfuttermischung	0,25				
mit Biotin / 24 % Ca / 2 % P					
860 mg Cu / kg (ausgerichtet auf 70 g Ca je Kuh und Tag in Gesamtfutter)			zus. 0,27 = 8,10		= 1.462,1
					= 18,05 % xP
			= 22,97		= 3.413,2
Gesamtfutter					= 14,86 % xP

Anmerkung:
Im Jahr 2008 wurde die gesamte Herde in einer Linie versorgt.
Ab 2009 Teilung in Hochlaktation und Altlaktation (Einteilung nach Laktationsdauer, Leistung, Kondition): ohne MLF 25/4

Konzentratfutter hier	5,02 kg TS mit	587,1 g xP
		= 11,70 % xP
Gesamtfutter	19,89 kg mit	2.538,2 g xP
		= 12,76 % xP

Kommentar:
Der xP-Gehalt von 15 % aktuell für die Hochleistungsgruppe, früher für alle, liegt an der unteren Ebene der offiziellen Fütterungsberatung von 16–18 %xP. Auch in Ihrer Herde muss der xP-Gehalt früher in diesem Band gelegen haben – siehe höhere Milchharnstoffwerte als aktuell. Selbst der aktuell relativ niedrige Gehalt von 14,9 % ist noch zu hoch, weil er zu N-Überhängen führt. Beweis über Erstellung N-Bilanz am Beispiel Kuh mit 32 kg Milchleistung aus 20 kg F-TS in der Hochlaktation:
Selbst wenn die Filtrationsleistung der Nieren Ihrer Kühe im überregionalen Durchschnitt von

N-Eingang	Rechnung	Ergebnis
20 kg F-TS mit	14,9 % xP = 2.980 g xP : 6,25	= 476,8 g N
N-Ausgang		
32 kg Milch	× 3,2 % Eiweiß : 6,25	= 163,8 g N
6,0 kg Kot-TS	x 2,6 % N	= 156,0 g N
	(aus 20 kg F-TS, mittl. Verdaulichkeit	
20 l Tagesurin	x 443 mg Harnstoff / 100 ml	
	= 886 g Harnstoff	= 44,3 g N
		= **364,1 g N**
	N-Überhang 112 g = 700 g xP!	

1.000 mg / 100 ml Urin liegen würde, resultierte ein N-Überhang von 56 g!
N-Überhänge verursachen über Ammoniak und Harnstoff unheilbare, über die Generationenfolge weitergegebene Leber- und Nierendegeneration mit entsprechenden gesundheitlichen Folgen.
In Ihrer Herde z. B.:

a) Hauptproblem lähmungssymptomatisches Zusammenbrechen nach der Geburt durch Anlagerung von Ammoniak und Harnstoff an das Rückenmark-Nervensystem, gleichzeitig Umkippen der bis zur Geburt aufrechterhaltenen Kompensation in die Dekompensation
b) Lebensschwach geborene Kälber durch Übertritt von Ammoniak und Harnstoff durch die Blut-Gebärmutter-Schranke mit dem Entstehen von Leber- und Nierendegeneration bereits in der Frucht.

Ihre Kühe sind beschädigt/krank gemacht worden durch die offizielle Kuhernährungslehre, die ohne Berücksichtigung der Stoffwechselkapazitäten von Leber und Nieren willkürlich Milchharnstoffwerte von ± 250 mg/l zum zentralen Ziel gesetzt hat. Das ist die größte Katastrophe für die Kuhgesundheit und die Wirtschaftlichkeit der Kuhhaltung und das auf der Basis: Der Milchharnstoffgehalt von ± 250 ist eine statistische Größe, ohne die Kuh nach ihrem Gesundheitszustand zu fragen!

V. Veränderung der Fütterung

Prinzip:

a) Reduktion der xP-Versorgung so weit als möglich

b) Permanenter Einbau von lebenden Hefezellen des pansenstoffwechselaktivsten Stammes = 1.026 in maximal schützender Umgebung = Tothefe, zusätzlich naturaVit® zur maximalen Umsetzung von Pansen-Ammoniak in Mikroben-Reineiweiß

c) Besondere Beachtung der trockenstehenden Kühe, hochtragenden Rindern + Anfütterung – siehe unten

d) Neuordnung der Mineralisierung, weil Cu-Versorgung zu hoch!
250 mg Mineralfutter mit 860 mg Cu/kg
= 215 mg Cu = 11 mg Cu/kg F-TS bei 20 kg F-TS-Aufnahme nur aus Mineral-Cu-Zusätzen!
Bedarf Kuh 4–6 mg Cu/kg F-TS

Also 2 Variationen

Neubestellung aus der bisherigen Mineralfutterlinie, weiterhin 250 g mit 24 % Ca

Neu: 4 % P mindestens und Cu 0! Ohne Biotin!

Oder Mineralfutter wie bisher (24 % Ca, 2 % P) – aber auch ohne Cu und ohne Biotin

Davon 100 g
+ 75 g kohlens. Futterkalk
+ 75 g Monocalciumphosphat
(Kosten entscheiden)

e) Behalten Sie die Fütterung in 2 Linien bei, denn die Altmelker-Ration ist bereits jetzt ideal, naturaVit® bitte auf 0,2 kg erhöhen

f) Neukonzeption Hochlaktation
1. naturaVit® auf 0,2 kg erhöhen
2. Je 0,5 kg MLF 25/4 gegen 0,5 kg Körnermais austauschen in Zweimonatsschritten, damit xP-Reduktion um je 80 g, damit xP-Gehalt im 1. Schritt Gesamtfutter neu, 3.333 g = 14,51 % 2. Schritt Gesamtfutter mit 3.253 g = 14,16 % usw. bis 13,0 % xP-Gesamtfutter maximal.

Nur aus einer gesunden Kuh kann ein gesundes Kalb geboren werden und nur aus einem gesunden Kalb kann eine gesunde Kuh erwachsen. Versorgen Sie deshalb streng und permanent den gesamten Lebenskreis der Kuh!

1. Kälber

Ab 1. vollen Lebenstag (also nach der Biestmilchtränke) 1 Teel. naturaVit® in jede Milchtränke zur Florasierung von Darm und Pansen; naturaVit®-Milchkälber beginnen früher mit Raufutteraufnahme.

Kälberaufzuchtfutter:
7,5 % naturaVit®
2,5 % kohlens. Futterkalk
0,5 % Salz
89,5 % Gerste, gequetscht

2. **Rinder**
   Bis 1,5 kg / 2 kg im Alter von 6 Monaten
   Ab 7. Lebensmonat bis 10/8 Wochen vor der Geburt:
   Grundfutter: Grassilage/Maissilage/Biertreber max. 13,0 % xP!
   + 300 g je Tier und Tag aus Sondermischung Gruppe 3

3. **Trockensteher**
   Grundfutter wie Gruppe 2
   Maximal 13,0 % xP
   Also z. B.
   + 1 kg aus Sondermischung: 20 % naturaVit®

	FS	TS
Maissilage	18,0	6,03
Grassilage	13,0	5,03
Treber	2,0	0,5
Stroh	0,5	0,45
Ergebnis	**33,5**	**12,01**

5 % Monocalciumphosphat
75 % Gerste fein geschrotet

4. **Vorbereiter**
   Grundfutter um etwa 4 kg FS zurücknehmen, dafür 2 kg Gerste pur zusätzlich

5. Nutzen Sie das Trinkbedürfnis der Geburtstiere aus und bieten Sie direkt nach der Geburt 1 bis mehrere Eimer warmes Wasser an mit je 300 g naturaVit®.

Bei Fragen bitte melden!

Gruß
Dr. med. vet. Schmack
Tierärztliche Praxis für Rinder u. Schweine

Delbrück, 28.09.2009

ÜBERÖRTLICHE GEMEINSCHAFTSPRAXIS FÜR LABORMEDIZIN . MIKROBIOLOGIE . INFEKTIONSEPIDEMIOLOGIE . PHARMAKOLOGIE . TOXIKOLOGIE . REISEMEDIZIN . KRANKENHAUSHYGIENE . PARASITOLOGIE . BLUTTRANSFUSIONSWESEN

DR. MED. E. HAUBOLD . DR. DR. MED. J. HOFMANN . DR. MED. K-H. JUNG . DR. MED. A. KUHLENCORD . DR. MED. G. PEITHMANN . DR. MED. S. TAUPITZ . DR. MED. J. THIELE

DIAMEDIS . Dunlopstraße 50 . 33689 Bielefeld-Sennestadt

DIAMEDIS
DIAGNOSTISCHE MEDIZIN SENNESTADT

DUNLOPSTRASSE 50 . 33689 BIELEFELD-SENNESTADT
TEL. 0 52 05 . 7 29 90 . FAX 0 52 05 . 729 91 15

HUSENER STRASSE 46A . 33098 PADERBORN
TEL. 0 52 51 . 5 40 88 10 . FAX 0 52 51 . 1 88 91 33

P

N

Kundennummer : SMACK

Endbefund
Seite 1/1

Tel. :
Original an Herrn

Tour L (29) Dr. med. vet. Karl-Heinz Schmack

Name: H█████ RIND 11

Entnahmedatum : 11.09.09
Mat.-Eingang : 11.09.09

Auftr.-Nr.: SP 9I11 1698
Berichtsdatum: 28.04.10

Klinische Chemie

Bilirubin gesamt	(phot)	0.17	mg/dl	Zielwert: < 0.15 Normwert: < 0.40
Creatinin	(phot)	0.7	mg/dl	Zielwert: < 0.5 Normwert: 0.9 - 2.0
Harnstoff i. Urin	(enzy)	↓ 3.9	g/l	Zielwert gesunde Kuh > 30.0

Befund wurde medizinisch validiert und freigegeben Dr. Ernst Diesel

AKKREDITIERT NACH DIN EN ISO 15189 UND DIN EN ISO 17025; DAC-ML-0096-00-10

INFO@DIAMEDIS.EU . WWW.DIAMEDIS.EU

Endbefund
Seite 1/1

Tel. :
Original an Herrn Tour L (29) Dr. med. vet. Karl-Heinz Schmack

Name: H█████ RIND 12 Entnahmedatum : 11.09.09 Auftr.-Nr.: SP 9I11 1699
Mat.-Eingang : 11.09.09 Berichtsdatum: 28.04.10

Klinische Chemie

Bilirubin gesamt	(phot)	0.24	mg/dl	Zielwert: < 0.15 Normwert: < 0.40
Creatinin	(phot)	0.7	mg/dl	Zielwert: < 0.5 Normwert: 0.9 - 2.0
Harnstoff i. Urin	(enzy)	↓ 4.5	g/l	Zielwert gesunde Kuh > 30.0

Befund wurde medizinisch validiert und freigegeben Dr. Ernst Diesel

Endbefund
Seite 1/1

Tel. :
Original an Herrn Tour L (29) Dr. med. vet. Karl-Heinz Schmack

Name: H█████ RIND 13 Entnahmedatum : 11.09.09 Auftr.-Nr.: SP 9I11 1700
Mat.-Eingang : 11.09.09 Berichtsdatum: 28.04.10

Klinische Chemie

Bilirubin gesamt	(phot)	0.18	mg/dl	Zielwert: < 0.15 Normwert: < 0.40
Creatinin	(phot)	0.9	mg/dl	Zielwert: < 0.5 Normwert: 0.9 - 2.0
Harnstoff i. Urin	(enzy)	↓ 3.2	g/l	Zielwert gesunde Kuh > 30.0

Befund wurde medizinisch validiert und freigegeben Dr. Ernst Diesel

Endbefund
Seite 1/1

Tel. :
Original an Herrn

Tour L (29) Dr. med. vet. Karl-Heinz Schmack

Name: H█████ RIND 14

Entnahmedatum : 11.09.09 Auftr.-Nr.: SP 9I11 1681
Mat.-Eingang : 11.09.09 Berichtsdatum: 28.04.10

Klinische Chemie

Bilirubin gesamt	(phot)		0.24	mg/dl	Zielwert: < 0.15 Normwert: < 0.40
Creatinin	(phot)		0.6	mg/dl	Zielwert: < 0.5 Normwert: 0.9 - 2.0
Harnstoff i. Urin	(enzy)	↓	5.3	g/l	Zielwert gesunde Kuh > 30.0

Befund wurde medizinisch validiert und freigegeben Dr. Ernst Diesel

Endbefund
Seite 1/1

Tel. :
Original an Herrn

Tour L (29) Dr. med. vet. Karl-Heinz Schmack

Name: H█████ RIND 15

Entnahmedatum : 11.09.09 Auftr.-Nr.: SP 9I11 1682
Mat.-Eingang : 11.09.09 Berichtsdatum: 28.04.10

Klinische Chemie

Bilirubin gesamt	(phot)		0.20	mg/dl	Zielwert: < 0.15 Normwert: < 0.40
Creatinin	(phot)		0.6	mg/dl	Zielwert: < 0.5 Normwert: 0.9 - 2.0
Harnstoff i. Urin	(enzy)	↓	4.4	g/l	Zielwert gesunde Kuh > 30.0

Befund wurde medizinisch validiert und freigegeben Dr. Ernst Diesel

Endbefund
Seite 1/1

Tel. :
Original an Herrn — Tour L (29) Dr. med. vet. Karl-Heinz Schmack

Name: H[redacted] RIND 16 — Entnahmedatum : 11.09.09 — Auftr.-Nr.: SP 9I11 1683
Mat.-Eingang : 11.09.09 — Berichtsdatum: 28.04.10

Klinische Chemie

Bilirubin gesamt	(phot)	0.35	mg/dl	Zielwert: < 0.15 Normwert: < 0.40
Creatinin	(phot)	1.0	mg/dl	Zielwert: < 0.5 Normwert: 0.9 - 2.0
Harnstoff i. Urin	(enzy)	↓ 2.2	g/l	Zielwert gesunde Kuh > 30.0

Befund wurde medizinisch validiert und freigegeben Dr. Ernst Diesel

Endbefund
Seite 1/1

Tel. :
Original an Herrn — Tour L (29) Dr. med. vet. Karl-Heinz Schmack

Name: H[redacted] RIND 17 — Entnahmedatum : 11.09.09 — Auftr.-Nr.: SP 9I11 1684
Mat.-Eingang : 11.09.09 — Berichtsdatum: 28.04.10

Klinische Chemie

Bilirubin gesamt	(phot)	0.38	mg/dl	Zielwert: < 0.15 Normwert: < 0.40
Creatinin	(phot)	0.8	mg/dl	Zielwert: < 0.5 Normwert: 0.9 - 2.0
Harnstoff i. Urin	(enzy)	↓ 6.4	g/l	Zielwert gesunde Kuh > 30.0

Befund wurde medizinisch validiert und freigegeben Dr. Ernst Diesel

Endbefund
Seite 1/1

Tel. :
Original an Herrn

Tour L (29) Dr. med. vet. Karl-Heinz Schmack

Name: H█████ RIND 18

Entnahmedatum : 11.09.09
Mat.-Eingang : 11.09.09

Auftr.-Nr.: SP 9I11 1685
Berichtsdatum: 28.04.10

Klinische Chemie

Bilirubin gesamt	(phot)	↑	0.50	mg/dl	Zielwert: < 0.15
					Normwert: < 0.40
Creatinin	(phot)		0.9	mg/dl	Zielwert: < 0.5
					Normwert: 0.9 - 2.0
Harnstoff i. Urin	(enzy)	↓	5.5	g/l	Zielwert gesunde Kuh > 30.0

Befund wurde medizinisch validiert und freigegeben Dr. Ernst Diesel

Sehr geehrter Herr Hahl, jr.
Sehr geehrter Herr Hahl, sen.

anbei übersende ich Ihnen das Protokoll meines Bestandsbesuches vom 05.03.2010.

I. Einige allgemeine Herdenangaben (zur Gesundheit)

a) Fortpflanzung
Schwache Brunstsymptomatik und unregelmäßige Brunst
Phasenweise gehäuft Nachgeburtsverhaltung
Eitriger Ausfluss bes. bei Nachgeburtsverhalten
Cysten-Diagnose am Untersuchungstag

b) Euter
Auszug Milchdaten:

	21.09.2009	15.01.2010	08.02.2010
kg	21,90	21,90	23,60
Fett	4,48	4,51	4,43
Eiweiß	3,45	3,43	3,41
Zellen x 1.000	116	88	82
Harnstoff	215	188	178

Wenig Mastitiden, früher Staph.aureus – Befunde – Schlachtung
Euterhygiene verbessert, auch 2-phasiges Dippen (Jod + Säure)

Problem: patholog. Euterödem

c) Andere
Klauen: Sohlengeschwüre und Mortellaro
Mortellaro auch bei tragenden Rindern, Zustand aber gebessert (Herde wird seit etwa 2 Jahren mit naturaVit® versorgt mit Eiweißreduktion – MLF 16/4 statt 18/4 und Körnermais-Einsatz, zuvor immer Tothefe-Einsatz)
Teilweise „Traurigkeit“ in der nachgeburtlichen Phase – gedachtes Problem des Ausfütterns/der Energiezufuhr bei Hochleistungskühen
Letzte Labmagenerkrankung im Jahr 2008
Keine gelähmt festliegenden Kühe
Keine toten/eingeschläferten Kühe (vor 4–5 Jahren einige Fälle)
Selten klass. Gebärparese

d) Kälber
   Unproblematisch, phasenweise Husten, auch Pneumonie, Cocidien-pos. Nachweis
   Grundfutter: nur Grünland, Gras, seit 40 Jahren Biertreber im Einsatz

II. Untersuchungsgang Degenerationssyndrom

1. Allgemeine Untersuchung = „Sprache der Kuh"

2 Kopfsymptome:

a) Lidbindeschleimhäute
   Kleine/neugeborene Kälber: teilweise mäßig überrötet mit Tendenz zur Monotonisierung = Strukturverlust, teilweise noch gesund strukturiert = marmoriert mit Blutgefäßzeichnung (2/3 weiß und 1/3 rosarot) tierindividuell unterschiedlich – wie alle Symptome

   Jungrinder, wiederkauende Kälber:
   Zunahme der Überrötung und Monotonisierung

   Kühe: generell monoton rot unterschiedlicher Farbintensität
   (Lidbindeschleimhaut sollte dieselbe Verfassung zeigen wie die Schleimhaut des 3. Augenlides)

   Überrötung durch: Zellwandcharakter gesund = Pergamentpapierstruktur verändert sich durch Überschwemmung mit Ammoniak und Harnstoff zum Löschpapiercharakter, Blutgerinnungsfähigkeit ist deutlich reduziert durch Fibrinmangel (degenerierte Leber reduziert Nebenaufgaben)
   Hauptaufgabe: Umwandlung von Ammoniak in Harnstoff und Aufbau von Glucose aus Fettsäuren
   Nebenaufgabe: Produktion von Fibrin, Umwandlung von ß-Carotin in Vitamin-A-Blutspeicher usw.

b) Speichelflockenbildung beim Wiederkauen der Kühe = Überbelastung des Blut-Speichel-Ammoniak-Kreislaufes durch Leberdegeneration!

2 Beckensymptome

a) Verminderung der Schwanzwurzelfestigkeit/-aktivität = Lähmungssymptom (Labmagenerkrankungen, paretisches Festliegen)

b) Urin
   Farbe: sollte altgoldgelb sein, bei Ihren Kühen (aus Probeentnahmen und spontan Urin absetzenden Kühen) deutlich zu hell, teilweise wasserklar. Degenerierte Nieren vermindern Zusatzaufgaben-Filtration von Urobilinogen = Urinfarbstoff in den Urin und konzentrieren sich auf ihre Hauptaufgabe-Filtration von Harnstoff (natürlicher Zerfall der roten Blutkörperchen = Hämoglobin wird frei). Umbau zu Bilirubin (giftig wie Ammoniak) – in der Leber entgiftet zu Säure-Bilirubin – und über die Gallenflüssigkeit abgeführt in den Darm als Urobilinogen = wieder rückresorbiert ins Blut = Urinfarbstoff.

Achtung: Kälber bis etwa 4./5. Lebensmonat setzen generell wasserklaren Urin ab, weil erst jetzt die roten Blutkörperchen beginnen zu sterben. Dies ist ein Normalvorgang, sie werden durch neue aus dem Knochenmark ersetzt.

Schauminseln im Urinsee: Eiweiß = wertvolles Bluteiweiß (eigentlich Aminosäuren)
Wegen degenerierter Nieren: Die 2. Filtrationsebenen der Niere werden brüchig/porös. Gesunder Urin einer gesunden Kuh mit gesunden Nieren ist eiweißfrei!

Dazu:
Gespaltener 1. Herzton = ebenfalls Lähmungssymptome, verzögerte Blutgerinnungsfähigkeit – venöses Blut muss noch max. 30 Sekunden im Handteller Gallerte bilden.
Daneben:
Kotkonsistenz im Mittel zu schlammig (gesunder Kot darf nicht „durch die Spalten fallen") und Konditionsmängel (teilweise mager) und Konstitutionsmängel (angebildete Beingelenke, Haarkleid matt).

2. **Urinuntersuchung (Teststreifen)**
   Bei allen Testkühen Eiweißfeld deutlich grün = positiv, also Eiweiß im Urin, bis 500 mg / 100 ml = 100–125 g in 20 l Tagesurin, pH deutlich alkalisch um 8,0 (wegen Eiweißgehalt) spezifisches Gewicht um 1.005, also dünn, d. h., die Niere konzentriert nicht = **Nierendegeneration**.
   Ebenso bei allen Testkühen Ketonkörperfeld mit hoher Variation, teilweise mild – mäßig positiv = violett **= ketonurische Stoffwechselreaktion durch Leberdegeneration (Erklärung siehe IV. Aktuelle Fütterung – N-Bilanz)**.

3. **Labordiagnostik**
   a) Bilirubin – **der** Blutinhaltsstoff zur Bestimmung chronischer Leberschäden (Funktion und Pathologie) max. Toleranzwert 0,15 mg / 100 ml Blut, Bilirubin entsteht als Abfallprodukt aus Hämoglobin, das frei wird nach dem natürlichen Zerfall der roten Blutkörperchen.
   Ähnlich giftig wie Ammoniak, wird in der Leber entgiftet zu Säure-Bilirubin.
   Die Werte Ihrer Testkühe liegen teilweise im Belastungsbereich (Kuh Nr. 583 mit 0,12 mg / 100 ml) teilweise im Grenzbereich (Kuh Nr. 544, Kuh Nr. 537 mit 0,15 mg / 100 ml), teilweise im absolut pathologischen Bereich (5 von 8 Proben) = manifeste fortgeschrittene Leberdegeneration.

   b) Kreatinin – der Blutinhaltsstoff zu Bestimmung chronischer Nierenschäden (Funktion und Pathologie) max. Toleranzwert 0,5 mg / 100 ml Blut
   Abbauprodukt aus dem Muskelstoffwechsel, wird direkt über die Nieren ausgeschieden. Die Werte Ihrer Kühe liegen sämtlich im mäßigen pathologischen Bereich = fortgeschrittene manifeste Nierendegeneration.

c) Harnstoffgehalt/Urin

Der Harnstoffgehalt im Urin ist abhängig 1. von der Nierengesundheit, also der Filtrationsleistung, und 2. von der Höhe der Rohproteinversorgung.

Gesunde Nieren vorausgesetzt, entwickeln xP-Gehalte/Gesamtfutter von 13,5 % aus N-Überschussstoffwechsel Harnstoffgehalt im Urin von 1.000 mg / 100 ml (= 10 g/l)
von 16–17 % etwa 2.000 mg / 100 ml
von 19–20 % etwa 3.000 mg / 100 ml
Zu diesen Leistungen ist aber keine „moderne“ Kuh mehr in der Lage. Die überregionale Filtrationsleistung im Durchschnitt beträgt 1.000 mg / 100 ml.

Die durchschnittliche Harnstoff-Filtrationsfähigkeit der Nieren Ihrer Testkühe (übertragbar auf die Gesamtherde) beträgt 7,94 g / l = 794 mg / 100 ml und liegt damit noch unter dem bereits schlechten überregionalen niedrigen Durchschnitt von 1.000 mg / 100 ml.

Gesunde Nieren vorausgesetzt müssten entsprechend des xP-Gehaltes von ± 15,25 % Ihrer Ration in mittlerer Zuteilung ± 1.680 mg / l Urin erscheinen.

Beweis über N-Bilanz an Kuh 32 kg Milchleistung aus 20 kg F-TS :

N-Eingang	Rechnung	Ergebnis
20 kg F-TS mit	15,25 % xP z. B. = 3.050 g xP : 6,25	= 488,0 g N
N-Ausgang		
32 kg Milch	× 3,2 % Eiweiß : 6,25	= 163,8 g N
6,0 kg Kot TrS		= 156,0 g N
	(aus 20 kg F-TS, mittl. Verdaulichkeit 70 %)	319,8 g N
20 l Urin	x **1.680 mg** Harnstoff je 100 ml	
	= 336 g Harnstoff	= 168,0 g N
	(Molekulargewicht Harnstoff : N = 2:1)	**= 487,8 g N**

Ausgeglichene N-Bilanz = Idealzustand

III. Diagnose

In allen Kriterien manifestes Degenerationssyndrom mit niedriger Harnstoff-Filtrationsfähigkeit im Kompensationsstadium – Kompensation = Ausgleich: Das noch gesunde Organgewebe verursacht durch Mehrarbeit den Funktionsausfall der toten geschädigten Zellen auszugleichen. Das Kompensationsvermögen wird unterstützt durch die bereits eingeleitete eiweißreduzierte Fütterung inklusive dem Einsatz von naturaVit®. Die Erschöpfung des Kompensationsvermögens bedingt Gesundheitsprobleme (siehe unter IV. aktuelle Fütterung N-Bilanz).

IV. Aktuelle Fütterung

	FS kg	TS %	= kg	xP %	= g
Grassilage/Treber Gemenge mit 5,8 MJNEL 1. S.'09	37,00	35,23	13,06	15,39	2.010,10
+ Melasseschnitzel aufgeweicht	1,50	88,00	= 1,32	12,00	= 158,40
Getreidemischung aus Gerste/Triticale/Körnermais - etwa nach Leistung auf Grundfutter zugeteilt					
maximal 3,5 kg	ø 2,25	88,00	1,98	12,00	237,60
naturaVit®	0,20	90,00	0,18	50,00	90,00
			16,54		= 2.496,10
					= 15,09 % xP
Abruffütterung					
MLF 16/4	2,00	88,00	1,76	16,00	320,00
					= 2.816,10
					= 15,39 % xP

Ergänzung:

a) 1. Winterhälfte Grassilage/Treber Silo 4
mit 6,07 MJNEL, 31,33 % TS, 17,09 % xP

b) Viehsalz wird beim Silieren mit eingemischt

c) Früher vor naturaVit®: MLF 18/4 und kein Körnermais

d) Mineralisierung über Rindamin Basis TMR Schaumann
mit 21 % Ca und 4 % P
1.000 mg Cu/kg, 90–100 g je Tier und Tag

Aufstellung N-Bilanz		
N-Eingang		
18,3 kg F-TS mit	15,39 % xP z. B. = 2.816 g xP : 6,25	**= 450,0 g N**
N-Ausgang		
24 kg Milch	× 3,41 % Eiweiß : 6,25	= 130,9 g N
5,49 kg Kot TrS		= 142,7 g N
	(aus 20 kg F-TS, mittl. Verdaulichkeit 70 %)	
20 l Urin	x **794 mg** Harnstoff je 100 ml	
	= 158,8 g Harnstoff	= 79,4 g N

N-Überhang 98 g = 613 g xP!

N-Überhänge verursachen unheilbare, über Generationen weitergegebene Leber- und Nierendegeneration mit entsprechenden Krankheitsfolgen (Degenerationssyndrom), in Ihrer Herde z. B.:
Mortellaro – nur eine Ursache: Ausfiltration von Harnstoff in die Ballenhaut = Harnstoff-Exanthem ebenso in die Lederhaut = entzündlich. Ablösen des Sohlenhorns von der Sohlenlederhaut.

Fortpflanzungsstörungen durch Cysten-Komplex
Zum Cystenkomplex gehören:
a) verzögerter Follikelsprung
b) klassische Cysten
c) cystischer Eierstock
   Ursache: 90 % Energiemangel – mehr durch Energieverlust als durch Nahrungsenergiemangel

Energieverlust
a) in der Leber wegen Umwandlung von Ammoniak in Harnstoff.

b) in der Leber bei Leberdegeneration wegen unvollständiger Umwandlung von Fettsäuren in Glucose – Umwandlungsschritte in der Ebene der Ketonkörper (Aceton, Acetessigsäure, ß-Hydroxybuttersäure) abgebrochen = energetisch wertlos, erscheinen im Urin u. a.; Ketonkörperfeld violett **= ketonurische Stoffwechselreaktion durch Leberdegeneration.**

c) über die „brüchigen" degenerierten Nieren als Eiweißverlust – 100–120 g Blutreineiweiß je Kuh und Tag, insgesamt bis 15 % der Futtertagesration.

Durch unsaubere Gebärmutter = Harnstoff-Ausfiltration in die wunde Gebärmutterschleimhaut, bes. bei Nachgeburtsverhalten – durch Kalium-Überhang im Futter – z. B. Grassilage über 3 % in TS **und** degenerierte Nieren verlieren immer mehr Na als K; relativer K-Überhang im Blut usw. (siehe auch meine Unterlagen).

„Traurigkeit" nach der Geburt
= Erschöpfung des Kompensationsvermögens nach der Geburt durch Organdegeneration, damit ist auch das Problem des „mangelnden Ausfütterns" begründet = verminderter Appetit, weil sich die Kuh krank fühlt, und unnötiger Stoffwechsel = Energieverlust (siehe Erklärung unter Cystenkomplex).

V. Veränderung der Fütterung
Prinzip:
a) Reduktion der xP-Versorgung auf max. 12,5 % – dann fluten nur noch 800 mg Harnstoff für 100 ml Urin an, diese Filtrationsleistung kann der Herdendurchschnitt ohne fortlaufende Schädigung erfüllen. Achtung – in der individuellen Beurteilung werden auch mit nur 12,5 % xP diejenigen Kühe geschädigt, deren aktuelle Filtrationsleistung unter 800 mg liegt – das sind immerhin 5 von 8 Probekühen!

b) Einbau von lebenden Hefezellen des pansenaktivsten Stammes = 1.026 in der funktionell intensivsten Komposition = naturaVit® zur Aufgabenerfüllung: Pansen – NH_3 + Fettsäuren = Mikrobeneiweiß

Besonderes Problem für Ihre Herde bzw. in Ihrer Herde:

a) Die Filtrationsfähigkeit der Nieren Ihrer Kühe von nur etwa 800 mg / 100 ml verlangt eigentlich xP-Gehalte/Gesamtfutter von unter 12,5 %, um die weitere Schädigung so gering als möglich zu halten.

b) Wir sind angewiesen auf natürliche Grenzen.
Bei Ihrer Grassilage pur als Grundfutter mit xP-Gehalten von immer mehr als 15 % z. B. über die zuvor gefütterte Grassilage mit 17,09 % betrug der xP-Gehalt in der Grundration 16,43 %!

1. Direkte Maßnahmen
MLF 16/4 ändern in MLF 10,5/4!
Zu beziehen über Firma Muskator, Herrn J. P.

Bitte nehmen Sie auch Austauschkontakt auf mit Familie Häuser.
Die Familie hat einen Kuhbestand mit ähnlichen Problemen wie bei Ihnen und füttert dieses MLF.

naturaVit® soll so trocken wie möglich den Pansen erreichen – also bitte entweder von Hand auf die Getreidemischung zugeben oder Vormischung anlegen als:
20 % naturaVit®
80 % Getreide, davon 1 kg je Kuh und Tag auf die Getreidemischung, die dann um 0,8 kg je Kuh und Tag gesenkt wird.

Mineralisierung ändern in

Rindamin Basis TMR S	50 g!
+ Viehsalz	80 g
+ kohlensauren Futterkalk	80 g

2. Maßnahmen für die nächste Ernte: die Treber-Zumischung auf etwa 2 kg je Kuh und Tag senken. Triticale aus eigener Ernte verkaufen, Körnermais entsprechend zukaufen, Heuwerbung erhöhen.

Nur aus einer gesunden Kuh kann ein gesundes Kalb geboren werden und nur aus einem gesunden Kalb kann eine gesunde Kuh erwachsen. Versorgen Sie deshalb streng und permanent den gesamten Lebenskreis der Kuh.

1) Kälber

a) ab 1. vollen Lebenstag (also nach der Biestmilchtränke) 1 Teel. naturaVit® in jede Milchtränke.

b) Kälberaufzuchtfutter nur als eigene Mischung aus:
 5,0 % naturaVit®
 2,5 % kohlensauren Futterkalk
 0,5 % Salz
92,0 % Gerste
Alternativ 22 % Trockenschnitzel, 70 % Gerste bis ± 1,5 kg im Alter von ± 6 Lebensmonat.

2. **Rinder** ab ± 6. Lebensmonat bis 10 Wochen vor der Geburt
Grundfutter: Grassilage inklusive mindestens 10 % Stroh + Heu – so viel als möglich
Konzentratfutter: 300 g je Tier und Tag aus Sondermischung 4.

3. **Trockenstehende Kühe + hochtragende Rinder**
Grundfutter wie 3.
+ je Tier und Tag 1 kg aus Sondermischung:
20 % naturaVit®
 5 % Monocalciumphosphat
 5 % Salz
70 % Gerste
Etwa 14 Tage vor der Geburt Grundfutter um ± 5 kg senken, dafür 1,5 kg Gerste zusätzlich (Energieaufbau).

5. Nutzen Sie das Trinkbedürfnis der Geburtstiere aus und bieten Sie direkt nach der Geburt 1 bis mehrere Eimer warmes Wasser an mit je 300 g naturaVit®.

Bei Fragen bitte melden!

Gruß

Dr. med. vet. Schmack
Tierärztliche Praxis für Rinder u. Schweine

Delbrück, 09.03.2010

Endbefund
Seite 1/1

Tel. :
Original an Herrn

Tour L (29) Dr. med. vet. Karl-Heinz Schmack

Name: HO█RIND 12

Entnahmedatum : 08.03.10
Mat.-Eingang : 08.03.10

Auftr.-Nr.: SP KC08 1598
Berichtsdatum: 28.04.10

Klinische Chemie

Bilirubin gesamt	(phot)		0.12	mg/dl	Zielwert: < 0.15 Normwert: < 0.40
Creatinin	(phot)		0.7	mg/dl	Zielwert: < 0.5 Normwert: 0.9 - 2.0
Harnstoff i. Urin	(enzy)	↓	5.8	g/l	Zielwert gesunde Kuh > 30.0

Befund wurde medizinisch validiert und freigegeben Dr. Susanne Taupitz

Endbefund
Seite 1/1

Tel. :
Original an Herrn

Tour L (29) Dr. med. vet. Karl-Heinz Schmack

Name: HO█RIND 13

Entnahmedatum : 08.03.10
Mat.-Eingang : 08.03.10

Auftr.-Nr.: SP KC08 1597
Berichtsdatum: 28.04.10

Ihre Nr: 13

Klinische Chemie

Bilirubin gesamt	(phot)		0.15	mg/dl	Zielwert: < 0.15 Normwert: < 0.40
Creatinin	(phot)		0.8	mg/dl	Zielwert: < 0.5 Normwert: 0.9 - 2.0
Harnstoff i. Urin	(enzy)	↓	6.2	g/l	Zielwert gesunde Kuh > 30.0

Befund wurde medizinisch validiert und freigegeben Dr. Susanne Taupitz

Endbefund
Seite 1/1

Tel. :
Original an Herrn

Tour L (29) Dr. med. vet. Karl-Heinz Schmack

Name: HO████RIND 14

Entnahmedatum : 08.03.10 Auftr.-Nr.: SP KC08 1596
Mat.-Eingang : 08.03.10 Berichtsdatum: 28.04.10

Klinische Chemie

Bilirubin gesamt	(phot)		0.20	mg/dl	Zielwert: < 0.15 Normwert: < 0.40
Creatinin	(phot)		0.6	mg/dl	Zielwert: < 0.5 Normwert: 0.9 - 2.0
Harnstoff i. Urin	(enzy)	↓	8.7	g/l	Zielwert gesunde Kuh > 30.0

Befund wurde medizinisch validiert und freigegeben Dr. Susanne Taupitz

Endbefund
Seite 1/1

Tel. :
Original an Herrn

Tour L (29) Dr. med. vet. Karl-Heinz Schmack

Name: HO████RIND 15

Entnahmedatum : 08.03.10 Auftr.-Nr.: SP KC08 1595
Mat.-Eingang : 08.03.10 Berichtsdatum: 28.04.10

Ihre Nr: 15

Klinische Chemie

Bilirubin gesamt	(phot)		0.24	mg/dl	Zielwert: < 0.15 Normwert: < 0.40
Creatinin	(phot)		0.7	mg/dl	Zielwert: < 0.5 Normwert: 0.9 - 2.0
Harnstoff i. Urin	(enzy)	↓	6.8	g/l	Zielwert gesunde Kuh > 30.0

Befund wurde medizinisch validiert und freigegeben Dr. Susanne Taupitz

Endbefund
Seite 1/1

Tel. :
Original an Herrn

Tour L (29) Dr. med. vet. Karl-Heinz Schmack

Name: HO■■■RIND 18

Entnahmedatum : 08.03.10
Mat.-Eingang : 08.03.10

Auftr.-Nr.: SP KC08 1600
Berichtsdatum: 28.04.10

Ihre Nr: 18

Klinische Chemie

Bilirubin gesamt	(phot)		0.19	mg/dl	Zielwert: < 0.15 Normwert: < 0.40
Creatinin	(phot)		0.6	mg/dl	Zielwert: < 0.5 Normwert: 0.9 - 2.0
Harnstoff i. Urin	(enzy)	↓	6.9	g/l	Zielwert gesunde Kuh > 30.0

Befund wurde medizinisch validiert und freigegeben Dr. Claudia Pouwels

Endbefund
Seite 1/1

Tel. :
Original an Herrn

Tour L (29) Dr. med. vet. Karl-Heinz Schmack

Name: HO■■■RIND 19

Entnahmedatum : 08.03.10
Mat.-Eingang : 08.03.10

Auftr.-Nr.: SP KC08 1599
Berichtsdatum: 28.04.10

Klinische Chemie

Bilirubin gesamt	(phot)		0.18	mg/dl	Zielwert: < 0.15 Normwert: < 0.40
Creatinin	(phot)		0.6	mg/dl	Zielwert: < 0.5 Normwert: 0.9 - 2.0
Harnstoff i. Urin	(enzy)	↓	8.3	g/l	Zielwert gesunde Kuh > 30.0

Befund wurde medizinisch validiert und freigegeben Dr. Claudia Pouwels

Sehr geehrter Herr Schreiber,

anbei übersende ich Ihnen das Protokoll des Bestandsbesuches vom 25.08.2009.

I. Einige allgemeine Herdenangaben

Milchleistung aktuell etwa 8.000 kg, angestrebt zu 9.000 kg zur Verbesserung der Wirtschaftlichkeit. Basis der Wirtschaftlichkeit: die gesunde Kuh. Deshalb, angestoßen über Herrn Lenz, seit April 2009 xP-Gehalt/ Gesamtfutter reduziert ohne Einbruch der Milchleistung bei stabilen Milchinhaltsstoffen. Generationenfolge über geschlossenes System.

Zur Gesundheit:

a) Fruchtbarkeitsprobleme durch mangelnde Brunstintensität.

b) Instabile Eutergesundheit
Wellen erhöhter Zellzahlen und Mastitiden („Problemkeim - Staph.aureus") - z. B. nach xP-Reduktion besser, aktuell wieder schlechter, auch Rinder mit Euterproblemen in Erstlaktation.
Harnstoffgehalt aktuell 140–180 mg, ehemals 240–300 (in beiden Linien mit individuellen Ausreißern)
Aufwendiges Trockenstellen:
Nafpenzal + Orbeseal (Standard)
Orbenin + Orbeseal (Problemkühe).

c) Andere
Insbesondere „Fuß"probleme
Verzögerter Anstieg der Milchkurve zur Hochlaktation, dabei aber keine auffallende „Traurigkeit" der Kühe.
Keine festliegenden Kühe - weder klassische Gebärparese (Prophylaxe mit Vitamin D3 Konz./Inj.) noch paretisch festliegende Kühe im Laktationsverlauf.
Keine Labmagenerkankungen, keine toten Kühe.

d) Kälber
Biestmilchversorgung über Zwangsdrenchen mit 4 l, dazu Eisenversorgung mit Ursoferran (oral)
Durchfallsymptome, leicht, aber kein totes Durchfallkalb.
Einige ältere Tiere mit Grippesymptomen und Entwicklungsstörungen, insgesamt 5–6 % Kälberverluste (der lebend geborenen) durch Phasen „plötzlicher Todesfälle" mit Festliegen und teilweise Bauchtympanie.

II. Untersuchungsgang Degenerationssyndrom

1. Allgemeine Untersuchung = „Sprache der Kuh"

2 Kopfsymptome:

a) Lidbindeschleimhäute

Kleine/neugeborene Kälber: teilweise deutlich überrötet mit Tendenz zur Monotonisierung = Strukturverlust, teilweise noch gesund strukturiert = marmoriert mit Blutgefäßzeichnung (2/3 weiß und 1/3 rosarot) tierindividuell unterschiedlich – wie alle Symptome.

Kühe: generell monoton rot unterschiedlicher Farbintensität, bereits bei den Jungrindern (Lidbindeschleimhaut sollte dieselbe Verfassung zeigen wie Schleimhaut des 3. Augenlides).

Überrötung durch: Zellwandcharakter gesund = Pergamentpapierstruktur verändert sich durch Überschwemmung mit Ammoniak und Harnstoff zum Löschpapiercharakter, Blutgerinnungsfähigkeit ist deutlich reduziert durch Fibrinmangel (degenerierte Leber reduziert Nebenaufgaben).

Hauptaufgabe: Umwandlung von Ammoniak in Harnstoff und Aufbau von Glucose aus Fettsäuren

Nebenaufgabe: Produktion von Fibrin, Umwandlung von ß-Carotin in Vitamin-A-Blutspeicher usw.

b) Speichel flockenbildung beim Wiederkauen der Kühe = Überbelastung des Blut-Speichel-Ammoniak-Kreislaufes durch Leberdegeneration!

2 Beckensymptome

a) Verminderung der Schwanzwurzelfestigkeit/-aktivität = Lähmungssymptom (Labmagenerkrankungen, paretisches Festliegen).

b) Urin

Farbe: sollte altgoldgelb sein, bei Ihren Kühen (aus Probeentnahmen und spontan Urin absetzenden Kühen) deutlich zu hell, teilweise wasserklar. Degenerierte Nieren vermindern Zusatzaufgaben-Filtration von Urobilinogen = Urinfarbstoff in den Urin und konzentrieren sich auf ihre Hauptaufgabe-Filtraation von Harnstoff (natürlicher Zerfall der roten Blutkörperchen = Hämoglobin wird frei) Umbau zu Bilirubin (giftig wie Ammoniak) – in der Leber entgiftet zu Säure-Bilirubin – und über die Gallen fl üssigkeit abge-führt in den Darm als Urobilinogen = wieder rückresorbiert ins Blut = Urinfarbstoff.

Achtung: Kälber bis etwa 4./5. Lebensmonat setzen generell wasserklaren Urin ab, weil erst jetzt die roten Blutkörperchen beginnen zu sterben. Dies ist ein Normalvorgang, sie werden durch neue aus dem Knochenmark ersetzt.

Schauminseln im Urinsee: Eiweiß = wertvolles Bluteiweiß (eigentlich Aminosäuren)

Wegen degenerierter Nieren: Die 2. Filationsebenen der Niere werden brüchig/porös. Gesunder Urin einer gesunden Kuh mit gesunden Nieren ist eiweißfrei!

Dazu:
Gespaltener 1. Herzton = ebenfalls Lähmungssymptome bei Ihren Kühen nicht geprüft, verzögerte Blut-gerinnungsfähigkeit – venöses Blut muss nach max. 30 Sekunden im Handteller Gallerte bilden.
Kot: Ziel = so homogen wie möglich bei hefeteigähnlicher Konsistenz
Kondition und Konstitution ohne besondere Mängel.

2. Urinuntersuchung (Teststreifen)

Bei allen Testkühen Eiweißfeld deutlich grün = positiv, also Eiweiß im Urin, bis 500 mg / 100 ml = 100–125 g in 20 l Tagesurin, pH deutlich alkalisch um 8,0 (wegen Eiweißgehalt) spezifisches Gewicht um 1.005, also dünn, d. h., die Niere konzentriert nicht **= Nierendegeneration**
Ebenso bei allen Testkühen Ketonkörperfeld teilweise negativ, teilweise mild positiv = deutlich violett
= ketonurische Stoffwechsereaktion durch Leberdegeneration
Farbreaktionen mit unterschiedlicher individueller Intensität
(Erklärung siehe IV. Aktuelle Fütterung – N-Bilanz)

3. Labordiagnostik

a) Bilirubin – **der** Blutinhaltsstoff zur Bestimmung chronischer Leberschäden (Funktion und Pathologie) max. Toleranzwert 0,15 mg / 100 ml Blut. Bilirubin entsteht als Abfallprodukt aus Hämoglobin, das frei wird nach dem natürlichen Zerfall der roten Blutkörperchen.
Ähnlich giftig wie Ammoniak, wird in der Leber entgiftet zu Säure-Bilirubin.
Die Werte Ihrer Testkühe liegen im oberen Toleranzbereich: 0,11 mg / 100 ml bei Kuh Nr. 136 und 294 = Hinweis auf Leberbelastung. Alle anderen Proben liegen unter 0,10 mg / 100 ml.

b) Kreatinin – der Blutinhaltsstoff zu Bestimmung chronischer Nierenschäden (Funktion und Pathologie) max. Toleranzwert 0,5 mg / 100 ml Blut
Abbauprodukt aus dem Muskelstoffwechsel, wird direkt über die Nieren ausgeschieden. Die Werte Ihrer Kühe liegen sämtlich im deutlich pathologischen Bereich = manifeste Nierendegeneration.

c) Harnstoffgehalt/ Urin
Der Harnstoffgehalt im Urin ist abhängig 1. von der Nierengesundheit, also der Filationsleistung, und 2. von der Höhe der Rohproteinversorgung.

Gesunde Nieren vorausgesetzt entwickeln xP-Gehalte/Gesamtfutter von 13,5 % aus N-Überschussstoffwechsel Harnstoffgehalt im Urin von 1.000 mg / 100 ml (= 10 g /l)
von 16–17 % etwa 2.000 mg / 100 ml
von 19–20 % etwa 3.000 mg / 100 ml
Zu diesen Leistungen ist aber keine „moderne" Kuh mehr in der Lage. Die überregionale Filtrationsleistung im Durchschnitt beträgt 1.000 mg / 100 ml.

Die durchschnittliche Harnstoff-Filationsfähigkeit der Nieren Ihrer Testkühe beträgt 10,5 g / l = 1.050 mg / 100 ml und liegt damit exakt im – schlechten – niedrigen überregionalen Durchschnitt von 1.000 mg / 100 ml. In Ihrer Testreihe gibt es dazu erhebliche Variationen von nur 2,3 g / l (Kuh Nr. 204 Probe mit wasserklarem Urin) bis 17,3 g / l (Kuh Nr. 126).

Alle Symptome sind zunächst Einzelsymptome, mit denen die Kuh individuell „umgeht" oder verarbeitet. Die Diagnose wird gestellt aus dem Gesamtbild aller Symptome am Einzeltier. An der Herde (z. B. Kuh Nr. 294) noch relativ gute Harnstoff-Filtrationsleistung (15,0 g / l), aber mit schlechtestem Kreatininwert (1,1 mg / 100 ml) bei belasteter Leber. Entsprechendes gilt für die Symptome aus A undB.

Beweis über N-Bilanz an Kuh 32 kg Milchleistung aus 20 kg F-TS :

N-Eingang	Rechnung	Ergebnis
20 kg F-TS mit	15,0 % xP z. B. = 3.000 g xP : 6,25	= 480,0 g N

Entsprechend des xP-Wertes von ± 15,0 % Ihrer aktuellen Rationen müsste die Filtrationsleistung der Nieren Ihrer Kühe aber etwa 1.600 mg / 100 ml betragen, vorausgesetzt die Nieren sind gesund und der Harnstoff wird vollständig über die Nieren ausgeschieden, wie es sein sollte.

N-Ausgang	Rechnung	Ergebnis
32 kg Milch	× 3,2 % Eiweiß : 6,25	= 163,8 g N
6,0 kg Kot TrS		= 156,0 g N
	(aus 20 kg F-TS, mittl. Verdaulichkeit 70 %)	319,8 g N
20 l Urin	x **1.600 mg** Harnstoff je 100 ml	
	= 336 g Harnstoff	= 160,0 g N
	(Molekulargewicht Harnstoff : N = 2:1)	**= 479,8 g N**
	Ausgeglichene N-Bilanz = Idealzustand	

III. Diagnose

Deutlich nierenbetontes fortgeschrittenes Degenerationssyndrom im Kompensationsstadium – das noch gesunde Organgewebe versucht durch Mehrarbeit den Funktionsausfall der toten geschädigten Zellen auszugleichen. Das gelingt noch. Damit sind die gesundheitlichen Probleme noch gering bzw. nicht belastend, sind aber bereits Meldungen/Reaktionen aus Degeneration von Nieren und Leber.
Das Kompensationsvermögen wird aktuell unterstützt durch die bereits vollzogene Senkung des xP-Gehaltes = siehe Absenken des Milchharnstoffgehaltes. Damit halten sich die gesundheitlichen Probleme in Grenzen = Zustand der labilen Stabilität. Aber: Die niedrigen, also schlechten, Filtrationswerte der Nieren für Harnstoff beweisen den hohen pathologischen Schädigungsgrad der Nieren, gesetzt in

Phasen der hohen Milchharnstoffwerte (250–300 mg / 100 ml), über die Generationenfolge (Trächtigkeit – Kalb – Kuh) weitergegeben!

Ziel: Gesundheitliche Stabilität stärken bis Definition – siehe Kriterien „gesunde Kuh" in meinen Unterlagen – erfüllt ist.

IV. Aktuelle Fütterung (Futter wird 1x täglich vorgelegt)

Grundsätzliche Fütterungslinien

a) Hochlaktationsration
für Kühe ab etwa 20. Lakttag bis pos. TU und mit Milchleistung mindestens 20 kg
ebenso für Frühlaktation, aufgewertet bzw. ergänzt von Hand mit Stroh, Soja, Mineral, Kalk, Glycerin
ebenso Transitkühe, dazu von Hand Stroh, Raps, Salz, Glycerin
ebenso Rinder etwa ab 90. bis 330. Lebenstag
Kälber ab 14. Lebenstag + Kälberaufzuchtfutter

b) Mittel-/Endlaktationsration
für Kühe ab pos. TU bzw. mit Milchleistung unter 20 kg

c) Ration für Trockensteher – auch für ältere und tragende Rinder.

Ration Hochlaktation (ab Mitte März 2009)

	FS kg	TS %	= kg	xP %	= g
Maissilage '08 mit 7,25 MJNEL (mit Silagenkonservierung	20,160	38,2	7,70	9,0	693,1
Grassilage 1. Schnitt mit 6,13 MJNEL	9,620	31,2	3,00	17,3	519,0
Presschnitzelsilage	12,560	20,0	2,50	9,9	= 247,5
Gerstenstroh	1,160	86,0	1,00	3,9	39,0
Gerste	5,100	88,0	4,49	12,4	556,8
Sojaextraktionsschnitzel	1,200	89,0	1,06	51,0	538,6
Rapsextraktionsschrot	1,400	90,0	0,18	50,0	498,4
naturaVit® ab 26.08.2009	0,200	90,0	0,18	50,0	90,0
Viehsalz	0,080				
Kohlensauren Futterkalk	0,125				
Monocalciumphosphat	0,075	zus. 0,26			
Zuvor Mineralfutter	0,140				
kohlens. Futterkalk	0,120				
			= 22,44		= 3.146,4
(etwa 52 kg FS)					= 14,86 % xP

Herzlichen Glückwunsch zu dieser Ration auf dem xP-Reduktionsweg. Der Wert 14,68 % als 1. Schritt dieses Reduktionsweges ist absolut passend und korrekt – von ehemals 16,8 % (also vor März 2009, damals im Wesentlichen bedeutend mehr Soja-Raps-Einsatz).

Aber: 14,68 % sind noch zu viel.

Beweis über N-Bilanz an Kuh 32 kg Milchleistung aus 20 kg F-TS:

N-Eingang	Rechnung	Ergebnis
21,44 kg F-TS mit	14,68 % xP z. B. = 3.146,4 g xP : 6,25	**= 503,4 g N**
N-Ausgang		
35 kg Milch	× 3,4 % Eiweiß : 6,25	= 190,4 g N
6,43 kg Kot TrS	2,6 % N =	= 167,2 g N
	(aus 20 kg F-TS, mittl. Verdaulichkeit 70 %)	
20 l Urin	x **1.050 mg** Harnstoff je 100 ml	
	= 210 g Harnstoff	= 105,0 g N
	(Molekulargewicht Harnstoff : N = 2:1)	**= 462,6 g N**

N-Überhang 41 g = 256 g xP = 0,58 kg Soja-FS!

Aber in der alten Ration mit 16,8 % xP betrug der N-Überhang 114 g = 713 g xP! = 1,62 kg Soja-FS.
16,8 % xP einer Ration entspricht den zwingenden Empfehlungen der offiziellen Kuhernährungslehre, parallel zu Milchharnstoffwerten von 250 mg + x. Das ist die Katastrophe in der Kuhhaltung, gesundheitlich und wirtschaftlich, denn wegen: N-Überhänge verursachen über Ammoniak und Harnstoff bleibende unheilbare generationenübertragbare Leber- und Nierenpathologie (Sie erkennen hier, dass die Organsituation, insbesondere Nierendegeneration in den Zeiten hoher xP-Versorgung gesetzt worden ist).
Aus der Degeneration von Leber und Nieren resultieren, die die Nutzungsdauer der Kuh verkürzenden Krankheitskomplexe (siehe meine Unterlagen).

Also: absolute Dominanz für Glück oder Pech der Kuh = Verfassung von Leber und Niere, wiederum fast zu 100 % abhängig von der Höhe der xP-Versorgung (es dürften keine N-Überhänge resultieren!). Daneben spielt die Energieversorgung eine bemerkenswerte Rolle. Beeinflussung des Kompensationsvermögens, nicht der pathologischen Prozesse.

Zusammenhang aus: Energieversorgung/Degeneration von Leber und Niere und deren gesundheitliche Auswirkungen.

I. Neben der absoluten Priorität der N-Versorgung am Glück oder Pech der Kuh = 1. Wertigkeit besitzt die Energieversorgung die 2. Wertigkeit. Sie bestimmt funktionell das Ausmaß des Degenerationssyndroms, also die Intensität der Krankheitsfolge aus der degenerierten Leber und Niere. Herde A und B besitzten einen vergleichbaren identischen Grad der pathologischen Schäden an Leber und Nieren. Die Energieversorgung in Herde A beträgt nur 6,6 MJNEL/kg Gesamtfutter-TS, die in der Herde B 7,2 (hohe Grundqualität, gute Silier- und Konserviertechnik usw.). Die gesundheitlichen Probleme sind in Herde A deutlich höher!

Hohe Energieversorgung bedeutet:

1. Über den Verdauungsweg in der Pansenfunktion Vermehren der Pansenmikroben mit der Folge der Produktionserhöhung von mikrobiellem Reineiweiß aus NPN/NH_3.

2. Über den Stoffwechselweg zeitlich schnellere und intensivere Entgiftung von Ammoniak in Harnstoff: Der Leber steht genügend Energie in Form von Glucose zur Verfügung. Für diese Wirkung sind Futtermittel mit hohem Zuckergehalt besonders wertvoll (z. B. Vollzuckerschnitzel, Melasse), weil der Zucker direkt über Glucose (nach der Aufspaltung durch Sekrete der Bauchspeicheldrüse) durch die Darmwand ins Blut resorbiert wird.

Energieminderversorgung bedeutet:
Höhere Anflutung, längere Verweildauer und intensivere Schadwirkung an den Organzellen von und durch Ammoniak.

II. Diese positive Wirkung aus Energie erfüllt auch der Aufbau von Körperfettgewebe in der Hochträchtigkeit, konditionell sichtbar oder verdeckt über das Bauchhöhlenfettgewebe – Fettgewebe im großen Netz-, das in der Phase zur Hochlaktation eingeschmolzen wird über Fettsäure für den Glucose-Aufbau. Diese Energiereserve ist physiologisch unbedingt nötig, um die nutritive Energieunzulänglichkeit in der Hochlaktation der Kuh mit ± 40 kg Milchleistung auszugleichen. Die gesunde Leber einer gesunden Kuh ist selbstverständlich in der Lage, die zusätzlichen anflutenden Fettsäuren in Glucose umzuwandeln ohne Überforderungsreaktion mit Ketonkörperbildung. Die entwickelt nur eine kranke degenerierte Leber, die mit diesem Zustand Geburt und Hochträchtigkeit erreicht. Nicht die fettgewebsbeladene Kuh ist die Problemkuh für die nachfolgende Laktation – so von der offiziellen Fütterungslehre interpretiert –, sondern die leberdegenerierte Kuh, die diese an sich physiologische Zusatzaufgabe nicht beherrschen kann.

Die Energieversorgung ist in Ihrer Ration mit 7,16 MJNEL vorbildlich gut. Nebenbei: Wünschenswert ist ein betonter Zuckergehalt wegen der direkten Resorption von Glucose aus dem Darm (Energie aus Stärke muss erst aus Fettsäuren in der Leber zu Glucose umgewandelt werden). Wir sollten also auf Presschnitzelsilage nicht verzichten.

Erst nach der Energieversorgung beteiligt sich der Kuhkomfort an der Lebensqualität der Kuh.

Auswirkungen der N-Überhänge auf Ihre Herde

a) Euterprobleme

Gesundheitliche Abhängigkeit der Eutergesundheit:

10 % primäre Infektionen

10 % Melktechnikhygiene

80 % Harnstoffgehalte

Alle Werte über 100 mg/l sind krankhaft = ehemals physikal. Reizung des Drüsengewebes, reaktive Ausschwemmung weißer Blutkörperchen = sekundäre Keimbelastung oder keimfrei.

Nicht Staphylococcus aureus ist der Problemkeim für die Euterinstabilität, sondern die Harnstoff-Filtration. Dieselben Prozesse bei der Entstehung von Euterschäden gibt es beim Geburtsrind.

Wenn die Kühe gesundheitlich wieder stabiler sind, werden wir den hohen Trockenstelleraufwand deutlich reduzieren – nach 6 Monaten etwa.

b) Fortpflanzungsstörungen durch mangelnde Brunstproblematik, bedingt durch Zystenkomplex. Zum Zystenkomplex gehören:
  a) verzögerter Follikelsprung
  b) klassische Zysten
  c) zystischer Eierstock.

Ursache: 90 % Energiemangel – mehr durch Energieverlust als durch Nahrungsenergiemangel.

Energieverlust
  a) in der Leber wegen Umwandlung von Ammoniak in Harnstoff
  b) in der Leber bei Leberdegeneration wegen unvollständiger Umwandlung von Fettsäuren in Glucose, Umwandlungsschritte in der Ebene der Ketonkörper (Aceton, Acetessigsäure, ß-Hydroxybuttersäure) abgebrochen = energetisch wertlos, erscheinen im Urin u. a.; Ketonkörperfeld violett
  = ketonurische Stoffwechselreaktion durch Leberdegeneration
  c) über die „brüchigen" degenerierten Nieren als Eiweißverlust 100–120 g Blutreineiweiß je Kuh und Tag, insgesamt bis 15 % der Futtertagesration.

c) Klauenlahmheiten durch Ausfiltration von Harnstoff in die Lederhaut und Ballenhaut (Harnstoffexanthem).

d) Kälberkrankheiten
Kälber werden über die Weitergabe von Ammoniak und Harnstoff über die Blut-Gebärmutter-Schranke mit degenerierten Lebern und Nieren geboren (siehe überrötete Lidbindeschleimhäute). Die Lungenspitzenlappen werden nicht vollständig belüftet nach der Geburt. Folge: Durchfallreaktionen, Atemwegsprobleme, Lähmungen.

Zur Biestmilchversorgung:
Die Drenchmethode mit 4 l Milch entwickelt sicher maximale Antikörperversorgung. Sie ist aber zwanghaft unphysiologisch und führt zu einer Überdehnung der Labmagen-Darm-Wand. Die Phasen plötzlicher Todesfälle bei Ihren Kälbern sind sicher Dekompensationstote mit der Lähmungsproblematik aus dem Degenerationskomplex und Magen-Darm-Lähmung aus den zuvor überdehnten Verdauungstraktwänden. Es ist bekannt aus der rezidivierenden Pansentympanie, dass einmal überdehnte Verdauungstraktnerven beim Kalb große Regenerationsprobleme haben.

Es gilt sowieso der Grundsatz: 1 Tasse Biestmilch so früh als möglich nach der Geburt (sobald der Saugreflex ausgeprägt ist) ist viel wertvoller, als 1–4 l zu einem späteren Zeitpunkt verabreicht.
Ich möchte nicht an allem kritisieren, es geht nur um objektive und physiologische Darstellung, stellen Sie das Zwangsdrenchen ein, reduzieren Sie zumindest auf max. 1 l!

Ration Frühlaktation
Aus Ration Hochlaktation 52 kg FS werden 40,7 kg FS vorgelegt (78–80 %), dazu von Hand zugelegt:
0,81 kg Gerstenstroh
0,57 kg Soja
0,40 kg Glycerin
0,14 kg Mineralisierung
Beurteilung: xP-Gehalt leicht ansteigend, um 0,2 % xP (absolut), N-Überhänge vergleichbar mit Hochlaktationsvariation (das war auch in der alten Ration so mit entsprechend höheren Werten).

Ration Mittel-/Endlaktation

	FS kg	TS %	= kg	xP %	= g
Maissilage	14,40	38,2	5,50	9,0	495,1
Grassilage	12,82	31,2	4,00	17,3	692,0
Presschnitzelsilage	15,09	20,0	3,00	9,9	= 297,0
Gerstenstroh	1,40	86,0	1,20	3,9	46,8
Gerste	4,77	88,0	4,20	12,4	520,5
Sojaextraktionsschnitzel	1,25	88,0	1,10	51,0	561,0
Rapsextraktionsschrot	1,24	89,0	0,10	40,0	440,0
naturaVit®	0,20	90,0	0,18	50,0	90,0
Viehsalz	0,08				
Kohlensauren Futterkalk	0,10				
Monocalciumphosphat	0,13	zus. 0,29			
Mineralfutter	0,13				
			= 20,57		= 3.142,4
					= 15,28 % xP

(Mineralfutter wird hier verbraucht, danach kohlensauren Futterkalk mit Monocalciumphosphat) etwa 51,3 kg FS

N-Eingang	Rechnung	Ergebnis
502,8 g N	14,68 % xP z. B. = 3.146,4 g xP : 6,25	**= 503,4 g N**
N-Ausgang		
30–32 kg Milch	× 3,4 % Eiweiß : 6,25	= 168,6 g N
6,17 kg Kot TrS	2,6 % N =	= 160,5 g N
	(aus 20 kg F-TS, mittl. Verdaulichkeit 70 %)	
20 l Urin	x **1.050 mg** Harnstoff je 100 ml	
	= 210 g Harnstoff	= 105,0 g N
	(Molekulargewicht Harnstoff : N = 2:1)	**= 462,6 g N**

N-Überhang 68 g! = 425 g xP = 0,97 kg Soja-FS!
(höherer xP-Gehalt – höherer N-Überhang, Ration erscheint auch etwas zu voluminös, könnte 1 kg TS niedriger sein)
xP-Gehalt in alter Ration 15,1 %, N-Überhänge nahezu identisch.

Ration Trockensteller

	FS kg	TS %	= kg	xP %	= g
Maissilage	9,16	38,20	3,50	9,0	315,0
Grassilage	19,23	31,20	6,00	17,3	1.038,0
Gerstenstroh	2,67	86,00	2,30	3,9	89,7
Viehsalz	0,10				
Mineralfutter	0,14	zus. 0,23			
			= 12,03		= 146,2
					= 12,16 % xP

(31,3 kg FS)
xP-Gehalt in alter Ration 13,6 % durch deutl. Überhang Grassilage.
xP-Gehalt in Tr.ration max. 13 %!

Ration Transitgruppe
Aus Hochlaktation 17,22 kg FS, zusätzlich
2,09 kg Gerstenstroh
0,56 kg Rapsextraktionsschrot
0,06 kg Viehsalz
0,40 kg Glycerin
0,08 kg Mineral
Mit 20, 41 kg FS = 10,02 kg TS und 12,9 % xP, alte Ration mit 15,0 % xP = gesundheitsschädigend!

Kälber

a) Biestmilch 4 l zwangsgedrencht
b) bis 4. Lebenstag Kuhmilch
c) danach Sauermilchtränke, kalt, 1x tägl. angesetzt
d) Ab 14. Lebenstag Hochlaktationsration + Kälberaufzuchtfutter / Körnermais im Ganzen.

V. Veränderung der Fütterung

Ziel: max. xP-Gehalt 13,5 %. Damit fluten nur noch etwa 1.000 mg Harnstoff für 100 ml Urin an. Das entspricht der durchschnittlichen aktuellen Filtrationsfähigkeit Ihrer Kühe ohne weiteren Schädigungsfortschritt. Achtung: Diejenigen Kühe, die in ihrer aktuellen Filtrationsleistung unter 1.000 mg liegen, werden auch dann noch geschädigt! (Wir können aber keine Ration arrangieren mit nur noch 200–300 mg Harnstoff-Anflutung!)

Weitere Orientierung
Versorgungslinien bleiben, werden aber vereinfacht.
Als Eiweißträger wird nur noch Rapsextraktionsschrot eingesetzt, wenn Glycerin verbraucht, kein Neukauf.

Also **2. Schritt** (wenn Soja verbraucht.) / (Den 1. Schritt haben Sie ja bereits getätigt.)
Anlegen Hofmischung für **Hoch- + Mittellaktation**

Gerste	68,1 %	
Rapsestr.schrot	26,0 %	
naturaVit®	2,4 %	
Kohlens. Futterk.	1,5 %	
Monocalciumphosphat	1,0 %	
Viehsalz	1,0 %	mit 20 % xP in TS,

Davon 8,5 kg FS je Kuh und Tag in Hochlaktationsgruppe
6,5 kg in Mittel-/Endlaktation.

Strukturfutter bleibt:

	FS kg	TS %	= kg	xP %	= g
Maissilage	20,16	38,2	7,70	9,0	693,10
Grassilage	9,62	31,2	3,00	17,3	519,00
Presschnitzelsilage	12,56	20,0	2,50	9,9	247,50
Gerstenstroh	1,16	86,0	1,00	3,9	39,00
	= 43,50		= 14,20		= 1.498,60
Hofmischung	8,40	88,0	7,48	20,6	1.496,00
Gesamtfutter	= 52,00		= 21,68		= 2.994,60
					= 13,81 % xP

Also **Hochlaktation**
3. Schritt nach weiteren 3 Monaten
Einstellung auf 13,5 % – abhängig vom xP-Gehalt der dann verfütterten Grassilage – auch Anteil Gerste durch Körnermais ersetzen (je mehr umso besser). Herr Lenz möchte helfen.

Frühlaktation, neu
Verteilung bleibt, also 41 kg FS aus Hochlaktation, von Hand ergänzt durch
0,81 kg Gerstenstroh
0,30 kg Rapsextraktionsschrot
0,40 kg Gerste
0,05 kg naturaVit®
0,03 kg Kohlens. Futterkalk
0,01 kg Monocalciumphosphat.

Mittel-/Endlaktation
Strukturfutter wie bisher

	FS kg	TS %	= kg	xP %	= g
Maissilage	14,40	38,2	5,50	9,0	495,10
Grassilage	12,82	31,2	4,00	17,3	692,00
Presschnitzelsilage	15,09	20,0	3,00	9,9	297,00
Gerstenstroh	1,40	86,0	1,20	3,9	46,80
	= 47,71		= 13,70		= 1.530,90
Hofmischung	6,50	88,0	5,72	20,0	1.144,00
Gesamtfutter	= 50,21		= 19,42		= 2.674,90
					= 13,77 % xP

(Falls die Milchleistung sinkt, 0,5–0,75 kg Hofmischung zulegen)

Ration Trockensteher, neu

	FS kg
Maissilage	9,16
Grassilage	19,23
Gerstenstroh	2,67
naturaVit®	0,20
Viehsalz	0,05
Monocalciumphosphat	0,05

Transitgruppe, neu
Wie bisher 17,22 kg FS aus Hochlaktation,
dazu:
2,09 kg Gerstenstroh
0,15 kg Naturvit
0,05 kg Viehsalz
0,075 kg Monocalciumphosphat
0,25 kg Rapsextr. Schrot
1,25 kg Gerste.

Kälber

a) nach der Biestmilchgabe 1 Teel. naturaVit® in jede Milchtränke während der ersten 4 Lebenstage
b) Fütterung Kälberaufzucht wie bisher, bitte hier also bis 90. Lebenstag naturaVit® zulegen, 20 g junge Kälber – 50 g altere Kälber, je Tier und Tag.

Bei Fragen bitte melden

Mit freundlichen Grüßen

Dr. med. vet. Schmack — Delbrück, 02.09.2009
Tierärztliche Praxis für Rinder u. Schweine

Endbefund
Seite 1/1

Tel. :
Original an Herrn

Tour L (29) Dr. med. vet. Karl-Heinz Schmack

Name: S███, RIND NR. 1

Entnahmedatum	: 26.08.09	Auftr.-Nr.:	SP 9H26 1297
Mat.-Eingang	: 26.08.09	Berichtsdatum:	28.04.10

Klinische Chemie

Bilirubin gesamt	(phot)		<0.10	mg/dl	Zielwert: < 0.15 Normwert: < 0.40
Creatinin	(phot)		0.7	mg/dl	Zielwert: < 0.5 Normwert: 0.9 - 2.0
Harnstoff i. Urin	(enzy)	↓	8.0	g/l	Zielwert gesunde Kuh > 30.0

Befund wurde medizinisch validiert und freigegeben Dr. Claudia Pouwels

Endbefund
Seite 1/1

Tel. :
Original an Herrn

Tour L (29) Dr. med. vet. Karl-Heinz Schmack

Name: S███, RIND NR. 2

Entnahmedatum	: 26.08.09	Auftr.-Nr.:	SP 9H26 1296
Mat.-Eingang	: 26.08.09	Berichtsdatum:	28.04.10

Klinische Chemie

Bilirubin gesamt	(phot)		0.11	mg/dl	Zielwert: < 0.15 Normwert: < 0.40
Creatinin	(phot)		0.7	mg/dl	Zielwert: < 0.5 Normwert: 0.9 - 2.0
Harnstoff i. Urin	(enzy)	↓	8.7	g/l	Zielwert gesunde Kuh > 30.0

Befund wurde medizinisch validiert und freigegeben Dr. Claudia Pouwels

Endbefund
Seite 1/1

Tel. :
Original an Herrn

Tour L (29) Dr. med. vet. Karl-Heinz Schmack

Name: S[redacted], RIND NR. 3

Entnahmedatum : 26.08.09
Mat.-Eingang : 26.08.09

Auftr.-Nr.: SP 9H26 1295
Berichtsdatum: 28.04.10

Klinische Chemie

Bilirubin gesamt	(phot)		<0.10	mg/dl	Zielwert: < 0.15 Normwert: < 0.40
Creatinin	(phot)		0.8	mg/dl	Zielwert: < 0.5 Normwert: 0.9 - 2.0
Harnstoff i. Urin	(enzy)	↓	10.4	g/l	Zielwert gesunde Kuh > 30.0

Befund wurde medizinisch validiert und freigegeben Dr. Claudia Pouwels

Endbefund
Seite 1/1

Tel. :
Original an Herrn

Tour L (29) Dr. med. vet. Karl-Heinz Schmack

Name: S[redacted], RIND NR. 4

Entnahmedatum : 26.08.09
Mat.-Eingang : 26.08.09

Auftr.-Nr.: SP 9H26 1294
Berichtsdatum: 28.04.10

Klinische Chemie

Bilirubin gesamt	(phot)		<0.10	mg/dl	Zielwert: < 0.15 Normwert: < 0.40
Creatinin	(phot)		0.9	mg/dl	Zielwert: < 0.5 Normwert: 0.9 - 2.0
Harnstoff i. Urin	(enzy)	↓	11.5	g/l	Zielwert gesunde Kuh > 30.0

Befund wurde medizinisch validiert und freigegeben Dr. Claudia Pouwels

Endbefund
Seite 1/1

Tel. :
Original an Herrn

Tour L (29) Dr. med. vet. Karl-Heinz Schmack

Name: S█████, RIND NR. 5 | Entnahmedatum : 26.08.09 | Auftr.-Nr.: SP 9H26 1293
Mat.-Eingang : 26.08.09 | Berichtsdatum: 28.04.10

Klinische Chemie

Bilirubin gesamt	(phot)		<0.10	mg/dl	Zielwert: < 0.15 Normwert: < 0.40
Creatinin	(phot)		0.7	mg/dl	Zielwert: < 0.5 Normwert: 0.9 - 2.0
Harnstoff i. Urin	(enzy)	↓	2.7	g/l	Zielwert gesunde Kuh > 30.0

Befund wurde medizinisch validiert und freigegeben Dr. Claudia Pouwels

Endbefund
Seite 1/1

Tel. :
Original an Herrn

Tour L (29) Dr. med. vet. Karl-Heinz Schmack

Name: S█████, RIND NR. 6 | Entnahmedatum : 26.08.09 | Auftr.-Nr.: SP 9H26 1292
Mat.-Eingang : 26.08.09 | Berichtsdatum: 28.04.10

Klinische Chemie

Bilirubin gesamt	(phot)		0.11	mg/dl	Zielwert: < 0.15 Normwert: < 0.40
Creatinin	(phot)		1.1	mg/dl	Zielwert: < 0.5 Normwert: 0.9 - 2.0
Harnstoff i. Urin	(enzy)	↓	15.0	g/l	Zielwert gesunde Kuh > 30.0

Befund wurde medizinisch validiert und freigegeben Dr. Claudia Pouwels

Zusammenhang aus: Energieversorgung – Degeneration von Leber und Niere – gesundheitliche Auswirkungen

I. Neben der absoluten Priorität der N-Versorgung am Glück oder Pech der Kuh = 1. Wertigkeit besitzt die Energieversorgung die 2. Wertigkeit. Sie bestimmt funktionell das Ausmaß des Degeneratinssyndroms, also die Intensität der Krankheitsfolge aus der degenerierten Leber und Niere. Herde A und B besitzen vergleichbaren identischen Grad der pathologischen Schäden an Leber und Nieren. Die Energieversorgung in Herde A beträgt nur 6,6 MJNEL / kg Gesamtfutter-TS, die in Herde B 7,2 (hohe Grundfutterqualität, gute Silier- und Konservierungstechnik usw.). Die gesundheitlichen Probleme sind in Herde A deutlich höher!

Hohe Energieversorgung (Stärke-Zuckerenergie) bedeutet:

1. Über den Verdauungsweg – in der Pansenfunktion Vermehrung der Pansenmikroben mit der Folge der Produktionserhöhung von mikrobiellem Reineiweiß aus NPN/NH_3 (Verminderung der NH_3–Resorption).

2. Über den Stoffwechselweg – zeitlich für schnellere und intensivere Entgiftung von Ammoniak in Harnstoff der Leber steht genügend Energie in Form von Glucose zur Verfügung. Für diese Wirkung sind Futtermittel mit hohem Zuckergehalt besonders wertvoll (z. B. Zuckerrübenschnitzel, Melasse), weil der Zucker direkt über Glucose (nach der Aufspaltung durch Sekrete der Bauchspeicheldrüse) durch die Darmwand ins Blut resorbiert wird. Energieminderversorgung bedeutet höhere Anflutung, längere Verweildauer und intensivere Schadwirkung an den Organzellen von und durch Ammoniak.

II. Diese positive Wirkung aus Energie erfüllt auch der Aufbau von Körperfettgewebe in der Hochträchtigkeit, konditionell sichtbar oder verdeckt über das Bauchhöhlenfettgewebe (Fettgewebe im großen Netz), das in der Phase zur Hochlaktation eingeschmolzen wird über Fettsäuren für den Glucoseaufbau. Diese Energiereserve ist physiologisch unbedingt nötig, um die nutritive Energieunzulänglichkeit in der Hochlaktation der Kuh mit ± 40 kg Milchleistung auszugleichen. Die gesunde Leber einer gesunden Kuh ist selbstverständlich in der Lage, die zusätzlich anflutenden Fettsäuren in Glucose umzuwandeln ohne Überforderungsreaktion mit Ketonkörperbildung. Die entwickelt nur eine kranke degenerierte Leber, die mit diesem Zustand Geburt und Hochträchtigkeit erreicht. Nicht die fettgewebsbeladene Kuh ist die Problemkuh für die nachfolgende Laktation (so von der offiziellen Fütterungslehre interpretiert), sondern die leberdegenerierte Kuh, die diese an sich physiologische Zusatzaufgabe nicht beherschen kann.

III. Beurteilung der Energieträger für Wiederkäuer

1. Stärke
   – wiederkaugerechtester Energieträger
   – positive Wirkung auf die Pansenmikroben (Konzentration und Intensität)
   – Stärke = Fettsäuren (Pansen) = Umwandlung in Glucose (Leber) als indirekter Energieweg.
2. Zucker
   – geringer Einfluß auf die Pansenmikrobe
   – direkte Energieversorgung als Glucose-Resoption aus dem Dünndarm.
3. Fett, „geschützt"
   – minder- bzw. unphysiologische Ernährungskomponente für den Wiederkäuer
   – keine Wirkung auf die Pansenmikrobe
   – doppelt indirekter Energieweg: Abbau zu Fettsäuren in Dünndarm = Umwandlung in Glucose in Leber.

Formblatt zur Erstellung der N-Bilanz

für die laktierende Kuh:

Fütterungssystem

a) Vorlage der Einzelfuttermittel, manuell
b) Vorlage Einzelfuttermittel + Abruffütterung (Einrohr- oder Mehrrohrsystem)
c) Teilmischration des Grundfutters + Abruffütterung.
d) Teilmischration inklusive Aufwertung (strukturiertes Zusatzfutter oder/und Ausgleichsfutter) + Abruffütterung
e) Vollmischration (TMR).

Werden Kühe in zwei (oder mehr) Leistungsgruppen gefüttert, sollte für jede Leistungsgruppe ein Beispiel berechnet werden. Auch bei TMR-Fütterung sollte für eine hochleistende und eine minderleistende Kuh die N-Bilanz erstellt werden, unter Berücksichtigung/Schätzung der Futteraufnahmemenge.

Zur Orientierung: 30/32 kg Milchleistung aus 20 kg F-TS-Aufnahme.

Erstellung der Kenndaten:

a) xP/g = : 6,25 = gN = **N-Eingang, bezogen auf xP/Gesamtfutter**

b) $\frac{\text{100 x xP/g des Gesamtfutters}}{\text{TS/g des Gesamtfutters}}$ = % xP des Gesamtfutters

N-Ausgang

Basisgruppe/Minderleistung

1.	kg Milch	x % Eiweiß : 6,25	g N
2.	kg Kot TrS	x 2,6% N	g N
	(Kot/TS = 30% von F-TS)		
3.	20 l Tagesurin	x 1.000 mg Harnstoff / 100 ml : 2	g N
	(individuelle Variation 250 – 2.000)		
	(Molekulargewicht Stickstoff : Harnstoff = 1:2)		
		Summe	g N
			x 6,25 = g Rpr.

N-Eingang/g – N-Ausgang/g = N-Überhang/g

Leistungsgruppe/Hochleistung

1.	kg Milch	x % Eiweiß : 6,25	g N
2.	kg Kot TrS	x 2,6% N	g N
3.	20 l Tagesurin	x 1.000 mg Harnstoff/100 ml : 2	g N
		Summe	g N
			x 6,25 = g Rpr.

N-Eingang/g – N-Ausgang/g = N-Überhang/g

N-Eingang FS kg TS % = kg xP % = g

1. Strukturiertes
   Grundfutter
   Grassilage
   Maissilage
2. Aufwertung

a. strukturiert z. B.
   Biertreber
   Pressschnitzel
   Schlempen

b. Ausgleichfutter z. B.
   MLF 32/2
   Rapsschrot
   Sojaschrot
   Raps/Sojaschrot/gemischt
   oder Sonderfuttermittel z. B.
   Melasse

3. Abruffütterung z. B.
   MLF Nr. 1
   MLF Nr. 2
   Getreide
4. Zusatzfuttermittel
   Mineralstoffmischung
   Viehsalz
   kohlensaurer Futterkalk
   Monocalciumphosphat

Summe: FS kg TS % = kg xP % = g

Anmerkung:
Zur tolerierbaren rechnerischen Vereinfachung kann für MLF und Konzentrat-Einzelfuttermittel ein 10 %iger Abzug von FS zu TS angesetzt werden. Zur Berechnung des xP-Gehaltes ist bei MLF immer von FS auszugehen.

Fütterungskorrektur:

a) radikale Senkung des Rohproteingehaltes für gesundheitliche Problembestände in 1 Schritt auf maximal 13,5 % xP / Gesamtfutter.

Oder

b) schrittweise Reduktion in 2–3-monatigen Abständen um je 0,5–1 % absolut des xP-Gehaltes des Gesamtfutters bis 13,5 %:

1. Schritt
   Ersatz von 1 kg eines Eiweißfuttermittels (z. B. Sojaextraktionsschrot) oder des Milchleistungsfutters durch 0,8 kg Getreide (Weizen) + 0,2 kg naturaVit® je Kuh und Tag als 1,0 kg Hofvormischung oder 1. Schritt mit geringerer xP-Reduktion: 0,3 kg Getreide + 0,2 kg naturaVit® als Ersatz für 0,5 kg Eiweißträger.

   Die Hofvormischung ist trocken zu lagern, dann etwa 4 Wochen lagerungsfähig. Achtung: Hefe ist feuchtigkeitsbindend (hydrophil). Lebende Hefezellen aktivieren bei Anwesenheit von Feuchtigkeit ihren Stoffwechsel und sterben dann.
   Je nach Vorgabe des Fütterungssystems sollten lebende Hefezellen trocken oder aufgemischt so schnell als möglich den Nahrungseingang finden („in die Kuh kommen“). Nach 6 Monaten kann die naturaVit®-Dosis auf 150 g je Kuh und Tag gesenkt werden (Dauerversorgungsdosis). z. B.

1 kg Sojaextraktionsschrot mit 450 g xP wird ersetzt durch 1 kg Vormischung mit 180 g xP (aus 0,8 kg Weizen FS = 0,7 kg TS mit z. B. 13 % xP = 92 g xP + 0,2 kg naturaVit® FS = 0,18 kg TS mit 50 % xP = 90 g xP). Das entspricht einer xP-Reduktion des Gesamtfutters von 270 g bzw.: 6,25 = 43,2 g N-Reduktion. Falls als Konzentratfutter-Komponente nur ein MLF gefüttert wird, wird also 1 kg dieses MLF durch 1 kg Vormischung ersetzt und gleichzeitig der xP-Gehalt gesenkt mit Ausrichtung der Energiestufe immer auf 4., z. B. MLF 18/3 ersetzt durch 16/4 oder MLF 20/4 ersetzt durch 18/4.

2. Schritt nach 2–3 Monaten
   weiterer Abbau von 0,5–1,0 kg des Eiweißfuttermittels durch 0,5 bzw. 1,0 kg Weizen- oder Maisschrot oder MLF z. B. 18/4 ersetzt durch 14/4.

3. Schritt nach weiteren 2–3 Monaten
   entsprechende Reduktionskombinationen im Grund- und Konzentratfutterbereich, anzusetzen nach hohem Energie- und reduziertem Eiweißgehalt und Preiswürdigkeit. Die Diskussion um unterschiedliche Abbauwerte von Rohprotein und Stärke bei der ruminalen Hefezellfütterung ist nicht relevant.

Die Zielforderung 13,5 % im Gesamtfutter bedeutet bei einer Gras-Mais-Silage-Grundfütterung für eine Hochleistungskuh den Einsatz von bis 12 kg Weizenschrot. Es entsteht selbst dann bei gleichzeitiger Verabreichung einer genügenden Zahl von Hefezellen (1×10^{10} KBE = 200 g naturaVit®) des ruminal aktivsten Stammes 1026 keine Pansenacidose!

Verkürztes Formblatt zur Erstellung der N-Bilanz

N-Eingang FS kg TS % = kg xP % = g

1. Strukturiertes
   Grundfutter
   Grassilage
   Maissilage

2. Aufwertung
   a. strukturiert z. B.
   Biertreber
   Pressschnitzel
   b. Ausgleichfutter z. B.
   MLF 32/2
   Rapsschrot und Sojaschrot
   Raps-/Sojaschrot gemischt oder
   Sonderfuttermittel, z. B. Melasse

3. Abruffütterung z. B.
   MLF Nr. 1
   MLF Nr. 2
   Getreide

4. Zusatzfuttermittel
   Mineralstoffmischung
   Viehsalz
   kohlensaurer Futterkalk
   Monocalciumphosphat

Summe: OS kg TS % TS kg xP % Rpr.g

Fütterungskorrektur:
Zur regenerativen Verlaufskontrolle der Kuhherden gehört also:

Erstellung der Kenndaten:

a) xP/g = : 6,25 = gN = **N-Eingang, bezogen auf xP/Gesamtfutter**
b) $\frac{\text{100 x xP/g des Gesamtfutters}}{\text{TS/g des Gesamtfutters}}$ = % xP des Gesamtfutters

N-Ausgang
Basisgruppe/Minderleistung

1. kg Milch	x % Eiweiß : 6,25		g N
2. kg Kot TrS (Kot/TS = 30% von F-TS)	x	2,6% N	g N
3. 20 l Tagesurin (individuelle Variation 250 – 2.000) (Molekulargewicht Stickstoff : Harnstoff = 1:2)	x 1.000 mg Harnstoff / 100 ml : 2		g N
		Summe	g N x 6,25 = g Rpr.

N-Eingang/g – N-Ausgang/g = N-Überhang/g

Leistungsgruppe/Hochleistung

1. kg Milch	x % Eiweiß : 6,25		g N
2. kg Kot TrS	x	2,6% N	g N
3. 20 l Tagesurin	x 1.000 mg Harnstoff/100 ml : 2		g N
		Summe	g N x 6,25 = g Rpr.

N-Eingang/g – N-Ausgang/g = N-Überhang/g

a) Befunderhebung laut Untersuchungsprofil, auch als z. B. jährliche Verlaufskontrolle.
b) Rechnerische Bestimmung der nutritiven Rohproteinversorgung / Erstellung N-Bilanz, mindestens halbjährlich oder jeweils mit Rezepturveränderung.
c) Vereinfacht zur ständigen Orientierung:
   Der über die Milchkontrollberichte mitgeteilte Harnstoffgehalt/Milch eignet sich ohne zusätzliche Mühe zur Teilstatuserhebung und Verlaufskontrolle:

1. Jeder Wert über 100 mg / 1.000 ml Milch – krankhaft. Der Hinweis „Verdacht auf Rohproteinunterversorgung“ in den Milchkontrollmitteilungen bei niedrigen Milchharnstoffwerten ist schlicht falsch!
2. Je höher der durchschnittliche Milchharnstoffgehalt ist, umso belasteter ist die Herde – muss nicht identisch/parallel sein mit dem Grad der gesundheitlichen Probleme.
3. Gesunde Nieren in gesunder Kuh: Der Milchharnstoffgehalt steigt nicht über 100 mg / 1.000 ml an bei nutritiver Rohproteinzulage (in den Folgegenerationen).
4. Geschädigte Nieren = kranke Kuh, wenn der Milchharnstoffgehalt nach xP-Versorgungszulage ansteigt mit einer zeitlichen Verzögerung von etwa 1–2 Wochen mit der zwangsläufigen Folge z. B. des Anstieges der Milchzellzahlen/Mastitiden. Insbesondere der Anstieg des Harnstoffgehaltes in der Milch während des Laktationsverlaufes ist ein alarmierendes Symptom, nicht bedingt durch gedachte höhere Konzentration in der ge-

ringer werdenden Milchleistungsmenge, sondern durch fortschreitende Zerstörung des Nierengewebes in der Laktationszeit mit Verminderung der Harnstoffausscheidungsfähigkeit der Nieren in den Urin! Die Basis für gesundheitliche Stabilität ist erst erreicht, wenn die Rohproteinversorgung dem Prinzip N-Eingang = N-Ausgang entspricht. Weil aber nicht jede Kuh einer Herde streng individuell zu versorgen ist, ist ein N-Überhang von maximal 10 g sowohl als Herdendurchschnittsgröße als auch für das Einzeltier zu tolerieren. Gesundheitliche Probleme beginnen aber ab 0 g N-Überhang.

Das Bestandsziel ist erreicht oder ein Kuhbestand ist dann gesund, wenn die Kühe einen Milchharnstoffgehalt nach unten von maximal 100 mg je 1.000 ml erreicht haben. Es ist unverantwortlich, Milchharnstoffgehalte von 250 mg für die Kuhbasis und 350 mg für Hochleistungskühe anzustreben. Der Milchharnstoffgehalt ist nur in zweiter Linie ein Spiegelbild für die nutritive Eiweißversorgung, er ist in der ersten Beurteilung ein Indikator für die Nierenfunktionstüchtigkeit! Das heißt: Kühe mit völlig gesunden Nieren und einer ausbilanzierten N-Versorgung entwickeln einen Milchharnstoffwert von maximal 100, der auch bei kurzfristigem nutritiven N-Überangebot nicht ansteigt. Erst wenn die nutritive N-Überversorgung permanent anhält, steigt infolge der morphologischen Nierenschädigung der Milchharnstoffgehalt auf Werte von 200–300 und mehr an, weil die Kuh den Harnstoff, den die Nieren nicht mehr ausfiltrieren können, in andere Hilfsorgane (Euter) ausfiltriert. Eine äußerlich „gesund“ erscheinende Kuh mit einem permanenten Milchharnstoffgehalt von über 100 ist eine kranke Kuh!

Milchharnstoffgehalt	Interpretation
200–300 mg / 1.000 ml und mehr	Nieren degeneriert und fortgeschrittene Herdendegeneration
100–250 mg / 1.000 ml	kompensiertes Degenerationssyndrom, instabil
50–100 mg / 1.000 ml (auch unter 50 - auch 0 !!!)	Nieren gesund bzw. funktionell stabil

9. Funktioneller Schlüssel in einer leistungsgerechten, gesund erhaltenden Fütterungskonzeption

Das Versorgungsziel – nutritive Ausstattung einer gesunden langlebigen Kuh mit der Reproduktion gesunder Nachkommen, mit der physiologischen Erfüllung ihrer genetischen Leistungsfähigkeit (Milchproduktion) unter der Vermeidung bzw. zumindest Behandlungsfähigkeit von Krankheiten – ist nur zu erreichen über ein Ernährungskonzept, das geprägt ist durch

1) reduzierte Stickstoffversorgung, die sich an der Verarbeitungskapazität von Leber und Niere orientiert auf der Basis einer ausgeglichenen N-Bilanz, über die konsequente und permanente Reduktion von nutritivem Rohprotein, damit die ruminale Ammoniak-Ausflutung in die Blutbahn reduziert wird. Zusätzliches Ziel: Umwandlung des noch verbleibenden Ammoniaks in Reineiweiß durch Zugabe eines biologischen Hilfsmittels. Orientierendes Maß für die Status-quo-Darstellung der Organ-Verbreitungskapazitäten mit der Konsequenz der Rohprotein-Bemessung/Gesamtfutter ist die Bestimmung des Harnstoffgehaltes des Urins aus mindestens 10 Kühen einer Herde. Gemessene Harnstoffgehalte von ± 1.000 mg / 100 ml Urin (= 10 g / l) bei Fütterungskonzeptionen von mehr als 13,5 % xP Gesamtfutter erzwingen eine Konzeption mit Reduktion des xP-Gehaltes auf diese 13,5 %. Selbst wenn die Harnstoff-Ausscheidungsfähigkeiten zum aktuellen Untersuchungszeitpunkt noch höher liegen (z. B. Ø 1.600 mg) sollte zur Sicherung des Systems, also um fließende Schädigungen der Organe sicher aufzuhalten, auch für diese Fälle/Herden die 13,5 % xP-Ebene eingehalten werden. Für Herden mit Harnstoff–Ausscheidungsfähigkeiten deutlich unter dem 1.000-mg-Brereich muss der xP-Gehalt/Gesamtfutter gegen 12 % abgesenkt werden, was an natürliche Grenzen stößt. Man muss sich also selbstverständlich bewusst sein, dass Kühe in Herden mit einer Filtrationsfähigkeit der Nieren von z. B. nur 600 mg / 100 ml im Durchschnitt erst dann nicht mehr geschädigt werden, wenn der xP-Gehalt/Gesamtfutter bei maximal 12 % liegt. Lässt sich der Rohproteingehalt des Gesamtfutters nicht an die aktuelle Harnstoffausscheidungsfähigkeit der Nieren angleichen, hat das zur Folge, dass Krankheiten und Probleme aus dem Degenerationskomplex noch lange nach den Korrekturbemühungen auftreten.

Beweis:

N-Eingang 20 kg F-TS mit 12% xP für 30 kg Milchleistung

20 x 120 g xP / kg = 2400 g xP : 6,25 = <u>384,0 g N</u>

N-Ausgang

30,0 kg Milch x 3,4% Eiweiß : 6,25		163,2 g N
6,0 kg Kot TrS	2,6% N =	156,0 g N
20,0 l Urin x 600 mg Harnstoff je 100 ml g Harnstoff		60,0 g N
		379,2 g N

N-Ausgleich – Zielzustand/Idealzustand

Noch einmal:
Besitzt eine Herde nur eine durchschnittliche Filtrationsleistung von 600 mg Harnstoff / 100 ml Urin, schreitet die Organschädigung fort, wenn der Rohproteingehalt/Gesamtfutter nur auf 13,5 % gesenkt werden kann. Dieses Prinzip hat auch kuhindividuelle Konsequenzen: Die durchschnittliche Herdenharnstoffausscheidungsfähigkeit beträgt z. B. 1.000 mg / 100 ml. Der xP-Gehalt/Gesamtfutter wird für eine ausgeglichene N-Bilanz auf 13,5 % eingestellt.
In dieser Herde befinden sich aber Kühe mit Filtrationsvermögen von nur 400–800 mg. Bei diesen Tieren findet also eine fortlaufende Organschädigung weiterhin statt mit dem Auftreten der entsprechenden Krankheiten (Mortellaro, Labmagenerkrankung). Unumgängliche Probleme aus der Bindung an die Herdenversorgung, die sich aber in den Folgegenerationen auflösen.

2) Deckung des Energiebedarfes durch Kohlenhydrate aus Getreide, auf der Basis Weizen bzw. Einsatz von Milchleistungsfuttern der Energiestufe 4 oder in Kombination unter Zielsetzung des Energiewertes von 7,0 MJNEL / kg des Gesamtfutters.
3) Vermeidung der Pansenacidose
   Die Pansenacidose (Übersäuerung) – gekennzeichnet u. a. durch Absinken des Pansen-pH permanent deutlich unter 6,5 Verschiebung des Verhältnisses der Leitfettsäuren Essigsäure-Propionsäure-Buttersäure von 5:2:1 zulasten der Essigsäure mit gleichzeitiger Entstehung der Milchsäure, damit Reduktion der Milchproduktion und des Milchfettes, Veränderung der physiologischen Pansenflora zu einem acidophilen, hell ockerfarbener durchfälligen Kot – entsteht zwangsläufig, wenn eine Kuhherde auf einer Gras-Mais-Grundfutterbasis mit mehr als ± 2,5 kg Getreideschrot (Weizen) oder Milchleistungsfutter der Energiestufe 4 mit weniger als 14 % xP je Kuh/Tag versorgt wird. Das acidotische „Umkippen“ des Pansenmilieus, d. h. Unvermögen des weiteren Pufferns der Acidosewirkung nach dem ruminalen Abbau der Getreidekohlenhydrate zu Fettsäuren, ist kuhindividuell unterschiedlich und auch abhängig vom Strukturwert, Rohfaser-, Energie- und xP-Gehalt des Grundfutters. Die angegebenen 2,5 kg sind also ein Mittelwert. Der Einsatz eines leistungsgerechten bzw. leistungsausschöpfenden Konzentratfutters bis maximal 10–12 kg / Kuh und Tag mit der Charakterisierung der Energiestufe 4 und maximal 13,5 % Rohprotein ist aber für die Zielsetzung einer stoffwechselgerechten Fütterung zwingend, wenn der Rohproteingehalt des Gesamtfutters von 13,5 % nicht überschritten werden soll, der aber zwangsläufig zu einer Pansenacidose führen würde. Gelöst und realisiert werden also diese Forderungen
   a) durch den Einsatz von reinen Getreidemischungen auf der Basis von Weizenschrot, handelsüblichem Milchleistungsfutter mit 10 bis maximal 14 % Rohprotein oder je nach Bestandssituation in Kombination und abhängig von der N-Versorgungshöhe der jeweiligen

Konzeption des Strukturgrundfutters mit dem Ziel : **N-Bilanz = 0**

b) durch den Einsatz von **lebenden Hefezellen** über

1. den direkten Metabolismus der lebenden Hefezellen und durch

2. die indirekte Wirkung ihrer Anwesenheit – positive Beeinflussung der Pansenflora (siehe Kapitel 10. Wirkungsweise lebender Hefezellen).

Prinzip:

Bindung des freien Ammoniaks im Pansen als maximal ausgenutzter Baustein für die Produktion ruminalen Reineiweißes unter Verwendung der sonst zur Acidose führenden Fettsäuren.

Der ruminal stoffwechselaktivste Stamm aus den Hefen der Familie Saccharomyces cerevisiae ist der mit 1026 oder mit Reg.-Nr. CBS 493.94 gekennzeichnete. Er wird verabreicht in geschützter Form bzw. in der Umhüllung seines natürlichen Produktes, der Bierhefe = Tothefe, in einer täglichen Versorgungsdosis von 0,5–1 x 10^{10} lebenden Hefezellen = KBE (komplement bildende Einheiten). Handelsprodukt ist naturaVit® der Firma Tremonis, Dortmund, es enthält eine tatsächliche Konzentration von 5 x 10^{10} KBE je kg Ergänzungsfuttermittel, angegeben laut europäischem Futtermittelrecht über Mindestgehalt also mindestens 1 x 10^{10} KBE, also mindestens 0,1 x 10^{10} KBE je Kuh und Tag. Werden andere Hefestämme eingesetzt (z. B. 1047/1077) muss für diese die KBE-Dosis **verzehnfacht** werden, um denselben Wirkungseffekt mit Sicherung des Vermeidens der Pansenacedose zu erzielen wie mit Stamm 1026. Um den Sanierungseffekt unabhängig vom herdenspezifischen Degenerationsgrad auf eine sichere Start- und Umstellungsbasis zu stellen, hat es sich bewährt, in den ersten 6 Monaten mit einer täglichen Versorgungsdosis je Kuh von 1 x 10^{10} zu arbeiten, entsprechend 200 g naturaVit®. Für den Zeitraum der folgenden 6 Monate ist die Dosis auf 150 g zu reduzieren; nach dem ersten Jahr kann in Beständen mit gezielter Einzelversorgung eine weitere Verminderung auf 125 g erfolgen als Dauerversorgungsdosis. Im Futtermischwagen, über die Hofvormischung oder als Einzelfuttermittel eingesetzt, soll die Menge von 150 g je Kuh und Tag als Dauerversorgungsdosis nicht unterschritten werden wegen möglicher unvollständiger Homogenisierung des Futtergemisches und Variationen in der tierindividuellen Futteraufnahme.

Basis für das Erstellen der neuen Fütterungskonzeption sind die Ergebnisse

a) der Befunderhebung aus dem Untersuchungsprofil Degenerationssyndrom

b) der Berechnungen des Rohproteingehaltes der Futterkomponenten mit dem Ziel der Bestimmung des N-Eingangs des Gesamtfutters einerseits und andererseits der Bestimmung des N-Ausganges (N-Bilanz).

Durch die Reduktion des Rohproteingehaltes in den veränderbaren Einzelfuttermitteln wird der N-Ein-

gang dem N-Ausgang angeglichen – in mehreren oder in nur einem Schritt.
Das Untersuchungsprofil lässt sich jederzeit zur Verlaufskontrolle heranziehen, ebenso wie die N-Bilanz neu erstellt bzw. korrigiert werden muss, z. B. wegen Veränderung des xP-Gehaltes der Grassilageschnitte oder Wechseln von Einzelfuttermitteln. **Rationen können geändert werden, das Festhalten an dem Ziel N-Ausgleich nie!**
Dauerversorgungsdosis für naturaVit® bedeutet die tägliche Versorgung über das ganze Jahr sowohl während der Stallhaltung als auch während des Weideganges. Gerade wegen der N-Anflutung während des frühen Weideganges bzw. Frischgrasfütterung brauchen die Kühe naturaVit® bei gleichzeitiger N-Reduktion der Zusatzfuttermittel (Berechnung immer auf der Basis N-Eingang = N-Ausgang).

Es nutzt nichts, Kühen naturaVit® bzw. lebende Hefezellen zu verabreichen im Sinne eines zeitlich begrenzten „Probiereffektes“ oder als Zusatz zu einer konventionellen stickstoffüberlasteten Ernährung. Entweder naturaVit® in Kombination mit einer stickstoffreduzierten Ernährung in zunächst lebenslanger Dauerversorgung bis zur vollständigen Organgesundheit oder Abstand von dem Einsatz lebender Hefezellen nehmen. Es hat sich gezeigt, und die negative Entwicklung schreitet so fort, dass jeder Kuhbestand, der nach den Prinzipien der offiziellen institutionellen stickstoffbezogenen Bedarfsmaßstäben ernährt wird, früher oder später im gesundheitlichen Desaster mit einem wirtschaftlich nicht zu vertretenden Aufwand für Behandlung und Reproduktion endet.
Die Intensität des gesundheitlichen Schadensbildes ist direkt gebunden an die Höhe der Stickstoff-Überhänge in der N-Bilanz, verbunden mit kuh- und bestandsindividuellen Schwankungen. Die Schadensgrundlagen für eine Herde können bereits Generationen zurückliegen oder Schadensausbrüche können in einem Zeitraum erfolgen, in denen die N-Überhänge nicht mehr so massiv sind. Ursache: Insbesondere die unheilbaren Nierenschäden, generativ weitergegeben, bleiben bestehen und werden akkumulierend verstärkt.

Bemerkenswert ist ein weiteres Phänomen:
Herden, die sich in der therapeutischen xP-Reduktionsphase und damit der gesundheitlichen Regeneration befinden, können in zeitlichen Phasen gesundheitliche Rückschläge entwickeln, wenn die xP-Versorgung durch unkontrollierte Einwirkungen kurzfristig ansteigt: MLF-Lieferung mit 14,8 xP statt mit 14,0 xP, Anbruch eines anderen Grassilageschnittes mit 18 statt mit 16 % xP usw. – Phase der labilen Stabilität.

Die direkten Futterkosten steigen durch den Einsatz von naturaVit® wegen des Einsparens bzw.der Reduktion von Eiweißträgern und des Ersatzes und der Reduktion von Mineralfuttern durch Kalke nicht. Der Gewinn aus Krankheitsvermeidung und verlängerter Nutzungsdauer multipliziert sich um ein Mehrfaches. Die entscheidend positiven Wirkungen lebender

Hefezellen im Pansen erlauben, rechtfertigen und fordern sogar ihren Einsatz, obwohl die wissenschaftliche Aufarbeitung ihrer Physiologie noch nicht abgeschlossen ist. Der Degenerationsablauf in der Kuh ist so weit fortgeschritten, dass Hilfe zeitlich drängt. Lebende Hefezellen sind als Schlüsselfaktor in der Lage, diese Hilfe zu leisten. Aber eben nur in Verbindung mit xP-Reduktion. Das „Aufpflanzen" lebender Hefezellen auf eine im xP-Konzept unveränderte Ration bleibt effektlos bzw. -arm. Der Kostenfaktor ist auf jeden Fall höher als der Nutzen!

Prinzipien der N-fokussierten Fütterungskonzeption im Lebenskreis der Kuh

Gebunden an die biologische Abhängigkeit, dass eine gesunde Kuh nur aus einem gesunden Kalb und einem gesunden Jungrind erwachsen und nur eine gesunde Kuh ein gesundes Kalb gebären kann, ist der gesamte Lebenskreis der Kuh nach den Prinzipien der N-reduzierten, mit lebenden Hefezellen optimierten Fütterung zu versorgen. Es ist absolut nötig, die generative Degenerationsweitergabe zu unterbrechen, die durch Ignoranz dieser Zusammenhänge dazu geführt hat, dass 100 % aller Kälber mit degenerierten Nieren und Lebern geboren werden.

1. Milchkälber

Nach der ersten Biestmilchgabe also ab dem 1. vollen Lebenstag einen Teelöffel naturaVit® (ca. 10 g) in jede Milchtränke. Die Wirkung der lebenden Hefezellen beschränkt sich in diesem nicht ruminierenden Lebensabschnitt auf die Unterstützung der Biologisierung des Darmes (physiologische Darmflora entwicklung und deren Stabilisierung) und des sich morphologisch entwickelnden Pansens mit dessen mikrobiologischer Besiedlung. Mit Hefezellen versorgte Milchkälber beginnen deutlich früher und intensiver Raufutter aufzunehmen, ein entscheidender weiterer Faktor für die Stabilisierung der Vormagen- und Darmflora. Außerdem wirkt sich das Basissubstrat Bierhefe positiv auf die konstitutionelle Verfassung aus (Haarkleid, körperlicher Zustand, Verhalten). Bei der Auswahl handelsüblicher Milchpulver zwingend beachten:

a) keine Zusätze von Fumarsäure oder Fumarsäuresalzen (Fumarate)
b) keine oder geringe Kupferzusätze ± 5 mg / kg
c) keine oder möglichst geringe BHT-Zusätze
d) Anmerkung zur grundsätzlichen Tränkeversorgung junger Kälber: Die Tränkemenge/Milch wird im Allgemeinen zu hoch angesetzt.

   Zur Orientierung: Ab dem 1. vollen Lebenstag 2 × täglich je 1,0–1,25 l Milch mit Steigerung zum 14. Lebenstag 2 × täglich 2,0–2,5 l Milch. Dazu zur Auffüllung von Flüssigkeit und Energieversorgung: Zwischenmahlzeit aus Salz-Traubenzucker-Wasser: 9 g Salz + 40 g Traubenzucker je 1 l Wasser. Menge je Kalb beliebig, zur freien Aufnahme auch kalt, mindestens 60 Minuten nach der Milchtränke anbieten. Milch nie mit Wasser versetzen!

   Hinweis: naturaVit® kann auch ins Milchpulver eingemischt werden bei Versorgung über Automatentränke. Anteil: 3–4 %.

2. Kälberaufzuchtfutter

Kälberaufzuchtfutter und Zusatzfutter für Jungrinder sind mit einem täglichen Zusatz von mindestens 50 g naturaVit® bei einem Gehalt von nicht mehr als 12–13 % Rohprotein zu konzipieren.

Der Rohproteingehalt darf diesen Wert – 13,0 % – nicht überschreiten!

Kein handelsübliches Kälberaufzuchtfutter verfüttern wegen stets zu hohem Rohproteingehalt (18 % und mehr). Dazu zu hoher Cu-Zusatz und bedenkliche Inhaltsstoffe: Leinsamenprodukte (blausäureartige Alkaloide)!

Also nur hofeigene Mischung aus Konzeptionsbeispiel mit zwingendem Ziel des xP-Gehaltes von 12–13 %:

7,5 % naturaVit®
2,5 % kohlensaurer Futterkalk
0,5 % Viehsalz
89,5 % Weizen gequetscht/geschrotet oder
24,5 % Trockenschnitzel oder Haferflocken
+ 65 % Weizen gequetscht oder Getreidekombination vorteilhaft, aber nicht unbedingt nötig: In der Milchphase auf dieses geschrotete Kälberaufzuchtfutter etwa 10 % Maiskorn heil aufstreuen/einmischen zur appetitlichen und kauphysiologischen Anregung. Maiskörner werden in der Milchtränkephase zerkaut, in reiner Wiederkauphase ohne Milchtränke nicht mehr, dann auch nicht mehr anbieten.

Strukturiertes Grundfutter:
Heu pur, wenn der xP-Gehalt max. 12–13 % beträgt, sonst Heu/Grassilage mit 50 % Maissilage. Kälberaufzuchtphase bis etwa 6. Lebensmonat mit Zuteilung Kälberaufzuchtfutter bis maximal 2 kg je Tier und Tag.

3. Jungrinder, tragende Rinder

Bis zur Hochträchtigkeit, also 10–8 Wochen vor der Geburt.
xP-Gehalt des Gesamtfutters maximal 13 %!
Orientierung:
50 % Maissilage
40 % Grassilage
10 % Stroh
dazu 300 g (je Tier und Tag) aus der Sondermischung für Gruppe 4 für trockenstehende Kühe.

Die aktuelle Schadenssituation in den Jungtieren erfordert begrenzende Maßstäbe und hat zur Folge, dass der sommerliche Weidegang mit Gras als Alleinfutter mit mehr als 13 % xP organschädigend ist! Die Aussage ist absolut richtig, obwohl sie unvernünftig und widernatürlich erscheint.

Als die Nieren noch in der Lage waren, 3.000 mg Harnstoff / 100 ml Urin auszuscheiden (1960), konnten Rohproteinüberhänge in begrenzten Zeitphasen schadlos verstoffwechselt werden. Das ist bei Tieren mit einem Harnstoffausscheidungsvermögen von nur noch 1.000 mg nicht mehr möglich. Man muss sicher Kompromisse eingehen, aber man muss sich der Schadenswirkung bewusst sein. Sinnvoll sind überdachte Weidefressplätze mit Angebot an Stroh und den 300 g Zusatzration aus der Gesundheitsmischung. Rationen mit 50 % Maissilage für Rinder (auf jeden Fall Winter- oder Stallfütterung) führt in Gegenwart von lebenden Hefezellen nicht zum übermäßigen Fettansatz, weil die Fettsäuren, die sonst den Fettgewebsaufbau speisen, im Pansen zu Hefeeiweiß verstoffwechselt werden.

4. Trockenstehende Kühe und hochtragende Rinder (letzte 2 Monate vor der Geburt)

Grundfutter wie Jungrinder/Rinder (siehe 3.) dazu 1 kg je Tier und Tag aus: 750 g Weizen, 200 g naturaVit® und 50 g Monocalciumphosphat oder Mineralfutter für trockenstehende Kühe. Also Sondermischung aus:

5 % Monocalciumphosphat
20 % naturaVit®
75 % Getreide

Die Tagesdosis 200 g naturaVit® wird fortlaufend aufrechterhalten, also auch wenn die Dosis für laktierende Kühe reduziert wird, nach der ersten Versorgungsperiode von 6 Monaten auf 150 g. Wie für Jungrinder gilt für die Gruppe trockenstehende Kühe/hochtragende Rinder: Weidegang als Alleinversorgung mit mehr als 13–14 % xP schädigt die Organe!

Dieses Problem muss hofindividuell gelöst werden. Zusatzfütterung oder Aufstallung oder halbtäglicher Weidegang!

5. Laktationsvorbereitende Fütterung

Die laktationsvorbereitende Fütterung nach den bisherigen Prinzipien des Eiweißaufbaus ist eine organschädigende Fütterung!

Sie hat die Kuh noch kränker gemacht!

Laktationsvorbereitung, neu:

Strukturgrundfutter um etwa 5 kg FS zurücknehmen, dafür ≈ 1,5 kg Getreide zugeben + 1,0 kg aus Sondervormischung. Mit der Entwicklung und Durchsetzung der sogenannten laktationsvorbereitenden Fütterung wurde bzw. wird versucht, die Depression der Nahrungsaufnahme nach der Geburt durch vorzeitiges Auffüttern, Überbrückung eines Energiedefizits, Aufrechterhaltung der Verdauungs- und Stoffwechselarbeit, Adaption an die konzentriertere Laktationsfütterung zu überspielen, ohne die wahren Ursachen der Appetitdepression zu definieren. Sie ist ein Symptom des Degenerationssyndroms, also Folge von kranken Nieren und Leber! Eine kernbiologische Verpflichtung ist Artenhaltung. Also solange eine Kuh tragend ist und bis sie ihre Geburt erfüllt, die neue Generation, ihr Kalb, geboren hat, hält sie sich appetitlich und in ihrem symptomatischen Verhalten vordergründig stabil und aufrecht; fällt aber nach der Geburt in symptomatische Defizite (Dekompensation)!

Konzentration und Vitalität der Pansenflora sind primär abhängig vom pH-Wert, Struktur – Wiederkaugerechtigkeit und Stärke – Energieversorgung und nicht von der Adaption an verschiedene Futtermittel!

6. Individuelle Versorgung unmittelbar nach der Geburt durch Ausnutzen/Erfüllen des natürlichen Trinkbedürfnisses der Geburtstiere:
Anbieten von 1 bis mehreren Eimern angewärmten Wassers mit je etwa 300 g aufgelöstem naturaVit®.

Ergänzung:
Bearbeitung des Getreidekorns für die Kuhernährung – entweder quetschen (Ware muß dann haferflockengleich sein) oder fein schroten (nicht grob schroten oder brechen). Insbesondere fein geschrotetes Getreide:

a) Verdauungshilfe
b) lebende Hefezellen „freuen sich" über rasch anflutende Fettsäuren

Zusammenfassung:
Verpflichtende Versorgung des gesamten Lebenskreises der Kuh.

1) Kälber
ab 1. vollen Lebenstag 1 Teelöffel naturaVit® in die Milch.

2) Kälberaufzuchtfutter
7,5 % Naturavit
2,5 % kohlensaurer Futterkalk
0,5 % Salz
89,5 % Weizen gequetscht oder Getreidekombination, in Milchphase eine Handvoll Maiskorn, heil auf das Aufzuchtfutter.

3) Jungrinder-Grundfutter
Immer maximal 13 % xP (!) z. B.
50 % Maissilage
40 % Grassilage
10 % Stroh
dazu je Tier und Tag 300 g aus Zusatzfutterration für trockenstehende Kuh.

4) Trockenstehende Kuh und hochtragendes Rind (letzte 2 Monate vor der Geburt)
Grundfutter (wie Rinder) plus
1 kg aus 0,2 kg Naturavit
0,75 kg Weizen/Getreide
0,05 kg Monocalciumphosphat je Tier und Tag.

5) Laktationsvorbereitende Fütterung
keine Eiweißfütterung!
Grundfutter senken
±1,5 kg Getreide zulegen.

6) Kuh – unmittelbar nach der Geburt:
1–3 Eimer warmes Wasser mit je 500 g naturaVit®.

7) Laktierende Kuhherde

grundsätzlich:

a) Konzeption des Gesamtfutters

(Struktur und Leistung) mit dem Ziel 13,5 % xP Absenkung je nach Bestandssituation radikal oder in Schritten.

b) Hofvormischung

1 kg aus 200 g naturaVit® und 800 g Getreide (Weizen) je Kuh und Tag, leistungsunabhängig, in den Futtermischwagen, auf das Grundfutter oder als freie Abruffütterung (nach 6 Monaten 150 g zu 850 g).

Basisbeispiel:
Grassilage 50 % mit 16 % xP
Maissilage 50 % mit 7–8 % xP
Treber 1 kg TS (aus 4 kg OS) mit 25 % xP
Hofvormischung 1 kg mit 19 % xP
Weizen pur, nach Leistung mit 11,5–12,0 % xP oder MLF 12–14/4!

10. Wirkungsweise lebender Hefezellen

Die Forschung auf dem Gebiet der Wirkungen lebender Hefezellen ist nicht abgeschlossen. Gesichert ist die Einstufung als Probiotikum (positive Beeinflussung der gesundheitsfördernden verdauungshelfenden intestinalen Mikroorganismen) bei gleichzeitiger völliger Apathogenität. Das bedeutet beim monogastrischen (mit einhöhligen Magen) Organismus:

1. selektive Förderung apathogener E.-coli-Bakterien im Dickdarm (Herstellung und Aufrechterhaltung einer gesunden Darmflora mit Charakterisierung als „Soldaten“- und Stoffwechselflora)

2. direkte antagonistische Wirkung gegen pathogene Keime der Restflora

3. insbesondere Hemmung von Staphylococcen, Proteus, Pseudomonas, path. E. Coli, Salmonellen, Campylobacter, Treponema und Candida

4. Reduktion von pH-senkenden Milchsäuren und kurzkettigen Fettsäuren im Mittelenddarm

5. Förderung der physiologischen Dünndarmflora/ Lactobazillen

6. Regenerative Wirkung auf die Darmschleimhaut (z. B. nach Durchfall)

7. Freisetzung von Vitaminen und Enzymen, damit Förderung der Stoffwechselaktivität.

Noch viel interessanter, vielfältiger, potenzierter entwickelt sich die Wirkung im Pansen der wiederkauenden Organismen (polygastrisch = viel-, mehrmägig, Kuh). Hier lassen sich die lebenden Hefezellen als „Dirigent im mikrobiellen Pansenorchester“ oder „mikrobielles Konsortium“ beschreiben. Aber auch hier beschränken sich die Erklärungen der Wirkungsweisen auf der Ebene von Modellbausteinen. Die entscheidend positiven Wirkungen lebender Hefezellen im Pansen erlauben, rechtfertigen und fordern sogar ihren Einsatz als nutritiven Zusatz, selbst wenn die wissenschaftliche Aufarbeitung ihrer Physiologie noch nicht abgeschlossen ist.

Im Funktionskonzept innerhalb der Pansenphysiologie ist gesichert, dass Hefezellen während ihrer Lebens- und Stoffwechselphase Sauerstoff verbrauchen, um ihren Energiehaushalt aufrechtzuerhalten. Sie schaffen so ein anaerobes Milieu und stimulieren damit selektiv bestimmte Gruppen von Pansenbakterien. Unterstützt wird die Stimulation durch die hefezelluläre Bereitstellung von wachstums- und milieuverbessernden Faktoren (Peptide, Enzyme, Folsäure) für folgende Bakteriengruppen:

a) Für laktatverwertende Bakterien

wodurch die Laktatverwertung erhöht und der pH-Wert des Pansensaftes im physiologischen Bereich von 6,2–7,0 stabilisiert wird. Das bedeutet die Vermeidung einer Milchsäureacidose bei stärkereicher Ernährung.

b) Für zellolytische, faserabbauende Bakterien

mit der Produktionserhöhung der pansenspezifischen Fettsäuren (Essig-, Propion- und Buttersäure). Diese bakterielle Beeinflussung erhöht die Futterverwertung, die Rohfaserverdauung und die Futteraufnahme, ein unmittelbar nach Versorgungsbeginn zu registrierender Effekt mit der Folge: Der Produktionsansatz für Milch aus dem strukturierten Grundfutter steigt um bis zu 10 %. Die Stimulation des Pansenlebens spielt insbesondere nach der Geburt eine besondere Rolle, die zu verhindern hilft, dass die Kuh post partum eine funktionelle Depression der Nahrungs- bzw. Grundfutteraufnahme erfährt.

c) Für alle eiweißproduzierenden anaeroben Bakterien

mit dem Resultat der gewünschten Ammoniak- und NPN-Verwertung. Die Konzentration anaerober Bakterien von etwa 7 x 10^8 KBE je ml Pansensaft ohne Stimulation durch Hefezellen steigt auf 35–10^8 KBE / ml in Gegenwart von Hefezellen an. Um diese Funktionalität aufrechtzuerhalten, müssen lebende Hefezellen täglich nachgeliefert werden, weil sich eine einmalige Beimischung im Pansen totläuft, weil lebende Hefezellen hier nicht in einen permanenten Vermehrungszyklus eintreten, obwohl die ruminalen Lebensbedingungen günstig sind:
pH-Wert schwach sauer bis neutral (abhängig vom Zeitpunkt der Futteraufnahme, Art und Zusammensetzung des Futters) bei einer hefezel-

lulären Toleranz zum pH-Wert von 3–8, Temperatur gegen 38 °C bei einer Toleranzbreite von + 20 °C bis 38 °C und einer Toleranz eines sowohl aeroben als auch anaeroben Milieus. Biologisch bildhaft interpretiert, hat auch eine begrenzte Population der kleinen Gartenameisen keine Chance, sich in einer Miete der großen Waldameise auf Dauer zu etablieren. Die aufgezeichnete Funktionalität erscheint aber nicht ausreichend, wenn man registriert, dass eine mit einer täglichen Versorgung von bis zu 12 kg Weizenschrot auf einer Gras-Mais-Silage-Basis gefütterte Kuh keine Pansenacidose entwickelt nach Zugabe einer ausreichenden Zahl lebender Hefezellen Stamm 1026: 1 x 10^{10} = 200 g naturaVit®. Das muss heißen, sie produziert während ihres Stoffwechsels selbst Protein aus Pansen-NPN, insbesondere Ammoniak und Fettsäuren, zudem im hefespezifischen zugleich pansenkongruenten Aminosäureverhältnis (siehe unten). Die eiweißproduzierende Eigenschaft ist aus der Lebensmitteltechnologie bekannt. So enthält z. B. Bierhefe = Tothefe, Endnebenprodukt der Bierherstellung, kein NPN (also nur Reineiweiß, ergänzt durch Peptide und Nukleinsäuren), weil während des Bierreifungs- und Gärungsprozesses das Getreide-NPN über die Hefezellen zu Reineiweiß synthetisiert wird.

Kurzbericht zum Eiweißstoffwechsel der Hefe aus „Abriss der Bierbrauerei“ von Prod. Dr. Ludwig Narziss, Enge-Verlag Stuttgart, 1995 (ISBN 3-432-84136-1).

„Die Bierhefe hat einen komplizierten Stoffwechsel, der hier nur oberflächlich beschrieben werden kann. Im Stickstoff-Stoffwechsel werden von der Hefezelle Aminosäuren und auch niedere Peptide in Zellsubstanz umgebaut, wobei die Hefe allerdings ihre eigenen Aminosäuren problemlos auch aus anderen Stickstoffquellen (wie Ammonium NH_4) synthetisieren kann. Bei der Transaminierung werden nicht nur die C-Gerüste der Aminosäuren genutzt, sondern auch solche, die aus Kohlehydraten stammen. Die Reihenfolge der Aufnahme von Aminosäuren wird von den Permeasesystemen der Hefe beeinflusst. Für die Synthetisierung der Permeasen sind ebenfalls Aminosäuren notwendig. Die generelle Aminosäuren-Permease (GAP) wird jedoch erst gebildet, wenn die in der Würze vorliegenden Ammoniumionen verbraucht sind. Die Hefe bezieht somit zuerst die einfachsten Aminobausteine in die Proteinsynthese ein, das Ammonium NH_4.

Die Aminosäurenaufnahme während der Gärung ist äußerst vielschichtig, es konnte jedoch auch nachgewiesen werden, dass bei Brauereigärungen die Verwertung des Aminostickstoffs weniger durch die Menge irgendeiner einzelnen Aminosäure, als vielmehr durch die Menge des assimilierbaren Stickstoffs gesteuert wird. Während Ammonium (NH_4) als ein Bestandteil des Nicht-Protein-N (NPN) also direkt in die Proteinsynthese eingeht, wirkt sich das ebenfalls zum NPN gehörende Nitrit (NO_2) hemmend auf die Hefevermehrung aus (Nitrite sind Reduktionsprodukte der Nitrate NO_3).“

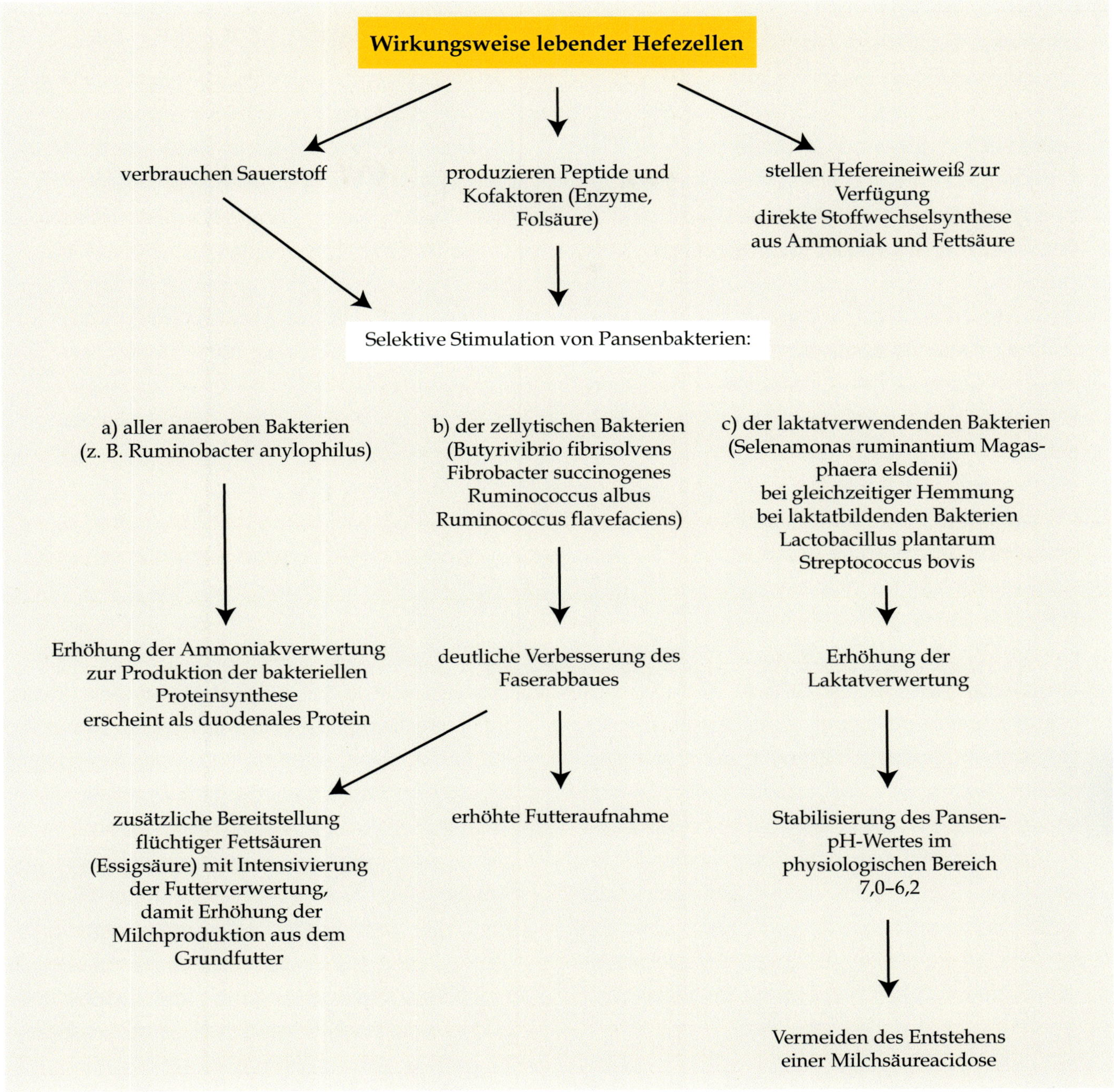

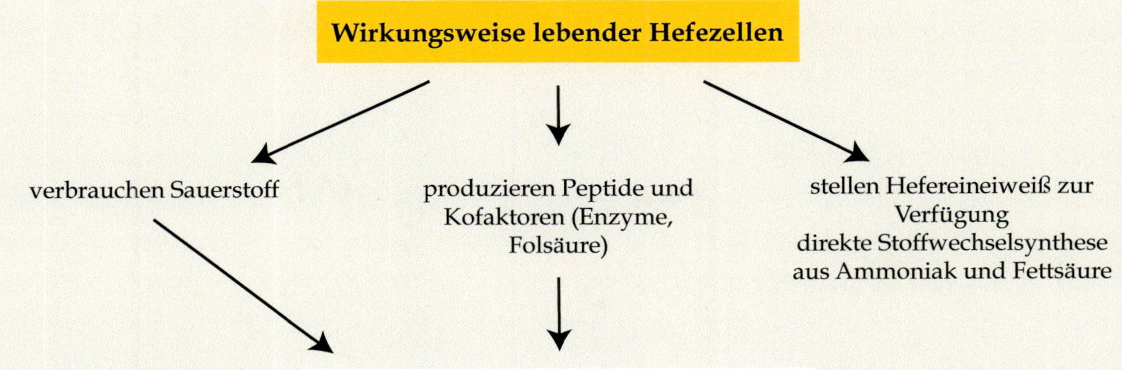

Wirkungsweise lebender Hefezellen
verbrauchen Sauerstoff
produzieren Peptide und Kofaktoren (Enzyme, Folsäure)
stellen Hefereineiweiß zur Verfügung direkte Stoffwechselsynthese aus Ammoniak und Fettsäure
Selektive Stimulation von Pansenbakterien:
a) aller anaeroben Bakterien (z. B. Ruminobacter anylophilus)
b) der zellytischen Bakterien (Butyrivibrio fibrisolvens Fibrobacter succinogenes Ruminococcus albus Ruminococcus flavefaciens)
c) der laktatverwendenden Bakterien (Selenamonas ruminantium Magas-phaera elsdenii) bei gleichzeitiger Hemmung bei laktatbildenden Bakterien Lactobacillus plantarum Streptococcus bovis
Erhöhung der Ammoniakverwertung zur Produktion der bakteriellen Proteinsynthese erscheint als duodenales Protein
deutliche Verbesserung des Faserabbaues
Erhöhung der Laktatverwertung
zusätzliche Bereitstellung flüchtiger Fettsäuren (Essigsäure) mit Intensivierung der Futterverwertung, damit Erhöhung der Milchproduktion aus dem Grundfutter
erhöhte Futteraufnahme
Stabilisierung des Pansen-pH-Wertes im physiologischen Bereich 7,0–6,2
Vermeiden des Entstehens einer Milchsäureacidose

Die Funktionalität der lebenden Hefezellen wird optimiert durch Einmischen in reine Bierhefe, also Tothefe:

1. vollkommener technischer Umgebungsschutz und Schutz ihrer Lebensfähigkeit durch biologisches Passen in ihr eigenes Substratprodukt.

2. Wirkungsunterstützung im Pansen und Darm durch spezifische Wirkungen der Tothefe, dem saubersten (Hygiene, Toxine, unerwünschte Begleitstoffe) und milieueffektvollsten Stoff, Zusatzfuttermittel definiert u. a. durch:

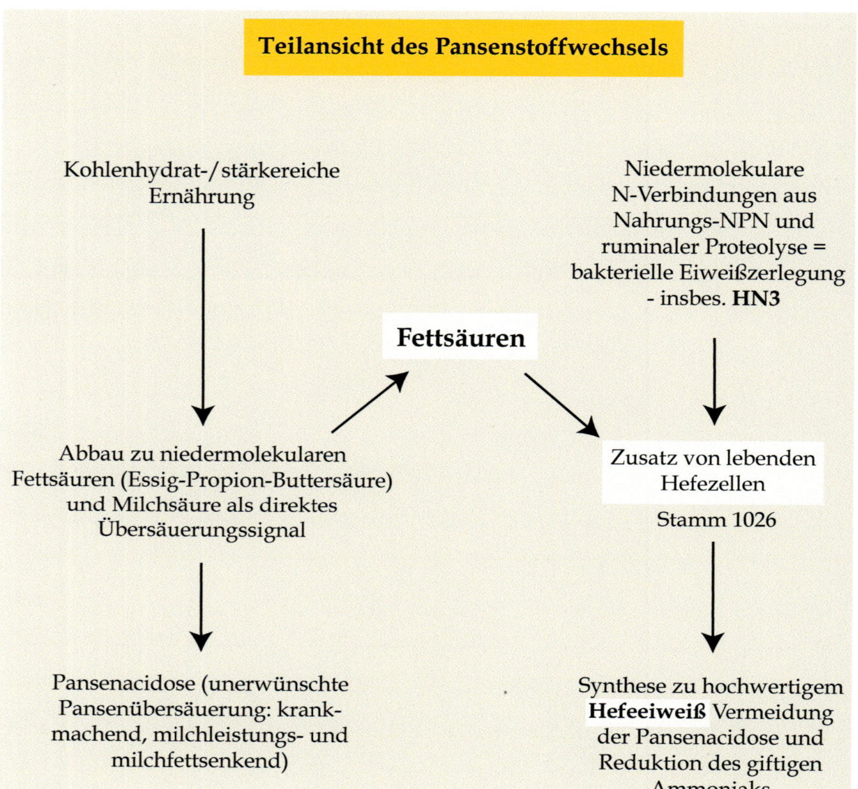

a) Hefe besitzt die höchste biologische Wertigkeit aller Futtermittel wegen der für den Wiederkäuer entscheidenden Verhältnisgleichheit ihrer Leitaminosäuren zu denen im Pansen: biologische Substratkongruenz für Leitaminosäuren, also essenzielle schwefelhaltige Aminosäuren. Das Verhältnis von Lysin zu Methionin (5:1) und das von Tryptophan zu Cystin (1,5:1) im Hefeeiweiß ist identisch mit den entsprechenden Aminosäurenverhältnissen im Pansen einer Kuh (Lysin durchschnittlich!: 8,0 mg /100 ml Pansensaft,Methionin 1,5, Tryptophan 0,3, Cystin 0,2).

b) Bierhefe enthält mit etwa 8,7 g/kg den höchsten Glutathiongehalt aller Futtermittel. Glutathion ist ein Stoffwechselprodukt aus der Aminosäure Cystin und besorgt als Glutathionperoxydase im chemischen katalysierenden Komplex mit Selen die Beseitigung von Peroxyden, Amiden und Aminen, also Nahrungs- oder Stoffwechseltoxinen. Das Riesenmolekül Glutathion funktioniert als Toxinfänger über die zwei intensiv reaktionsfähigen freien Karboxylgruppen, eine Aminogruppe und eine Schwefel-Wasserstoff-Gruppe. Glutathion ist eine „schwimmende Niere“.

c) Bierhefe enthält mit 220 mg/kg den höchsten Folsäurewert aller Futtermittel. Folsäure ist der zentrale Bakterienwuchsstoff und dient somit mitentscheidend als:
   1) Nahrungsquelle für die bakterielle Pansenflora des Rindes.
   2) Der tierische Organismus synthetisiert aus Folsäure und Methionin und Vitamin B12 das Cholinchlorid, Bestandteil des Acetylcholinchlorids. Diese Substanz ist die Überträgersubstanz zwischen Nerven und Muskulatur. Bierhefe ist damit „Nervennahrung".

d) Exzellenter Gehalt von Vitaminen des B-Komplexes:

   Vitamin B1 (Aneurin oder Thiamin) hat mit etwa 95 mg/kg den höchsten Wert aller Futtermittel, funktioniert als Enzym bei der Verkleinerung der Ketonsäuren zu Essigsäure. Essigsäure ist die Leitsäure eines gesunden Pansenmilieus und stellt gleichzeitig den zentralen Baustein für Milchfettbildung dar.

   Vitamin B6 (Adermin oder Pyridoxin) hat mit etwa 49 mg/kg nach Maiskeimen den zweitbesten Wert, Vitamin B6 ist Konferment der Transanimasen und reguliert den Eiweißstoffwechsel (Muskel- und Leberstoffwechsel).

   Pantothensäure hat mit etwa 114 mg/kg wiederum den besten Wert aller Futtermittel; Bestandteil des Coenzyms A, das verantwortlich ist für zahlreiche Synthesen im Kohlenhydrat- und Fettstoffwechsel.

   Vitamin B2 (Riboflavin/Lactoflavin) wird mit etwa 38 mg/kg nur von Melasse-Trockenschlempe übertroffen. Es ist Coferment der biologischen Zelloxidation und somit verantwortlich für den Energiestoffwechsel.

   Nicotinsäure hat mit etwa 480 mg/kg den maximalen Wert aller Futtermittel. Bestandteil von Dehydrogenasen (wasserstoffübertragende Fermente); ermöglicht einen sanfteren Fettstoffwechsel in der Leber und wirkt der Stoffwechselbelastung durch Mobilisation des Körperfettes nach der Geburt entgegen (Leberentlastung).

e) Bierhefe enthält zwar nur 2 % Rohfett, das aber durch seinen Phosphatitreichtum und den Gehalt von 70 % ungesättigter Fettsäuren direkt stoffwechselgängig ist und ebenso direkt milchfettsteigernd wirkt.

f) Der Phosphatgehalt ist mit 10–17 g/kg bemerkenswert hoch. Phosphatzusätze sind nach den Ergebnissen der Blutprobenuntersuchungen erwünscht. Die gemessenen Phosphatgehalte im Kuhserum bewegen sich im Allgemeinen im unteren Bereich (4–7 mg / 100 ml Serum). Phosphatmangel führt u. a. zu degenerativen Entzündungsreaktionen am Sprunggelenksfortsatz. P-Zulage verbessert die Blutgerinnungsintensität.

g) Hefe besitzt dazu selektiv bindende Eigenschaften gegen Toxine, insbesondere Schimmelpilztoxine, entwickelt antagonistische Wirkung gegen pathogene Darmkeime bei gleichzeitiger Förderung der apathogenen Flora und ist an der Stabilität und Regeneration der Schleimhaut des gesamten Verdauungstraktes beteiligt.

Neben den vielfältigen bekannten punktuellen Beschreibungen zu Physiologie und Wirkung von Hefen und lebenden Hefezellen wird in diesem Aufsatz die funktionelle Wertigkeit zur Vermeidung des Degenerationssyndroms des Rindes über die permanente und kardinale Einsatznotwendigkeit neu und konzentriert definiert:

1. ruminale Synthese (direkt oder paresenbakteriell indirekt) von hochwertigem Hefeeiweiß und bakteriellem Eiweiß aus kohlenhydratären Fettsäuren und niedermolekularen N-Verbindungen, also des giftigen Ammoniaks mit gleichzeitiger Vermeidung der Pansenacidose.
   a) Direkt meint die Aminosäuren- und Eiweißsynthese der lebenden Hefezelle aus Fettsäuren und niedrigen N-Verbindungen (Ammoniak).
   b) Indirekt meint die positive Wachstums- und Vermehrungsbeeinflussung von proteinsynthetisierenden, rohfaserverdauenden und laktatreduzierenden Pansenbakterien durch die Anwesenheit von lebenden Hefezellen.

   Diese Funktionalität erlaubt also die geforderte nutritive N-Reduktion, weil möglichst alle molekularen N-Verbindungen als Aminosäuren bzw. als Reineiweiß verbleiben oder in diese umgewandelt werden ohne Eiweißmangel am Dünndarm oder im Stoffwechsel unter gleichzeitiger Abschaltung der toxischen Ammoniak-Resorbtion aus dem Pansen. **Minimiertes N-Angebot mit maximaler Umsetzung zu Reineiweiß.**
2. Herstellung biologischer Substratkongruenz für Leitaminosäuren.
3. Wirkungsoptimierung des chemischen Entgiftungsfaktors Glutathion von organzellschädigenden Peroxyden und restlichen niedermolekularen N-Verbindungen (Ammoniak, Harnstoff, Amide, Amine).
4. Die weitere hefespezifische Optimierung im Sinne einer morphologischen Zellstabilisierung und aktivierenden Stoffwechselfunktionen wird erreicht durch Zusätze aus Vitamin E, Selen, Kobalt, Zink und Nicotinsäure.

11. Reaktionen nach eiweißreduzierter Fütterung mit naturaVit®

Die Wirkungsreaktionen beruhen auf einem Beobachtungszeitraum von mehr als 10 Jahren mit entsprechender Bestandsbegleitung:

a) allgemein
b) symptomatisch
c) pathologisch-anatomisch
d) Blutparameter.

Schäden, die in 15 Kuhgenerationen entwickelt worden sind, lassen sich nicht in 15 Wochen neutralisieren oder heilen.

Grundsatz: Je rascher die nutritive Rohproteinabsenkung auf 13,5 % des Gesamtfutters erfolgt, umso intensiver und deutlicher ist die gesundheitliche Regeneration.
Gesundheitsstörungen aus dem Komplex des Degenerationssyndroms (besonders Euterprobleme, Zysten, Labmagenerkrankungen) treten auch noch 1–2 Jahre nach Versorgungsbeginn auf, bzw. bei den Tieren der Folgegeneration, selbstverständlich in reduzierter Frequenz. Ursache: Leber- und Nierendegenerationen lassen sich nicht heilen; noch gesundes Organgewebe kann nur geschützt werden mit zunehmender Reduktion des kranken Gewebeanteils in den folgenden Generationen. Das angelegte Potenzial für Gesundheitsstörungen setzt sich auch noch nach bereits eingeleiteter Rohproteinreduzierung durch.

zu a) – deutlicher Anstieg der Raufutteraufnahme
– konstitutionelle Verbesserung
– Regeneration der Haut und des Haarkleides
– Urin dunkler, Speichelflockenbildung geringer
– Kälber beginnen frühzeitig mit Raufutteraufnahme bei naturaVit®-Zugabe zur Milchtränke bei verbesserter Vitalität.

zu b) – Stabilisierung der Eutergesundheit
– Senkung der Milchzellzahlen
– Anstieg des Milcheiweißgehaltes um bis zu 0,3 % bei unverändertem Milchfettgehalt
– Senkung des Milchharnstoffgehaltes oder: Direkt messbares Signal stellt den Verlauf des Milchharnstoffgehaltes dar.
Allgemein:
1. Häufigste Reaktion ist das Absinken von 250–300 mg / 1.000 ml Milch auf 150–200 mg nach 3–6 Monaten.
2. Die niedrigen Harnstoffwerte bleiben in der Phase der degenerierten Nieren instabil. Durch zwangsläufigen Anstieg der Rohproteinversorgung (z. B. Verfütterung einer Anwelksilage mit 18,5 % Rohprotein statt bisher 16 % Rohprotein) oder Beweidung in frisch aufgewachsenes Gras steigt der Harnstoffgehalt wellenförmig an (Phase der labilen Stabilität).
– Intensivierung der Brunstsymptome und Verbesserung der Konzeptionsrate

– Verminderung der zystischen Ovardegenerationen
– weitere Gesundheitskriterien (Senkung der Labmagenerkrankungsquote, Mortellaro-Heilung, Verbesserung der Kälbergesundheit usw.), die insgesamt zu einer verlängerten Nutzungsdauer der Kühe führen, sind aus den Bestandserhebungstabellen zu ersehen.

zu c) – deutliche Verminderung des degenerativen pathologischen Bildes an Leber und Niere bei den Tieren der Folgegeneration. Kühe mit einem Degenerationsschaden von mehr als 80–85 % des Leber- und Nierengewebes sind auch nach der kombinierten Versorgung aus Eiweißreduktion und naturaVit®-Einsatz auf Dauer nicht mehr zu retten.

zu d) – Senkung des Bilirubin- und Kreatininblutspiegels gegen den zur stabilen Gesundheitsdefinition geforderten Bereich von maximal 0,15 (Bilirubin/Leber) bzw. maximal 0,5 mg (Kreatinin/Niere) je 100 ml Blut – durch funktionelle Entlastung – und Anstieg des Harnstoffgehaltes im Urin in der Folgegeneration.

Erfassungsbogen „Gesundheit“ am Beispiel von 2 Beständen

Beurteilungskriterien vor/nach nutritiver Rohproteinreduktion kombiniert mit Naturavit^R-Einsatz	Bestand Wagner					
	vor Naturavit^R 2001 Jahr / vorher			**Nach/während Naturavit^R 2004** Jahr		
Fütterungkonzeption						
a) Grundfutter	50 % Grassilage,	40 % Maissilage	10 % Treber	50 % Grassilage, 40% Maissilage		10 % Treber
b) Milchleistungsfutter	50 % Weizen	30 % Gerste	20 % Soja	60 % Weizen 32 % Gerste		8 % Soja
c) Zusatzstoffe	150 g Mineralfutter je Tier u. Tag,	50 g Bierhefe je Tier (Tothefe)	u. Tag,	150 g Naturavit je Tier u. Tag,		160 g Algenkalk, 50 g Viehsalz
Bestandszahl/Kühe	**78**			**94**		
1. Altersdurchschnitt/Kühe	4,8 Jahre			6,2 Jahre		
2. Remontierungsquote	35 %			28 %		
3. Grundfutteraufnahme	wurde nicht gemessen			wurde nicht gemessen		
4. Milchleistungskriterien	Menge	Fett	Eiweiß	Menge	Fett	Eiweiß
	8100 kg	4,35	3,35	8800	4,18 %	3,42 %
5. Eutergesundheit kriterien	Zellzahlen	Frequenz klin. Euterentzündungen		Zellzahlen	Frequenz klin. Euterentzündungen	
	190 000	19		ca. 130 000	7	
6. Milchharnstoffgehalt	mg/100ml			mg/100ml		
	220			125		
7. Gesundheitsbeurteilung (Auswahl) Frequenz jeweils						
a.)	Stoffwechselerkankungen (Ketosen / Hepatosen, Nephrosen)			Stoffwechselerkankungen (Ketosen / Hepatosen, Nephrosen)		
	6			1		
b.)	Labmagenerkrankungen			Labmagenerkrankungen		
	4			1		
c.)	Nachgeburts-verhaltungen	Puerperal-erkrankungen		Nachgeburts-verhaltungen	Puerperal-erkrankungen	
	12	19		2 (Zwillingsgeburt)	6	
d.)	Lahmheiten / insbes. "Mortellaro": kaum vorhanden			Lahmheiten / insbes. „Mortellaro": nicht vorhanden		
	5 Sohlengeschwüre			2 Sohlengeschwüre		

	vor Naturavit[R]			Nach/während Naturavit[R]		
	ca. 30 weibl. Kälber/ Jahr aufgezogen, davon			ca. 40 Kälber / Jahr aufgezogen, davon		
8.) Kälbergesundheit (Auswahl) Frequenz jeweils	a) Durchfälle	Lungen - erkrankungen	Nabel - entzündungen	Durchfälle	Lungen-erkrankungen	Nabel-entzündungen
	16	6	4	10	2	1
	b.) Todesfälle nach Lebendgeburten			Todesfälle nach Lebendgeburten		
	3 Kälber / Jahr			/		
9.) Konzeptionsverhalten						
	a.) Brunstintensität			Brunstintensität		
	20 % der Kühe waren stillbrünstig			5% der Kühe waren stillbrünstig		
	b.) Zystische Ovardegenerationen			Zystische Ovardegenerationen		
	30 % der Kühe			10 % der Kühe		
	c.) Besamungsindex			Besamungsindex		
	2,1			1,8		
10.) Futterkosten	ca. 8,5 Cent / kg Milch			ca. 8,5 Cent / kg Milch		
				Tierarztkosten 2002 - 2004 um 2/3 jährlich gesenkt		

Beurteilungskriterien vor/nach nutritiver Rohproteinreduktio[n] kombiniert mit Naturavit[R]-Einsatz	Bestand Bushaus					
	vor Naturavit[R] (1997)			Nach/während Naturavit[R] (2000 / 2001)		
Fütterungkonzeption						
a) Grundfutter	**Grassilage, Maissilage, Möhren, Kartoffeln, Stroh, Treber**			**gleich**		
b) Milchleistungsfutter	**20/4 plus 32/2**			14/4		
c) Zusatzstoffe	**Mineralfutter**			**Naturavit, Algenkalk, Salzleckstein**		
Bestandszahl/Kühe	**80**			**88**		
1. Altersdurchschnitt/Kühe	**4,3 Jahre**			**5,7 Jahre**		
2. Remontierungsquote	34%			**21 %**		
3. Grundfutteraufnahme						
4. Milchleistungskriterien	Menge	Fett	Eiweiß	Menge	Fett	Eiweiß
	8850	**4,06 %**	**3,33 %**	**8218**	**4,10 %**	**3,48 %**
5. Eutergesundheit kriterien	Zellzahlen	Frequenz klin. Euterentzündungen		Zellzahlen	Frequenz klin. Euterentzündungen	
	ca. 150 000	**20 pro Jahr**		**ca. 100 000**	**10 pro Jahr**	
6. Milchharnstoffgehalt	mg/100ml			mg/100ml		
	ϕ 25 -35			**ϕ 15 - 25**		
7. Gesundheitsbeurteilung (Auswahl) Frequenz jeweils						
a.) Stoffwechselerkrankungen (Ketosen / Hepatosen, Nephrosen)	**15 -20 pro Jahr**			—		
b.) Labmagenerkrankungen	**10 pro Jahr**			**in 2 Jahren eine**		
c.)	Nachgeburtsverhaltungen	Puerperalerkrankungen		Nachgeburtsverhaltungen	Puerperalerkrankungen	
	ca. 15 pro Jahr	**15 pro Jahr**		**ca. 3 -5 pro Jahr**	**ca. 5 pro Jahr**	
d.) Lahmheiten / insbes. "Mortellaro"	**50 % - 60 % der Herde**			**5% - 10 % der Herde**		

	vor Naturavit[R]			Nach/während Naturavit[R]		
8.) Kälbergesundheit (Auswahl) Frequenz jeweils	a) Durchfälle	Lungen - erkrankungen	Nabel - entzündungen	Durchfälle	Lungen- erkrankungen	Nabel- entzündungen
	25 pro Jahr	**15 pro Jahr**	**5 pro Jahr**	**10 pro Jahr**	**5 pro Jahr**	**1 pro Jahr**
b.)	Todesfälle nach Lebendgeburten			Todesfälle nach Lebendgeburten		
	ca. 15 % - 20 %			**bis 5 % maximal**		
9.) Konzeptionsverhalten						
a.)	Brunstintensität			Brunstintensität		
	mittel - gut			**gut**		
b.)	Zystische Ovardegenerationen			Zystische Ovardegenerationen		
	ca. 15 pro Jahr			**4 - 5 pro Jahr**		
c.)	Besamungsindex			Besamungsindex		
	1,6			**1,2**		
10.) Futterkosten	**ca. 30 DM / dt**			**gesamt = gleich geblieben, da heute wesentlich weniger Kraftfutter gefüttert wird.**		

Beurteilungskriterien vor/nach nutritiver Rohproteinreduktion kombiniert mit Naturavit^R-Einsatz		
	vor Naturavit^R	**Nach/während Naturavit^R 2002**
Fütterungkonzeption		
a) Grundfutter		**Grassilage, Maissilage, Körnermaissilage,**
b) Milchleistungsfutter		**2 kg Ausgleichsfutter: 250 g Soja, 850 Raps, 125 g Naturavit, 125 Algenkalk Rest Weizen und Melasse - gSchnitzel**
c) Zusatzstoffe		**14/4 ab 25 ltr.**
Bestandszahl/Kühe		**90**
1. Altersdurchschnitt/Kühe		**6,2 Jahre**
2. Remontierungsquote		**1999 - 2002 / 17 % - 14 %**
3. Grundfutteraufnahme		
4. Milchleistungskriterien	Menge: – / Fett: – / Eiweiß: –	Menge: **8396** / Fett: **4,65 %** / Eiweiß: **3,58 %**
5. Eutergesundheit kriterien	Zellzahlen: – / Frequenz klin. Euterentzündungen: –	Zellzahlen: **ca. 150 000** / Frequenz klin. Euterentzündungen: **1-2 pro Monat**
6. Milchharnstoffgehalt	mg/100ml	mg/100ml **ϕ 11 - 16**
7. Gesundheitsbeurteilung (Auswahl) Frequenz jeweils		
a.) Stoffwechselerkankungen (Ketosen / Hepatosen, Nephrosen)		—
b.) Labmagenerkrankungen		**zuletzt 2000**
c.) Nachgeburts-verhaltungen / Puerperal-erkrankungen		Nachgeburtsverhaltungen: **ca. 3 pro Jahr** / Puerperalerkrankungen: —
d.) Lahmheiten / insbes. "Mortellaro"		**selten wenig**

Tierarztkosten von 1998 - 2002 um 2/ gesenkt

	vor Naturavit[R]			Nach/während Naturavit[R]		
8.) Kälbergesundheit (Auswahl) Frequenz jeweils	a) Durchfälle	Lungen - erkrankungen	Nabel - entzündungen	Durchfälle	Lungen- erkrankungen	Nabel- entzünd ungen
				wenig	**fast keine**	**fast keine**
	b.) Todesfälle nach Lebendgeburten			Todesfälle nach Lebendgeburten		
	ca			**2002 : 3 %**		
9.) Konzeptionsverhalten						
	a.) Brunstintensität			Brunstintensität		
				normal		
	b.) Zystische Ovardegenerationen			Zystische Ovardegenerationen		
				2002 : 2 Zystenkühe		
	c.) Besamungsindex			Besamungsindex		
				1,3		
10.) Futterkosten				gesunken wegen eigenem Körnermais (Silage)		

Erfassungsbogen „Leistung und Milchinhaltsstoffwerte“

Bestand Stilling

Fütterung lt. Nachricht vom 22./ 23. Februar 2005

	FSkg	TS% =	kg	xP% =	g
Grassilage	18	25	4,5	13,7	616,5
Maissilage	22	33	7,26	7,2	522,7
Gerste	3	90	2,7	11	330,0
CCM	3	60	1,8	9	270,0

Zusätze:
125g Naturavit
125g Algenkalk
50g Monocalciumphosphat } 0,4
50g Viehsalz
50g Spurenelementmischung
Kulmin WK

16,66

1.739,2 g : 6,25
=278,3 g N
=N-Eingang
=10,44xP
Gesamtgrundfutter

für Kuh z.B.max. 25kg Milchleistung

Kuh 37kg Milchleistung

Grundfutter	mit 16,66kg TS	1.739,2g xP
5,5kg MLF 15/4	mit 5,00kg TS	825,0g xP
	21,66kg TS	2.564,2g xP

= 410,3g N
=N-Eingang
=11,84%xP
Gesamtfutter

N-Ausgang
Kuh 23kg Milchleistung

1. Milch
   23kg x 3,3% Eiweiß : 6,25 = 121,4g N

2. Kot
   5,0kg Kot TS x 2,6% N = 130,0g N
   aus 16,66kg F-TS, mittl. Verdaulichkeit 70%

3. Urin
   20ltr. Tagesurin x 1000mg Harnstoff/100ml
   Variation 250 - 2000 mg / 100 ml
   200g Harnstoff = 100,0g N

351,4g N

HERRN
STILLING

Probenahme vom 08.03.2004

Fütterungs-Kontrollbericht / Harnstoffwerte

Ohrmarke	Rasse	Stall-Nr. / Name	Laktation Nr.	Tage	Milch kg	Fett %	Eiw. %	Harnst. mg/dl	F:E	Verdacht auf Mangel = - Überschuss = + Engerige Protein	ECM kg
05 79544403	2	18.			27.7	5.24	3.74	9	1.4		32.3
05 79529942	2	6.			24.5	4.61	3.50	4	1.3		26.4
05 79263446	2	46.			48.0	3.73	3.04	7	1.2		45.5
05 79544445	2	71.			28.2	4.18	2.94	8	1.4		28.0
05 79544434	1	67.			24.5	4.14	2.80	13	1.5		24.0
05 79263438	2	4.			34.7	5.27	2.68	13	2.0		38.2
05 79251837	2	63.			36.6	4.11	2.79	11	1.5		35.7
05 79544444	2	66.			27.0	4.22	2.97	5	1.4		27.0
05 77370135	1	75.			40.0	4.33	3.13	11	1.4		40.9
05 79544439	2	30.			20.2	4.29	2.94	8	1.5		20.3
05 78893136	2	49.			28.5	3.65	2.93	11	1.2		26.5
05 78028933	1	38.			42.4	4.09	2.89	14	1.4		41.5
05 78782614	1	23.			37.0	3.35	3.07	8	1.1		33.5
05 79544438	1	20.			27.0	3.79	2.84	8	1.3		25.4
05 79263439	2	48.			40.0	3.83	3.17	1	1.2		38.7
05 79263442	1	52.			39.4	3.70	3.20	8	1.2		37.6
05 79544443	2	10.			23.4	3.34	2.80	10	1.2		20.7
07 66639732	1	73.			41.2	3.68	2.99	9	1.2		38.6
05 79263436	1	40.			36.0	3.89	3.25	13	1.2		35.2
05 78893138	1	37.			39.4	4.09	3.38	7	1.2		39.8
05 76665397	2	15.			36.5	3.57	2.94	14	1.2		33.7
05 78131786	1	2.			19.6	5.53	3.06	10	1.8		22.7
05 78863613	2	76.			31.5	4.06	3.32	7	1.2		31.6
05 77221982	2	34.			31.5	4.31	3.17	7	1.4		32.2
05 79544424	1	16.			19.0	4.97	3.20	6	1.6		20.9
05 78946898	1	39.			31.9	4.25	3.06	10	1.4		32.2
05 77815383	1	9.			25.0	5.27	3.27	8	1.6		28.5
05 76665398	2	5.			27.0	4.05	3.08	6	1.3		26.6
05 78560870	2	70.			22.0	4.42	3.34	8	1.3		23.0
05 79317558	1	31.			17.8	5.70	3.50	6	1.6		21.4
05 78483277	1	60.			32.4	3.04	3.04	14	1.0		28.1
05 78124826	2	13.			28.0	3.82	3.00	12	1.3		26.7
05 79263417	1	22.			21.0	4.02	3.11	10	1.3		20.7
05 78443021	1	58.			25.4	4.68	3.04	7	1.5		26.8
05 79529920	2	68.			29.0	4.21	2.87	10	1.5		28.8
05 79544406	2	54.			18.4	5.14	3.18	7	1.6		20.6
05 79544411	2	43.			25.0	4.83	3.30	9	1.5		27.3
05 79267579	1	42.			23.5	3.93	3.13	3	1.3		22.9
05 79263426	2	8.			28.0	3.70	3.00	10	1.2		26.3
05 79544425	1	26.			19.2	3.75	3.04	9	1.2		18.2
05 79274528	2	25.			15.5	3.91	3.33	8	1.2		15.3
05 79544413	2	24.			17.0	5.12	3.08	9	1.7		18.9
05 77161106	2	65.			24.5	4.37	3.21	4	1.4		25.3

STILLING

Probenahme vom 08.03.2004

Fütterungs-Kontrollbericht / Harnstoffwerte

Ohrmarke	Rasse	Stall-Nr. / Name	Laktation Nr. Tage	Milch kg	Fett %	Eiw. %	Harnst. mg/dl	F:E	Verdacht auf Mangel = - Überschuss = + Engerige Protein	ECM kg
05 79544423	2	21.		16.9	4.40	3.07	9	1.4		17.3
05 78285615	1	51.		20.4	4.90	3.35	4	1.5		22.5
05 79263410	2	3.		19.5	4.35	3.01	9	1.4		19.8
05 79263425	2	1.		18.5	4.08	3.12	9	1.3		18.4
05 78893150	2	50.		21.4	4.19	3.25	7	1.3		21.7
05 79263449	2	45.		16.8	5.13	3.25	14	1.6		18.9
05 78483284	2	32.		12.1	4.99	3.53	7	1.4		13.6
05 79128448	2	47.		18.5	3.82	2.98	11	1.3		17.6
05 78946594	1	53.		20.2	4.63	3.11	4	1.5		21.3
05 78834680	2	19.		16.8	6.20	3.83	9	1.6		21.6
05 76531932	2	61.		14.0	3.50	3.14	15	1.1		13.0
05 78483278	2	41.		13.3	5.34	3.77	6	1.4		15.7
05 78893131	2	14.		7.0	5.01	3.84	7	1.3		8.0
05 78893159	1	33.		14.5	6.07	4.03	2	1.5		18.6
05 79321867	1	57.		16.9	6.52	3.83	7	1.7		22.3
05 79182341	1	69.		13.4	4.75	3.34	7	1.4		14.5
05 78834694	2	11.		13.5	5.25	3.72	1	1.4		15.7
Durchschnitte										
11 - 100 Lakt.Tage			**21 Kühe**	**33.1**	**4.07**	**3.01**	**9.2**			**32.4**
101 - 200 Lakt.Tage			**25 Kühe**	**23.6**	**4.37**	**3.15**	**8.0**			**24.0**
Ueber 200 Lakt.Tage			**13 Kühe**	**15.3**	**5.03**	**3.51**	**7.5**			**17.1**
Insgesamt			**60 Kühe**	**25.1**	**4.42**	**3.19**	**8.[illegible]**			**25.6**
Insgesamt Kreis			**40 Kühe**	**25.0**	**4.38**	**3.52**	**20.9**			**25.8**
Insgesamt Westfalen			**38 Kühe**	**24.7**	**4.41**	**3.50**	**21.6**			**25.6**

HERRN
STILLING

Probenahme vom 08.03.2006

Fütterungs-Kontrollbericht / Harnstoffwerte

Ohrmarke	Rasse	Stall-Nr. / Name	Laktation Nr.	Tage	Milch kg	Fett %	Eiw. %	Harnst. mg/dl	F:E	Verdacht auf Mangel = - Überschuss = + Engerige Protein	ECM kg
05 79107949	2	69.			27.0	4.17	3.23	10	1.3		27.3
05 78893159	1	33.			27.5	5.95	3.96	6	1.5		34.7
05 80043319	2	44.			20.5	6.41	3.63	6	1.8		26.6
05 79263446	2	46.			52.0	3.79	3.53	10	1.1		51.2
05 80043320	1	50.			22.9	5.11	3.12	8	1.6		25.5
05 80043321	1	9.			31.2	5.08	3.05	5	1.7		34.4
05 80043326	2	75.			6.7	7.58	3.03	64	2.5		9.3
05 80043322	1	76.			19.4	3.73	3.46	14	1.1		18.9
05 80043318	1	14.			20.4	4.29	3.45	6	1.2		21.2
05 78483297	2	62.			42.0	4.35	3.50	4	1.2		44.0
05 80043301	1	57.			30.7	3.60	2.86	6	1.3		28.3
05 79251837	2	63.			46.5	3.62	3.22	9	1.1		44.0
05 79263438	2	4.			43.0	4.34	3.36	13	1.3		44.6
05 80043303	1	53.			31.0	3.48	3.32	7	1.0		29.0
05 79544403	2	18.			38.0	3.40	3.36	5	1.0		35.3
05 79529937	2	7.			39.4	3.66	3.30	10	1.1		37.6
05 80043309	2	31.			31.0	3.31	3.14	9	1.1		28.0
05 79263442	1	52.			41.0	4.80	3.25	8	1.5		44.5
05 79816643	2	20.			29.4	4.73	3.36	6	1.4		31.8
05 79816650	2	16.			26.5	4.52	3.18	4	1.4		27.8
05 80043302	1	15.			25.3	3.02	3.13	0	1.0		22.0
05 79544439	2	30.			41.0	3.63	3.39	8	1.1		39.3
05 79529942	2	6.			35.5	2.99	3.64	4	0.8		31.9
05 79816644	2	5.			34.9	3.14	2.94	3	1.1		30.4
05 78782614	1	23.			43.0	4.02	3.23	10	1.2		42.7
05 79544444	2	66.			30.5	2.59	3.33	6	0.8		25.4
05 78893136	2	49.			42.5	3.61	3.01	7	1.2		39.6
05 78946898	1	39.			50.0	3.60	3.03	14	1.2		46.6
05 79544434	1	67.			36.9	3.16	3.22	5	1.0		32.9
05 77221982	2	34.			28.0	4.55	3.41	6	1.3		29.8
07 66639732	1	73.			42.5	3.70	3.28	8	1.1		40.7
05 79529920	2	68.			37.0	3.87	3.32	4	1.2		36.3
05 79544443	2	10.			41.0	2.56	3.12	8	0.8		33.5
05 79544406	2	54.			38.0	3.37	3.45	9	1.0		35.4
05 78893138	1	37.			38.5	4.97	3.77	3	1.3		43.8
05 79263439	2	35.			23.5	3.78	3.87	6	1.0		23.6
05 78560870	2	70.			22.5	4.22	3.48	3	1.2		23.2
05 79128448	2	47.			49.5	1.79	3.22	14	0.6		36.3
05 79816821	1	1.			18.5	4.74	3.23	3	1.5		19.9
05 79385960	1	13.			19.0	4.79	3.24	0	1.5		20.6
05 79544413	2	24.			20.4	4.95	3.57	1	1.4		22.9
05 79263426	2	8.			36.4	3.36	3.29	10	1.0		33.5
05 79613780	1	25.			21.5	3.70	3.10	6	1.2		20.4

Probenahme vom 08.03.2006

Fütterungs-Kontrollbericht / Harnstoffwerte

Ohrmarke	Rasse	Stall-Nr. / Name	Laktation Nr.	Laktation Tage	Milch kg	Fett %	Eiw. %	Harnst. mg/dl	F:E	Verdacht auf Mangel = - Überschuss = + Engerige Protein	ECM kg
05 79915167	1	29.			20.9	4.80	3.58	2	1.3		23.1
05 79816620	1	60.			22.0	4.59	3.72	2	1.2		24.0
05 79816636	2	59.			20.1	4.67	3.32	2	1.4		21.6
05 79544411	2	43.			39.4	4.31	3.89	12	1.1		42.1
05 79816638	2	58.			32.4	3.86	3.29	8	1.2		31.7
05 79267579	1	42.			35.5	3.45	3.35	4	1.0		33.2
05 79816635	1	55.			27.0	4.76	3.62	2	1.3		29.8
05 33880328	1	22.			19.5	4.47	3.89	4	1.1		21.2
05 77161106	2	65.			29.0	4.06	3.47	5	1.2		29.4
05 79544425	1	26.			22.5	3.07	3.59	10	0.9		20.4
05 79816622	2	45.			26.0	3.81	3.19	12	1.2		25.1
05 79816637	2	38.			22.0	5.16	3.52	3	1.5		25.2
05 78285615	1	51.			25.5	4.89	3.71	7	1.3		28.7
05 79418415	1	28.			16.5	5.40	3.18	2	1.7		19.0
05 79263410	2	3.			26.0	4.20	3.35	5	1.3		26.6
05 79816623	2	36.			22.4	3.80	3.64	6	1.0		22.3
05 79764973	2	21.			20.0	5.20	3.45	1	1.5		22.9
05 78834680	2	19.			19.4	5.97	3.81	5	1.6		24.4
05 78834694	2	11.			18.5	5.11	3.77	8	1.4		21.3
05 78483284	2	32.			9.5	4.14	3.96	6	1.0		10.0
05 79816607	2	61.			16.3	5.23	3.78	1	1.4		19.0
05 79816602	2	56.			20.5	4.18	3.78	2	1.1		21.5
05 79529941	2	12.			21.5	4.21	3.36	8	1.3		22.0
05 78782602	2	17.			19.0	5.76	3.87	4	1.5		23.5
05 79816603	1	72.			16.0	4.83	3.33	1	1.5		17.5
05 79544445	2	71.			16.4	4.53	4.15	1	1.1		18.2
Durchschnitte											
11 - 100 Lakt.Tage				**22 Kühe**	**35.4**	**3.71**	**3.26**	**7.2**			**33.9**
101 - 200 Lakt.Tage				**28 Kühe**	**28.4**	**4.13**	**3.45**	**5.6**			**28.4**
Ueber 200 Lakt.Tage				**12 Kühe**	**18.8**	**4.76**	**3.69**	**4.0**			**20.8**
Insgesamt				**69 Kühe**	**28.8**	**4.24**	**3.42**	**6.8**			**29.0**
Insgesamt Kreis				**39 Kühe**	**25.3**	**4.49**	**3.53**	**19.9**			**26.5**
Insgesamt Westfalen				**38 Kühe**	**24.8**	**4.49**	**3.51**	**20.3**			**26.0**

Interpretation von Milchdaten

Wird im Kontrollbericht „Stilling" dargestellt/bewiesen, dass Harnstoffwerte/Milch im Zielbereich und Milchleistung sich nicht widersprechen, muss über die folgenden beispielhaften Milchkontrollauszüge ermahnt werden:

a) wie verantwortungsintensiv Rückschlüsse aus Milchdaten der Herde / des Einzeltieres auf gesundheitliche Probleme/Rationsgestaltungen sind

b) dass die bisherigen Rückschlussschemata falsch sind!

1. am wichtigsten – die Annahme, der Soll-Harnstoffgehalt 150–300 mg/l sei korrekt, ist das Grundübel des gesamten bisherigen Interpretationsgebäudes. Damit ist z. B. der Hinweis „Eiweiß-Unterversorgung" bei Milchharnstoffgehalt z. B. 135 mg/l gemeint, damit Ermahnung zu xP-Zulage = gesundheitsschädigend.
2. niedrige Milchinhaltsstoffe sind nicht ursachenidentisch mit dem Hinweis „Energie-Unterversorgung", weil damit nur die nutritive Energieversorgung = Energiegehalt der Ration gemeint ist. Entscheidend ist aber der Stoffwechsel-Energieverlust in der beschädigten Kuh, der höhere Auswirkungen auf die Milchinhaltsstoffe entwickelt als der Energiegehalt/Futter.

a) niedrige Milcheiweißgehalte
bedingt durch Glucose-Mangel im Euter, dominant

b) niedrige Milchfettgehalte
Mangel an Essigsäure im Euter, dominant.

Abhängigkeit der Produktion von Essigsäure im Pansen:

- stabiler, physiologischer pH-Wert 6,5–6,8
- Wiederkaugerechtigkeit des Futters
- Energiegehalt über Stärke
- Intensität der Pansenbewegungen

Das letzte Kriterium ist spezifisch für die degenerativ geschädigte Kuh mit lähmender Einwirkung auf die Pansennerven; damit nur oberflächliche Pansenfähigkeit mit verminderter Essigsäureproduktion, statt physiologisch-kräftige Durchknetung des Inhaltes über 3 Kontraktionswellen in 2 Min.

3. höherer Milchfettgehalt im Laktationsstart – betont erste 30 Laktattage – zu fortlaufender Laktation. Ursache:
   – Leberdegeneration
   Die degenerierte und nach der Geburt zusätzlich funktionell erschöpfte Leber nimmt die Propion- und Buttersäure zur Umwandlung in Glucose unzureichend an, sie werden in das Euter transportiert zur zusätzlichen Milchfettbildung.
   Beweis: Parallel sind immer die Milcheiweißwerte deutlich geringer, weil die von der Leber nicht produzierte Glucose dem Euter zur Eiweißsynthese fehlt.

Grundsätzliches als Ergänzung:

a) Essig-, Propion-, Buttersäure entstehen über mikrobielle Umwandlung aus Futterstärke.
Essigsäure -> Transport zum Euter -> Milchfett-synthese.
Propion-, Buttersäure -> Transport zur Leber -> zur Glucose verstoffwechselt.

b) Verteilungslinien der Glucose außerhalb für Erhaltung, Trächtigkeit, Wärmehaushalt:
Euter -> Milchinhaltsstoffe insbes. Eiweiß
Eierstock -> Hormonrhythmen insbes. Follikelsprung
Körpergewebe -> konditioneller Aufbau

Kühe bedienen die Verteilungslinien nicht gleichmäßig. Alle Kombinationen des Ungleichgewichtes sind möglich: rundliche Kühe mit Zystenkomplex, magere Kühe mit hohen Milchinhaltsstoffen usw.

4. Stoffwechselkontrolle Harnstoff/Eiweiß (HKI)
Harnstoff-Eiweiß-Korrelationen führen zu Fehlinterpretationen! – Es gibt keine gegenseitige unmittelbare Abhängigkeit, nur eine mittelbare über die Nierenpathologie.
Harnstoffgehalt/Milch ist primär Indikator für die Funktionsfähigkeit der Nieren, sekundär für die Höhe der xP-Versorgung. Eiweißgehalt/Milch wird dominant bestimmt von dem Grad der Energie- = Glucose-Anflutung am Euter.

Beispiele:

a) Harnstoffgehalt bis 10 mg / 100 ml Milch = gesunde Niere mit stoffwechselgerechter xP-Versorgung (Eiweißversorgung). Heißt also nicht: Eiweißversorgung niedrig.
Außerdem: Gesunde Nieren lassen auch bei kurz-/mittelfristiger Belastung von 16–18 % xP keinen Anstieg des Milchharnstoffgehaltes zu (erst nach langfristiger Belastung nach Manifestation der Nierenpathologie).
Dadurch, dass die offizielle Kuhernährungslehre eine Milchharnstoffspanne von 15–30 mg / 100 ml als normal = optimal annimmt – was falsch ist! – spricht sie zwangsläufig bei Harnstoffgehalten von unter 15 mg von niedriger Eiweißversorgung oder Eiweißunterversorgung. Es gibt unter natürlichen, also nicht-experimentellen Bedingungen keine Eiweißunterversorgung.

b) Harnstoffgehalte über 10 mg / 100 ml sind immer und in jeden Fall Zeichen für Nierendegeneration, deren Schadenshöhe abhängig ist von der Höhe und Zeitdauer der Belastung – also der Eiweißversorgung. So ist es bei hochgradiger Nierendegeneration möglich, dass Harnstoffgehalte von +/- 300 mg / Liter resultieren bei relativ niedriger xP-Versorgung von 14–15 %.

Dass der Begriff „Energieversorgung" überholt ist und aufgeteilt werden muss in nutritive Energieversorgung und die dominante Komponente Stoffwechselenergie ist bereits in Punkt 2 dargestellt. Deutlich durchschnittliche kranke Leber und Nierenversagen, einen Milcheiweißgehalt von 3,2 % bei einem Rationsenergiegehalt selbst von 7,0 MJNEL!

5. Stoffwechselkontrolle Fett-Eiweiß-Quotient (FEQ)
Wird Fett und Eiweiß/Milch in Korrelation gebracht, muss der Quotient korrekt interpretiert werden:

a) hoher FEQ, über 1,4, insbesondere im Laktationsstart/1. Laktationsdrittel, hat Leberdegeneration zur Ursache, phasig mit funktioneller Erschöpfung bzw. ketonurischer Stoffwechselreaktion und nicht „Energiemenge“ oder „Ketose“ und absolut nicht „subklinische Ketose“.
b) FEQ zwischen 1,12–1,4, als normal angesehen, sagt nichts aus über die Stoffwechselgesundheit der Kuh. Bedeutet nur bei Erfüllung der genetisch zu erwartenden Milchinhaltsstoffe eine korrekte stoffliche Versorgung des Euters. Normaler FEQ ergibt sich aber auch bei Milchinhaltsstoffen auf niedrigem Niveau, dann aber bereits basierend auf degenerativem Glucose-Mangel.
c) niedrige FEQ, unter 1,12, ist dominant bedingt durch Essigsäuremangel am Euter – siehe 2b) und ist nicht identisch mit „Rohfasermangel“ und absolut nicht mit „Acidose“.
Rohfasermangel (unter 18 % Ration) kann eine partielle Rolle spielen für niedrige Milchfettgehalte, darf aber nicht identisch gesetzt werden zu Acidosen. Milchkuhherden in Ackerbauregionen mit deutlichem Überhang an Maissilage (TS) in der Struktur-Grundfutterkomponente leiden über den Grenzbereich der Wiederkaukorrektheit incl. Rf-Mangel an relativ niedrigen Milchfettgehalten +/-4,0 % durch Essigsäureminderproduktion, aber nicht an Acidose! Dass in der aktuellen Fütterungs-Stoffwechseldiskussion der Begriff Acidose, subklinische Acidose falsch überstrapaziert wird, im Grunde nicht relevant ist, wird bewiesen aus sich selbst: Läge eine Acidose / subklinische Acidose vor, müsste neben dem Fettgehalt die Milchleistung sinken – bei normalem Eiweißgehalt = 1. Phase der Acidose, geringe Milchleistung ist aber nicht bemängelt.

Also:
Für eine korrekte Darstellung der Stoffwechselsituation der Kuh, funktionell und pathologisch, ist zunächst eine Einordnung der Milchinhaltsstoffe Harnstoff, Fett, Eiweiß nach den oben angegebenen Kriterien bzw. Wurzeln nötig, die dann individuell in Verbindung zu einer Diagnose gebracht werden können.
Z. B. aus der Liste „Walleitner“:

Kuh Nr.

9497: degenerierte Kuh mit guter stofflicher Euterversorgung
Lila: Leberdegeneration mit funktioneller Erschöpfung
8337: Stoffwechselenergieverlust
1152: starker Stoffwechselenergieverlust
Else: Glucose-Unterversorgung des Euters
4442: Leberdegeneration
8339: Essigsäureminderproduktion durch paretische Pansentätigkeit
1163: Pansentätigkeit und hochgradiger Stoffwechselenergieverlust

usw.

Milchdaten und deren Interpretation aus den Leistungsprüfungen

vit

MKV Elbe-Weser e.V.
27283 Verden

	Betriebsschlüssel	Betriebsstätte	Prüfungs-Nr.	Prüfungsdatum	Verarbeitungsdatum	Uhrzeit	Kontrollangest.	KV
Oehlmann GbR,Heede	003134014	01	11	02.09.14	05.09.14	11:52	602	102

Kühe am Prüfungstag

geprüft	gemolken	trocken	kolost.	unvollst. Angaben	Bestand	Färsen	Summe Milch-kg
97	80	17	0	0	97	17	2086.20

Gesamtleistung / Nutzungsdauer

	Anzahl	Mkg	Fkg	Ekg	Mkg z. Vorjahr	Mkg Vergl.ø	øMkg je Ftg	øMkg je Lebtg	Monate	Monate z.Vorjahr	Monate Vergl.ø
1)	97	18860	766	621	+320	21421	25,1	12,0	24,7	+1,4	28,0
2)	19	29376	1137	956	+480	27190	26,5	15,0	36,4	+0,9	37,2

1) lebender Bestand 2) Merzungen der letzten 12 Monate

Tagesleistungen

Datum	Kühe geprüft	Kühe gem	Lakt.tg	Stall Ø Mkg	Melkdurchschnitt Mkg	F-%	E-%	ZZ	Vergleich zum Vorjahr Stall Ø Mkg	Melkdurchschnitt Mkg	F-%	E-%	ZZ
02.09.14	97	80	154	21.5	26.1	3.75	3.35	366	+0.0	+1.2	-0.14	+0.06	+26
02.07.14	101	81	181	21.0	26.2	3.96	3.21	302	-4.4	-0.5	+0.14	-0.05	-56
05.06.14	98	79	202	21.9	27.1	3.81	3.31	492	-3.5	-0.6	-0.10	+0.10	+138
06.05.14	97	78	201	22.6	28.1	3.87	3.31	301	-4.4	-1.0	+0.12	+0.04	-14
02.04.14	94	89	210	24.6	26.0	3.97	3.36	254	-0.6	-0.9	-0.16	+0.01	-83
05.03.14	91	83	204	23.9	26.2	4.11	3.37	415	-0.9	-0.9	+0.18	+0.04	+29
03.02.14	91	82	189	22.8	25.3	4.18	3.37	201	-3.2	-3.2	+0.14	+0.13	-84
08.01.14	89	78	194	22.1	25.2	4.11	3.32	560	-4.4	-3.5	+0.04	+0.09	+164
02.12.13	91	79	173	22.6	26.0	4.17	3.42	203	-1.2	-0.8	+0.09	+0.10	-113
06.11.13	94	83	184	23.4	26.5	4.13	3.42	262	-0.2	-1.6	-0.02	+0.16	-25
08.10.13	88	76	190	21.9	25.3	4.11	3.35	389	-2.5	-2.0	-0.27	-0.10	+96
06.09.13	88	76	197	21.5	24.9	3.89	3.29	340	-5.7	-5.8	-0.21	-0.03	-327
03.07.13	81	77	230	25.4	26.7	3.82	3.26	358	-3.2	-5.5	-0.05	+0.07	+34

Jahresleistungen ab 01.10. bis Monatsende

A/B Kühe	Mtg	Mkg	F-%	Fkg	E-%	Ekg	Vergleich zum Vorjahr Mkg	F-%	Fkg	E-%	Ekg
94	315	8298	3.98	330	3.34	277	-850	+0.01	-33	+0.06	-23
94	266	7011	4.02	282	3.32	233	-802	+0.04	-29	+0.04	-23
93	240	6333	4.03	255	3.35	212	-668	+0.03	-25	+0.08	-17
93	215	5656	4.05	229	3.36	190	-558	+0.04	-20	+0.08	-14
92	191	4969	4.09	203	3.36	167	-423	+0.05	-15	+0.08	-10
91	164	4254	4.11	175	3.36	143	-348	+0.05	-12	+0.08	-8
91	135	3501	4.14	145	3.37	118	-325	+0.06	-11	+0.10	-7
91	109	2836	4.13	117	3.39	96	-269	+0.04	-10	+0.10	-6
91	82	2124	4.14	88	3.39	72	-149	+0.00	-6	+0.09	-3
92	54	1420	4.08	58	3.38	48	-68	-0.09	-4	+0.09	-1
91	28	713	4.07	29	3.37	24	-49	-0.13	-3	+0.09	-1
80	336	9148	3.97	363	3.28	300	-578	-0.27	-49	-0.03	-22
79	282	7813	3.98	311	3.28	256	-250	-0.29	-33	-0.02	-10

Zellzahlübersicht

	02.09.14				02.07.14				05.06.14			
	1. Lakt		ab 2. Lakt		1. Lakt		ab 2. Lakt		1. Lakt		ab 2. Lakt	
	Anzahl	%	Anzahl	%	Anzahl	%	Anzahl	%	Anzahl	%	Anzahl	%
bis 50	11	39	19	37	11	37	13	25	7	22	11	24
51 - 100	8	29	9	17	7	23	14	27	9	28	8	17
101 - 250	6	21	10	19	5	17	18	35	7	22	14	30
251 - 400	1	4	5	10	3	10	0	0	5	16	5	11
über 400	2	7	9	17	4	13	6	12	4	13	8	17

Harnstoffübersicht

Melktage	Kühe Anzahl	Kühe %	Mkg	F-%	E-% Ist	E-% Soll	Hst Ist	Hst Soll	F:E Ist	F:E Soll
bis 30	10	13	29,6	3,81	3,12	>3,1	118	150-300	1,22	1,1-1,5
31 - 100	27	34	29,9	3,43	3,13	>3,1	89	150-300	1,10	1,1-1,5
101 - 200	14	18	25,8	3,67	3,43	>3,2	102	150-300	1,07	1,1-1,5
201 - 300	17	21	23,6	4,15	3,79	>3,3	114	150-300	1,09	1,1-1,5
über 300	12	15	18,4	4,43	3,75	>3,3	131	150-300	1,18	1,1-1,5

A 04 04 0 / 06.08.07

05.09.2014/13:13 3890 M1004.04 Blatt 2 - 23 Seite 3

Herdenübersicht Entwicklung

Magritz,Wilsum

LKV Weser-Ems e.V.
26789 Leer

Mittelwert der Kühe bis 100 Melktage

Kühe Anzahl	%	Milch kg	Fett %	Eiweiß %	Harnstoff ppm	F:E
23	34	34,5	3,95	3,12	126	1,27

Es besteht vermutlich eine unausgeglichene Fütterung! Der geringe Harnstoffgehalt bei gleichzeitig ausreichendem Eiweißgehalt deutet auf einen (relativen) Energie-Überschuss hin! Bei Kühen mit *,** sollte eine Überprüfung der Fütterung erfolgen.

Mittelwert der Kühe 101 bis 200 Melktage

Kühe Anzahl	%	Milch kg	Fett %	Eiweiß %	Harnstoff ppm	F:E
23	34	30,8	3,84	3,11	115	1,23

Es besteht vermutlich eine unausgeglichene Fütterung! Bei geringen Eiweißgehalten und gleichz. niedrigen Harnstoffwerten liegt vermutlich Energie-und Eiweiß-Unterversorgung vor! Bei Kühen mit *,** sollte eine Überprüfung der Fütterung erfolgen.

Mittelwert der Kühe über 200 Melktage

Kühe Anzahl	%	Milch kg	Fett .%	Eiweiß %	Harnstoff ppm	F:E
21	31	22,5	4,41	3,34	131	1,32

Es besteht vermutlich eine unausgeglichene Fütterung! Der geringe Harnstoffgehalt bei gleichzeitig ausreichendem Eiweißgehalt deutet auf einen (relativen) Energie-Überschuss hin! Bei Kühen mit *,** sollte eine Überprüfung der Fütterung erfolgen.

Name/Stall-Nr.	Tieridentifikation	La	Mtg	Mkg	F-%	E-%	Hst		F : E		ECM	HBK
70 Elsbet	03 548 98472	1	5	25,5	4,69	3,58	193		1,3		27,9	5
220 Tamina	03 531 94443	3	14	34,8	4,35	3,46	173		1,3		36,4	5
271 Jutta	03 546 17989	1	21	24,8	3,86	3,11	124	*	1,2		24,0	4
270 Maris	03 546 17987	1	22	29,0	4,59	3,28	104	*	1,4		30,8	4
263 Milli	03 546 17960	2	24	39,8	3,47	2,78	122	*	1,2		35,8	1
277 Olrike	03 548 98473	1	30	28,7	3,84	3,09	135	*	1,2		27,6	4
258 Julinde	03 531 94535	2	34	36,4	3,66	3,12	103	*	1,2		34,4	4
278 Annabell	03 548 98476	1	36	23,5	3,81	3,08	145	*	1,2		22,5	4
235 Birte	03 531 94477	3	48	39,6	4,19	3,19	90	*	1,3		40,0	4
54 Lyssi	03 531 94534	2	51	30,4	3,70	2,74	126	*	1,4		28,1	1
265 Annika	03 546 17963	2	54	36,2	3,63	2,90	128	*	1,3		33,5	1
69 Babsi	03 548 98471	1	56	26,9	4,51	3,38	146	*	1,3		28,5	4
244 Ollo	03 531 94501	3	57	40,4	4,07	3,32	104	*	1,2		40,6	4
272 Trudi	03 548 98441	1	58	24,2	4,01	3,24	132	*	1,2		24,0	4
264 Traviata	03 546 17961	2	59	31,2	4,09	3,21	88	*	1,3		31,2	4
58 Dorana	03 546 17953	2	60	33,3	3,60	3,05	148	*	1,2		31,1	4
240 Lamara	03 531 94491	2	63	42,8	3,68	2,93	153		1,3		40,0	2
183 Tinka	03 499 86549	6	67	47,5	2,60	2,78	88	*	0,9	*	38,0	1
205 Mia	03 521 45302	4	80	44,8	4,49	3,06	142	*	1,5		46,4	4
52 Wilma	03 521 45305	4	83	36,7	4,48	3,15	123	*	1,4		38,2	4
254 Trine	03 531 94523	2	84	43,3	3,17	2,72	118	*	1,2		37,3	1
213 Norway	03 521 45324	4	86	35,2	3,79	3,26	119	*	1,2		34,1	4
60 Elisa	03 546 17959	2	91	37,5	4,60	3,40	99	*	1,4		40,2	4
55 Florine	03 546 17952	2	112	38,2	3,35	3,01	120	*	1,1		34,4	1
194 Traute	03 510 75428	5	122	45,7	3,04	2,73	87	*	1,1		38,7	1
224 Treuda	03 531 94454	3	124	47,4	3,09	3,06	115	*	1,0	*	41,4	1
219 Jana	03 531 94442	3	130	38,4	3,75	3,10	136	*	1,2		36,6	1
275 Dorte	03 548 98460	1	133	20,2	4,57	3,00	138	*	1,5		21,0	1
65 Ovanna	03 546 17984	1	136	25,6	3,78	3,23	105	*	1,2		24,7	4
3 Finchen	03 548 98454	1	138	24,6	4,53	3,21	101	*	1,4		25,8	4
218 Julia	03 531 94441	3	143	36,0	3,84	2,92	136	*	1,3		34,3	1
230 Mika	03 531 94470	3	145	41,7	3,50	3,22	95	*	1,1		38,9	4
273 Orkan	03 548 98446	1	149	21,9	4,26	3,10	161		1,4		22,2	2
67 Mayka	03 548 98451	1	151	26,0	3,45	3,20	137	*	1,1		24,0	4
267 Rika	03 546 17979	1	154	22,1	3,51	3,29	78	*	1,1		20,7	4
192 Linette	03 510 75409	5	156	30,5	4,49	3,20	78	*	1,4		31,9	4
206 Oslo	03 521 45308	4	165	32,8	3,69	3,26	109	*	1,1		31,4	4
259 Tineke	03 531 94536	2	172	23,2	4,15	3,16	133	*	1,3		23,3	4
223 Tessa	03 531 94447	3	177	21,8	4,15	3,13	162		1,3		21,8	2
252 Oriette	03 531 94517	2	179	35,3	4,21	3,08	123	*	1,4		35,5	1

032
KV

009
Kontrollangest.

058175501
Betriebsschlüssel

01
Betriebsstätte

08
Prüfungs-Nr.

16.06.14
Prüfungsdatum

18.06.14
Verarbeitungsdatum

14:45
Uhrzeit

Seite 11

M1011.03 Blatt 9 - 15

3496

18.06.2014/16:12

A 11 03 0 / 01.08.07

vit

vit 1012

Landesverband Baden - Württemberg für Leistungsprüfungen in der Tierzucht e. V.
Heinrich-Baumann Str. 1-3, 70190 Stuttgart
Tel.: (0711) 92547-0, Fax (0711) 92547-410

Ergebnisbericht

Berger Robert
Bruggen
Haus Nr. 2

88284 Wolpertswende

MLP-Nummer	Registriernr.	Probenehmer	Zuchtwart
4826541	084360870008		1282

Prüfungsnummer	Prüfdatum	Verarbeitungsdatum
01/2015	29.10.2014	03.11.2014

Prüfverfahren	Melkzeit abends	Melkzeit morgens	Melkzeit mittags
BL4	16:45	05:45	

Tagesleistungen der letzten 4 Prüfungen

Prüfdatum	29.10.14	25.09.14	30.07.14	27.06.14	Abweichung % zum Vormonat
Kühe (gesamt)	**69**	69	67	66	100
Kühe gemolken	**50**	44	51	59	114
Kühe trocken	**13**	17	16	7	76
Kühe mit Kolostralmilch	**0**	1	0	0	0
Sonstige Kühe ohne Milch	**6**	7	0	0	0
Milch-kg (geprüfte Kühe)	**19,5**	15,3	17,2	20,0	127
Milch-kg (gemolkene Kühe)	**24,6**	23,6	22,6	22,4	104
Fett %	**4,67**	4,58	4,33	4,24	102
Eiweiß %	**3,45**	3,66	3,51	3,41	94
Zellzahl (in 1000)	**284**	258	156	263	110
Harnstoff (mg/dl)	**23**	25	17	18	94
Mittlere Zwischenkalbezeit	**428**	435	429	429	98

Tagesleistung nach Laktationsgruppen

Laktationsabschnitt	Kühe	Milch-kg	Fett %	Eiweiß %	Hst mg/dl	ZZ 1000/ml	Abw. Mkg % z. Vormonat
< 90 Laktationstage	22	28,8	4,80	3,22	21	407	105
90-240 Laktationstage	16	23,7	4,49	3,66	25	67	93
> 240 Laktationstage	12	18,2	4,59	3,74	26	303	96
Alle Tiere	50	24,6	4,67	3,45	23	284	104

09.11.2014 20:43 PAG

Berger Robert Bruggen 2

Verteilung der Kühe auf Zellzahlklassen (ZZ)

	Prozent Aktuell	Prozent Vormonat	Anzahl Aktuell	Anzahl Vormonat
über 400	**8,0**	6,8	**4**	3
251 - 400	**8,0**	9,1	**4**	4
101 - 250	**12,0**	29,5	**6**	13
51 - 100	**30,0**	18,2	**15**	8
bis 50	**42,0**	36,4	**21**	16
ZZ Ø	**284**		**50**	Kühe

leistungsmindernd

0 5 10 15 20 25 30 35 40 45

Anzahl der Kühe in %

Stoffwechselkontrolle Harnstoff / Eiweiß (HKI)

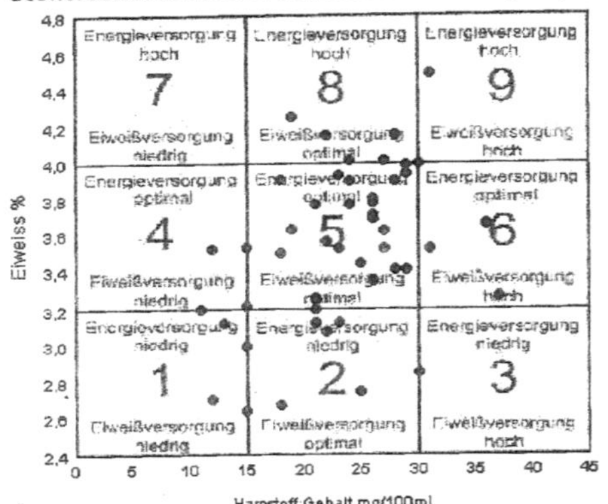

Klasse	Anzahl	%
1	2	4,0
2	7	14,0
3	1	2,0
4	2	4,0
5	27	54,0
6	4	8,0
7	0	0,0
8	5	10,0
9	2	4,0

Stoffwechselkontrolle Fett / Eiweiß-Quotient (FEQ)

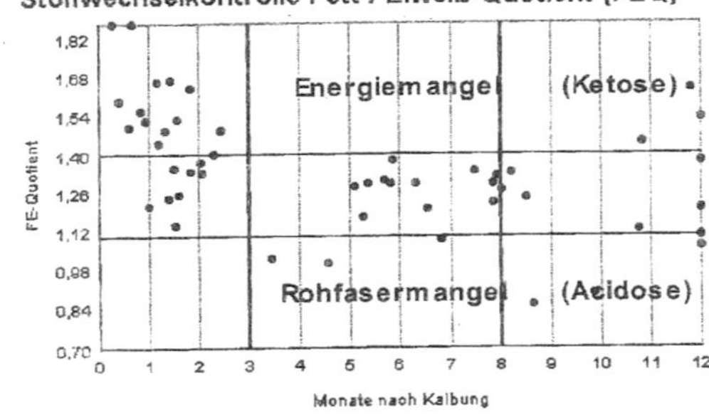

Anzahl	%
17	34,0
26	52,0
7	14,0

Seite 2 von 6

3/11/2013 03:12 08171348243 WALLEITNER KASPAR S. 03/04

LANDESKURATORIUM DER ERZEUGERRINGE FÜR TIERISCHE VEREDELUNG IN BAYERN E.V.

Laktationsbericht

Abs. LKV · POSTFACH 15 13 05 · 80046 MÜNCHEN

WALLEITNER KASPER
TATTENKOFEN 5
83623 DIETRAMSZELL

LKV-Betriebs-Nummer

Vst.	Landkreis	Gemeinde	Betrieb	ZV
14	173	118	137	10
PM-Nr./Datum		Druckdatum		Blatt-Nr.
02/24.11.14		01.12.2014		7 / 8

KNR	Tiername	Kalbeabstand zum PM Tage	Klbn.	PM-Ergebnisse Milch	Fett	Eiweiß	FEQ	Harnstoff Gehalt in mg/dl	Hinweis E	RP	Zellzahl in 1000/ml PM 11	PM 01	PM 02	aufgerechnete Laktation Tage	Milch	Fett	Eiwe
538	Nr 9497	9	2	33,7	4,75	3,48	1,36	17,6			---	---	16	9	303	4,75	3,5
524	Lila	9	3	29,2	5,22	3,40	1,54	15,1			73	---	22	9	263	5,21	3,3
479	Nr 8337	23	5	25,8	4,04	3,03	1,33	16,2	-		---	---	254	23	593	4,05	3,0
575	Nr 1152	25	1	28,5	3,84	2,98	1,29	15,4	-		---	---	65	25	713	3,84	2,9
417	Else	25	7	23,7	4,43	3,11	1,42	12,0	-	-	---	---	54	25	593	4,42	3,1
510	Nr 4442	29	4	26,7	4,85	3,21	1,51	14,9		-	---	---	59	29	774	4,86	3,2
535	Nr 9387	73	2	27,2	4,33	3,10	1,40	15,8	-		171	56	150	73	2232	3,58	3,0
429	Wella	73	7	26,5	4,64	3,10	1,50	16,8			115	180	301	73	1979	3,58	3,1
467	Nr 8339	73	5	22,7	3,76	3,04	1,24	12,8	-	-	292	271	355	73	2036	3,50	2,9
574	Nr 1149	97	1	15,1	4,88	2,76	1,77	30,2	-	+	18	18	35	97	2164	3,78	2,6
573	Nr 1163	99	1	16,0	3,52	2,90	1,21	14,9	-	-	252	46	338	99	1976	3,27	2,7
486	Nr 4439	110	4	25,8	3,94	3,00	1,31	14,2	-	-	14	17	19	110	2722	3,61	2,9
571	Nr 5223	110	1	18,8	3,97	3,13	1,27	25,7	-		72	17	26	110	2301	3,49	3,0
572	Nr 1132	112	1	21,8	3,80	3,19	1,19	15,9	-		27	71	91	112	2374	3,99	2,9
511	Nr 9350	114	3	25,3	4,95	3,23	1,53	10,5		-	12	18	20	114	2928	4,48	3,0
489	Nr 4448	147	3	27,6	3,61	3,09	1,17	18,9	-		176	178	531	147	4727	3,48	2,8
537	Nr 9501	148	2	17,6	4,12	3,43	1,20	15,7			63	67	77	148	3349	3,60	3,0
453	Zinke	150	6	25,1	4,86	3,74	1,30	12,8		-	353	727	724	150	4526	3,82	3,1
485	Nr 7602	169	4	23,0	4,29	3,33	1,29	9,9		-	102	100	109	169	4546	3,77	2,9
566	Nr 9507	171	1	16,2	4,25	3,71	1,15	18,6			65	65	62	171	3083	4,01	3,2
498	Nr 8033	171	3	20,0	4,77	3,39	1,41	24,3			266	208	329	171	4957	4,07	3,1
565	Nr 1128	172	1	19,7	4,13	3,06	1,35	19,8	-		57	23	56	172	4624	3,22	2,7
569	Nr 5219	172	1	23,4	3,36	2,88	1,17	24,4	-		---	19	21				
567	Nr 5218	203	1	15,6	4,96	4,03	1,23	6,9	+	-	10	24	2119	203	4140	3,95	3,1
564	Nr 5228	203	1	15,8	4,62	3,35	1,38	13,0		-	22	33	28	203	3749	3,60	3,1
563	Nr 1126	210	1	15,8	6,04	3,77	1,60	18,6			14	10	26	210	3858	4,19	3,1
562	Nr 5239	211	1	19,3	4,43	3,18	1,39	19,5	-		112	90	62	211	4716	3,86	3,0
568	Nr 1407	211	1	14,4	4,83	3,78	1,28	16,3			---	60	106	183	2928	4,66	3,3
531	Nr 9392	213	2	18,3	4,70	3,96	1,19	23,1	+		144	98	88	213	5271	4,10	3,3
533	Nr 1318	213	2	12,5	5,17	3,95	1,31	18,2	+		38	33	64	213	5515	3,87	3,1
491	Nr 7617	213	4	19,0	5,71	3,66	1,56	20,5			106	204	144	213	5276	4,23	3,0
440	Wanda	231	6	18,8	5,35	3,84	1,39	18,6	+		287	248	291	231	5987	4,66	3,2
559	Nr 1384	236	1	15,8	5,08	4,14	1,23	15,2	+		46	---	23	236	4018	4,26	3,5
532	Nr 9394	236	2	16,9	5,30	3,57	1,48	12,2		-	94	139	123	236	5306	4,42	3,2
560	Nr 5229	236	1	13,7	4,00	3,48	1,15	21,0			26	17	21	236	3912	4,09	3,2

#Verdacht auf Stoffwechselstörung E: Energieversorgung + Überschuss - Mangel RP: Rohproteinversorgung + Überschuss - Mangel

Darstellung zum Verhalten der Werte für:

Bilirubin, Kreatinin und Harnstoff im Blut, vorgenommen an 25 Kühen einer Herde mit Reduktion der nutritiven xP-Versorgung von 18 % auf 13,5 % in einem Schritt.

0,40
0,35
0,30
0,25
0,20
0,15
0,10
0,05

Gesamt - Bilirubin mg / 100 ml

________o Ist - Zustand

________X nach xP - Reduktion + Naturavit, gemessen nach 12 Monaten

--------------- im Versuchsverlauf ausgeschiedene Kühe

2,0

1,5

1,0

0,5

Kreatinin mg / 100 ml

________o Ist - Zustand

________X nach xP - Reduktion + Naturavit, gemessen nach 12 Monaten

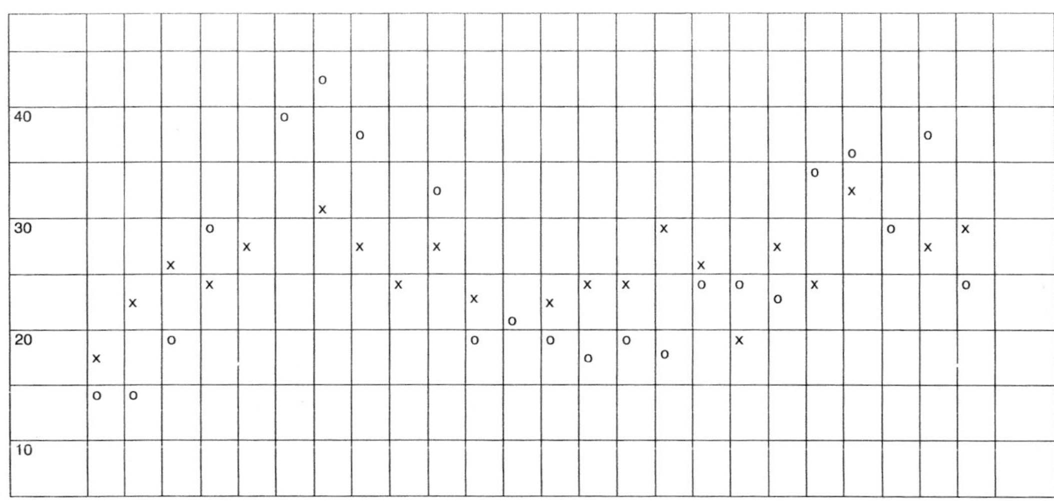

Harnstoff mg / 100 ml

________o Ist - Zustand

________X nach xP - Reduktion + Naturavit, gemessen nach 12 Monaten

Formblatt zur Erstellung der N-Bilanz

Am Beispiel der nichttragenden/angedeckten Kuh in der Phase der Hochlaktation bzw. der Gesamtherde.

Für den Bestand:

Fütterungssystem

a) Vorlage der Einzelfuttermittel, manuell

b) Vorlage Einzelfuttermittel + Abruffütterung (Einrohr- oder Mehrrohrsystem)

c) Teil-Mischration des Grundfutters + Abruffütterung

d) Teil-Mischration incl. Aufwertung (strukturiertes Zusatzfutter oder/und Ausgleichsfutter) + Abruffütterung

e) Voll-Mischration (TMR)

Werden Kühe in zwei (oder mehr) Leistungsgruppen gefüttert, sollte für jede Leistungsgruppe ein Beispiel berechnet werden. Auch bei TMR-Fütterung sollte für eine hochleistende und eine minderleistende Kuh die N-Bilanz erstellt werden, unter Berücksichtigung/ Schätzung der Futteraufnahmemenge. Zur Orientierung gilt: 30/32 kg Milchleistung mit 20 kg F-TS-Aufnahme.

N-Eingang

FS kg TS % TS kg xP % xP g

1. Strukturiertes
   Grundfutter
   Grassilage
   Maissilage

2. Aufwertung

a) strukturiert
   Biertreber
   Pressschnitzel

b) Ausgleichsfutter
   MLF 32/2
   Rapsschrot
   Sojaschrot
   Raps-/Sojaschrot gemischt
   Sonderfuttermittel (Melasse)

3. Abruffütterung
   MLF Nr. 1
   MLF Nr. 2
   Getreide

4. Zusatzfuttermittel
   Mineralstoffmischung
   Viehsalz
   kohlensaurer Futterkalk
   Monocalciumphosphat

Summe:

FS kg TS % TS kg xP % xP g

Erstellung der Kenndaten:

xP/g : 6,25 = **g N**

100 xP/ g des Gesamtfutters
TS/ g des Gesamtfutters
=% xP des Gesamtfutters

Anmerkung:
Zur tolerierbaren rechnerischen Vereinfachung kann für MLF und Konzentrat-Einzelfuttermittel ein 10 %iger Abzug von FS zu TS angesetzt werden. Zur Berechnung des xP-Gehalts ist bei diesem Futtermittel immer von FS auszugehen.

N-Ausgang

Basisgruppe/Minderleistung

1) kg Milch x % Eiweiß : 6,25 g N
2) kg Kot TrS 2,6 % N g N
(Kot/TS = 30 % von F-TS)
3) 20 l Tagesurin x 1000 mg Harnstoff / 100 ml : 2 g N
(individuelle Variation 250–2000)
(Molekulargewicht x Stickstoff : Harnstoff = 1:2)

Summe: g N
x 6,25 = g Rpr.

N-Eingang/g – N-Ausgang/g = N-Überhang/g

Leistungsgruppe/Hochleistung

1) kg Milch x % Eiweiß : 6,25 g N
2) kg Kot TrS x 2,6 % N gN
3) 20 l Tagesurin x 1000 mg Harnstoff / 100 ml : 2 g N
g N
X 6,25 = g Rpr.

N-Eingang/g - N-Ausgang/g = N-Überhang/g

Fütterungskorrektur:

a) radikale Senkung des Rohproteingehaltes für gesundheitliche Problembestände im 1. Schritt auf 13,5 % xP/Gesamtfutter.
Oder
b) schrittweise Reduktion in 2–3-monatigen Abständen um je 0,5–1 %des xP-Gehaltes des Gesamtfutters bis 13,5 %.

1. Schritt

Ersatz von 1 kg eines Eiweißfuttermittels (z. B. Sojaschrot) oder des Milchleistungsfutters durch 1 kg der anzulegenden Hofmischung aus 0,8 kg Getreide (Weizen) + 0,2 kg naturaVit® je Kuh und Tag.

Die Hofmischung ist trocken zu lagern, dann etwa 2 Wochen lagerungsfähig. Achtung: Hefe ist feuchtigkeitsbindend (hydrophil). Lebende Hefezellen aktivieren bei Anwesenheit von Feuchtigkeit ihren Stoffwechsel und sterben dann. Je nach Vorgabe des Fütterungssystems sollen lebende Hefezellen trocken oder aufgemischt so schnell als möglich den Nahrungseingang finden („in die Kuh kommen").
Nach 6 Monaten soll die naturaVit®-Dosis auf 150 g je Kuh und Tag gesenkt werden: Z. B. 1 kg Sojaschrot mit 450 g xP wird ersetzt durch 1 kg Vormischung mit 190 g xP (aus 0,8 kg Weizen 13 % xP = 104 gN + 200 g naturaVit® 44 % xP = 88 gN). Das entspricht einer xP-Reduktion des Gesamtfutters von 260 g : 6,25 = 42 gN.

Falls als Konzentratfutter-Komponente nur ein MLF gefüttert wird, wird also 1 kg dieses MLF durch 1 kg Vormischung ersetzt und gleichzeitig der xP-Gehalt gesenkt, mit Ausrichtung der Energiestufe immer auf:

Z. B. MLF 18/3 ersetzt durch 16/4 oder MLF 20/4 ersetzt durch 18/4.

2. Schritt nach 2–3 Monaten
Weiter Abbau von 0,5–1,0 kg des Eiweißfuttermittels durch 0,5 bzw. 1,0 kg Weizen oder Maisschrot oder MLF z. B. 18/4 ersetzt durch 14/4.

3. Schritt nach 2–3 Monaten
Entsprechende Reduktionskombinationen im Grund- und Konzentratfutterbereich, anzusetzen nach hohem Energie- und reduziertem Eiweißgehalt und Preiswürdigkeit. Die Diskussion um unterschiedliche Abbauwerte von Rohprotein und Stärke bei der ruminalen Hefezellfütterung ist nicht relevant.

Die Zielforderung 13,5 % im Gesamtfutter bedeutet bei einer Gras-Maissilage-Grundfütterung für eine Hochleistungskuh den Einsatz von bis 12 kg Weizenschrot. Es entsteht selbst dann bei gleichzeitiger Verabreichung einer genügenden Zahl von Hefezellen (1 x 10^{10} KBE = 200 g naturaVit®) des ruminal aktivsten Stammes 1026 keine Pansenacidose!

Verpflichtende Versorgung des gesamten Lebenskreises der Kuh

1) Kälber

Ab 1. vollen Lebenstag 1 TL naturaVit® in die Milch.

2) Kälberaufzuchtfutter

5,0 % naturaVit®
2,5 % Algenkalk oder kohlensauren Futterkalk
0,5 % Salz
70 % Weizen oder Weizen/Gerste
22 % Trockenschnitzel oder Weizenkleie
In der Milchphase eine Handvoll Maiskorn (heil auf das Aufzuchtfutter).

3) Jungrinder-Grundfutter (immer max. 12 % xP) z. B.

50 % Maissilage
40 % Grassilage
10 % Stroh
Dazu je Tier und Tag 300 g aus Zusatzfutterration für trockenstehende Kuh.

4) Trockenstehende Kuh und hochtragendes Rind (letzten 2 Monate vor der Geburt)

Grundfutter (wie Rinder) plus
1 kg aus 0,2 kg naturaVit® / 0,8 kg Weizen
Mineralisierung: 50 g Monocaciumphosphat je Tier und Tag.

Keine laktationsvorbereitende Fütterung!

5) Kuh nach der Geburt

1–3 Eimer warmes Wasser mit je 500 g naturaVit®

6) Laktierende Kuhherde

Grundsätzlich:

a) Konzeption des Gesamtfutters (Struktur und Leistung) mit dem Ziel 13,5 % xP je nach Bestandssituation radikal oder in Schritten

b) Hofvormischung
1 kg aus 200 g naturaVit® und 800 g Getreide (Weizen) je Kuh und Tag, leistungsabhängig, in den Futtermischwagen, auf das Grundfutter oder als freie Abruffütterung (nach 6 Monaten 150 g zu 850 g).

Basisbeispiel:
Grassilage 50 % mit 16 % xP
Maissilage 50 % mit 7–8 % xP
Treber 1 kg TS (aus 4 kg FS) mit 25 % xP
Hofvormischung 1 kg mit 19 % xP
Weizen pur, nach Leistung mit 12–13 % xP oder MLF 12/4!

Verkürztes Formblatt zur Erstellung der N-Bilanz am Beispiel der nichttragenden/angedeckten Kuh in der Phase der Hochlaktation bzw. der Gesamtherde.

N-Eingang

	FS kg	TS %	TS kg	xP %	xP g
1. Strukturiertes Grundfutter					
Grassilage					
Maissilage					
2. Aufwertung					
a) strukturiert					
Biertreber					
Pressschnitzel					
b) Ausgleichsfutter					
MLF 32/2					
Rapsschrot					
Sojaschrot					
Raps-/Sojaschrot gemischt					
Sonderfuttermittel (Melasse)					
3. Abruffütterung					
MLF Nr. 1					
MLF Nr. 2					
Getreide					
4. Zusatzfuttermittel					
Mineralstoffmischung					
Viehsalz					
kohlensaurer Futterkalk					
Monocalciumphosphat					
Summe:	FS kg	TS %	TS kg	xP %	xP g

Erstellung der Kenndaten:

c) xP/g : 6,25 = g N

d) <u>100 xP/ g des Gesamtfutters</u>
TS/ g des Gesamtfutters
=% xP des Gesamtfutters

N-Ausgang

Basisgruppe/Minderleistung

1) kg Milch x % Eiweiß : 6,25 g N
2) kg Kot TrS 2,6 % N g N
(Kot/TS = 30 % von F-TS)
3) 20 l Tagesurin x 1000 mg Harnstoff / 100 ml : 2
g N
(individuelle Variation 250–2000)
(Molekulargewicht x Stickstoff : Harnstoff = 1:2)

Summe: g N
x 6,25 = g Rpr.

N-Eingang/g – N-Ausgang/g = N-Überhang/g

Leistungsgruppe/Hochleistung

1) kg Milch x % Eiweiß : 6,25 g N
2) kg Kot TrS x 2,6 % N gN
3) 20 l Tagesurin x 1000 mg Harnstoff / 100 ml : 2
g N

g N
X 6,25 = g Rpr.

N-Eingang/g - N-Ausgang/g = N-Überhang/g

Zur Wirtschaftlichkeit

Es ist eine ethische Selbstverständlichkeit, sich um eine gesunde Kuh zu bemühen. Dieser Anspruch wird durch ökonomische Bilanzen nicht untergraben, sondern unterstützt.

Schadenssituation = **finanzieller Verlust** durch

1. Reproduktionskosten – Jungkühe aus Zukauf oder Eigenzucht
2. tote und getötete Tiere, Nullerlös, Mindererlös, Schlachtkosten ohne Erlös für Schlachtkühe. Aus einer Region mit einer Nutzungsdauer der Kuh von 2,2 Laktationen entspricht der jährliche Abgangsumfang (Kälber, Rinder, Bullen, Kühe) bei der zuständigen Tierkörperbeseitungsanstalt bis 10 % des Wertes des Gesamtregionalbestandes.
3. Kosten für therapeutische Maßnahmen (tierärztliche und nicht tierärztliche), zudem mit dem Negativum Aufwand größer als Ertrag, Nutzungsausfall (Milch)
4. Futterwertverlust durch
   a) Energieverlust in der Leber
   b) Bluteiweißverlust über Nieren (Nephrose)
   c) unvollständige Umwandlung von Fettsäuren in Glucose (Hepatose)

Futterkostenreduktion

1. durch Reduktion Eiweißträger
   z. B. bei der Reduktion von 100 gN = 625 g xP; in einer Gesamtfutterkonzeption werden 1,8 kg Sojaextraktionsschrot ersetzt durch 1,8 kg Weizenschrot. Kostenreduktion entsprechend der aktuellen Preissituation
   Keine Kuh braucht Soja!
2. durch Reduktion der handelsüblichen Mineralstoffmischungen bei Ersatz von Futterkalken
3. durch verbesserte Rohfaserverdauung (partieller Anstieg Milchleistung aus Grundfutter)
4. nicht mehr nötig: Einsatz von geschützten Fetten, geschützten Eiweißen, Chelat-Spurenelementen, anderen Zusätzen wie Glycerin, Propylenglycol, Aktivkohle usw.

Aufwand (im direkten Futterkostenvergleich): Kosten für naturaVit®, (Dosis 200 g je Kuh und Tag in den ersten 3 Monaten) höher als Futterkostenreduktion durch Verminderung der Eiweißfuttermittel. Nach dem 6. Versorgungsmonat sinken die Futterkosten deutlich unter das Niveau vor Veränderung.

Resümee: **Gewinn** durch verlängerte und unproblematische Nutzungsdauer.

Die Kerndaten der gesunden Kuh!

Freude an einer Kuh, psychisch und finanziell, kann sich nur aus einer gesunden Kuh entwickeln!

1. Eine Kuh ist dann gesund, wenn wir sie aus ihrem Gesamtfutter mit einem Energiegehalt von angestrebten 7,0 MJNEL (+x) und einem Rohproteingehalt von maximal(!) 13,5 % mit dem Wirkstoffzusatz naturaVit® ernähren und damit einen Milchharnstoffgehalt von maximal 100 mg je 1.000 ml erreichen.

oder:

2. N-Bedarf
   Ausgehend von der gesunden Kuh des Jahres 1960 wäre diese nicht erkrankt/beschädigt worden (Entwicklung des Degenerationssyndroms), wenn die Futterkonzeptionen die xP-Werteebene von 14,5 bis max. 15 % nicht überschritten worden wäre.

$$\text{N-Bedarf} = \frac{(3{,}7\text{ g Rohprotein x kg Körpergewicht}^{0{,}75} + 85\text{ g je kg Milch})}{6{,}25} - 20\,\%$$

   (z. B. nicht tragende Kuh)

oder:

3. N-Eingang = N-Ausgang

oder:

4. In einer weg- und zielidentischen Kriterienverschiebung eingebunden in die biologische Symptomatik lautet der Kernsatz für die gesunde Kuh:

Die Kerndaten der gesunden Kuh = Kerndaten der Kuhernährung

1. Milch**harnstoffgehalt maximal 100 mg/l** (0 selbstverständlich möglich)

2. **Rohproteingehalt** Gesamtfutter – TS **maximal 13,5%** (Kuh aus 1960 maximal 14,5–15,0 %)*

3. **Energiegehalt** / kg – Gesamtfutter TS **7,0 MJNEL** (+ x)

Definition für die gesunde Kuh:

Eine Kuh ist in ihrer Grundverfassung gesund, nicht nur wenn sie täglich ihren Teller leer frisst, einen Eimer voll Milch gibt und jedes Jahr ein Kalb zur Welt bringt, sondern vielmehr wenn sie dazu:

- blassrosarote klargezeichnete Augenschleimhäute besitzt
- nicht speichelflockenbildend wiederkaut
- über eine kräftige Schwanzwurzelaktivität verfügt
- altgoldgelben, nicht schaumbildenden Urin absetzt
- in ihrem Blut einen Bilirubinwert von maximal 0,15 mg / 100 ml
- und einen Kreatininwert von maximal 0,5 mg / 100 ml Blut aufweist
- ihre Milch einen Harnstoffwert von maximal 100 mg / 1.000 ml zeigt
- ihr Urin-/Harnstoffgehalt 1.000–3.000 mg / 100 ml beträgt, abhängig vom Rohproteingehalt des Gesamtfutters.

Perspektivischer Ausklang

Wenn alle Menschen, die um ihre Verantwortung für die gesunde Kuh bemüht sind, zusammenarbeiten, wird es gelingen, wirklich gesunde Tiere über eine entsprechende Generationsfolge sich entwickeln zu lassen.

Diese gesunde Kuh lässt sich dann u. a. definieren über eine gesunde, stabile Nierenfunktion:

a) grob-sinnlich gesunde Harnverfassung: also altgoldgelb, keine Schauminselbildung
b) negatives Urin-Teststreifen-Ergebnis: Eiweißfeld sonnengelb = eiweißfreier Urin
c) Kreatininwerte maximal bzw. deutlich unter 0,5 mg / 100 ml Blut
d) Harnstoffgehalt bis 3.000 mg / 100 ml Urin abhängig vom xP-Gehalt/Gesamtfutter.

Diese Ausscheidungsfähigkeit lässt sich in Belastungsverfahren provozieren und testen:

Kurzzeitiges Angebot einer Fütterungskonzeption mit 20 % xP. Die Milchharnstoffwerte steigen während dieser Testphase nicht über 100 mg / 1.000 ml Milch an. So gesundheitlich getestete Kuhpopulationen brauchten dann keine Zusätze von Hefezellen mehr, wenn die Fütterungskonzeptionen so gestaltet werden, dass die Organe nicht wieder geschädigt werden. Dies wäre der Fall, wenn die Fütterungskonzeptionen einen xP-Gehalt von maximal 14,5–15,0 % in der Dauerversorgung nicht überschreiten, denn diese 15 % entsprechen einem Harnstoffausscheidungsanspruch an die Nieren von etwa 1.600 mg / 100 ml Urin bei ausgeglichener Stickstoffbilanz. Konzeptionen über 15 % werden kurzfristig sicherlich verarbeitungsfähig sein, aber in Dauerversorgung wieder zu einer Überforderung des N-Stoffwechsels führen mit degenerativen Prozessen an Leber und Nieren.

Nachsatz

Die Kuh Lisa bittet um Zusammenarbeit aller Menschen, die ihren Lebensweg begleiten – Landwirte, Beratungsdienstler, Tierernährer, Tierärzte aus Praxis und Wissenschaft. Sie freut sich über Hilfe, deutliche Worte und auch Anklagen, wie sie in diesem Text zum Ausdruck gekommen sind, die sie aber nicht als Konfrontation verstanden wissen möchte, sondern als Ermahnung, denn sie hat bisher durch viel Unvernunft gelitten.

Die Kuh Lisa bittet, dass alle zusammen an einem Strang ziehen, der angeknüpft ist an die Dominanz des Degenerationssyndroms, um das Chaos zu überwinden, das aus fünf verschiedenen Antworten aus einer Problemfrage resultiert, die fünf verschiedenen Menschen gestellt wird!

Wir müssen mit der Kuh sprechen, nicht über sie, sollen uns bemühen, wahre Diagnosen nach exakter Untersuchung zu stellen und ihren Beschädigungszustand nicht mit Schlagwortbegriffen belegen – Ketose, Acidose, Rehe –, die keine oder nur im dezimalen Promillebereich des gesamten Krankheitsgutes gelagerte Relvanz besitzen!

12. Literaturverzeichnis

Pathologie der Haustiere
Hrsg, von Leo-Clemens Schulz
Gustav Fischer Verlag, Jena, 1991

Lehrbuch der Physiologie der Haustiere
Hrsg. von Erich Kolb
Gustav Fischer Verlag, Jena, 1967

Veterinärmedizinische Toxikologie
Hrsg. von Manfred Kühnert
Gustav Fischer Verlag, Jena / Stuttgart, 1991

Futterheilkunde
Hrsg. von Heinz Jeroch u. a.
Gustav Fischer Verlag, Jena / Stuttgart, 1993

Tierernährung und Futtermittelkunde
Karl-Heinz Menke, Walter Huss
Ulmer Verlag, Stuttgart, 1987

Aktuelle Probleme bei der Milchkuh
Friedhelm Klug, Anke Wangler, Frank Rehbrock
Lehmanns Media, Berlin, 2004

Erfolgreiche Milchviehfütterung
Hubert Spiekers, Volker Potthast
DLG-Verlag, Frankfurt / Main, 2004

13. Origination/Erstuntersuchungen

1. Harnstoff in Exanthem-(Mortellaro-) Flüssigkeit
   Befunde: 4000–5000 mg / ltr.
   Labor: Diagnostische Medizin Sennestadt
   Dunlopstr. 50, 33689 Sennestadt

2. Essigsäure im Urin
   Befunde: 0,1 mg / ml
   Labor: Medizinisches Labor Bremen
   Haferwende 12, 28357 Bremen

3. Fibrinogenmangel/Blutplasma
   Normalbefunde: +/- 600 mg / 100ml
   pathogene Befunde: +/-100 mg / 100ml
   Labor: Diagnostische Medizin Sennestadt

4. Harnstoff in Vaginalflüssigkeit p. p.
   Befunde: 5000 mg / ltr.
   Labor: Diagnostische Medizin Sennestadt